The Wonderbox

Curious Histories of How to Live

历史的慰藉

重拾往昔的生活智慧

［英］罗曼·柯兹纳里奇 著　代雪曦 译

Roman Krznaric

重庆大学出版社

未能透彻了解三千年历史之人，即使一天活过一天，他仍属于茫然无知。

　　　　　　　　　　　　　　　　——约翰·沃尔夫冈·冯·歌德

序 言

　　我们应该如何生活？这一古老的问题有了其现代的紧迫性。在富庶的西方世界，社会变革之快让我们难以适应。网络文化改变了我们坠入情网和维系友情的方式。工作给生活让位，以及找份既能开阔眼界又能维持生活的工作这一不断上升的期望增加了我们选择正确职业生涯的困惑。医学的进步让我们的寿命比以前长了很多。我们不禁会问自己：我如何度过这额外获得的几年弥足珍贵的时间呢？从去哪儿度假到我们如何思考孩子的未来，环境问题也为如何有道德地生活提出了挑战。此外，消费带来的快乐以及对物质财富的需求在20世纪就已困扰着我们，使我们渴求更深层次的成就感及其意义。寻求生活的艺术已成为我们这个年代最大的困惑。

　　其实，可以从很多方面出发去寻找答案。我们可以求助于那些智慧的哲人，他们能解答生命、宇宙甚至万事万物的问题。我们也可以遵循宗教教义或追寻心灵思想家的足迹。心理学家创立了关于幸福的科学，能为我们摆脱陈旧的积习并对人生充满积极的展望提供帮助。还有那些自助型专家的建议，他们总能将所有的方法熟练地包装成一个5点式的计划。

　　但还有一个领域是极少有人为了解决"应该如何生活"这一现实困境而愿意主动去寻找灵感的，那就是历史。我深信未来生活的艺术可以通过回溯过去而获得。如果探寻并知晓了人们在其他时期和文化中如何生活，我们就能提炼出日常生活中应对机遇与挑战的经验与教训。那充满激情的生活的秘密就藏在中世纪对死亡的态度中，或是工业革命时亚当·斯密提出的著名案例"大头针工厂"中。穿越到明代的中国或是中非的土著文化中去看看怎么样？改变一下我们对抚养孩子以及孝顺父母的看法？！让人难以置信的是，我们至今也未作出多少努力去揭开历史智慧的面纱，而这些智慧正是基于历史上的人们实实在在的生活而非那些不确定的乌托邦式的梦想。

我认为历史是一个百宝箱，就像文艺复兴时期所流行的"珍宝阁"，德国人将其称为"Wunderkammer"。收藏家们在其珍宝阁内展示大量令人目眩神迷、难得一见的奇珍异宝，每一件宝物都有自己的故事，比如来自土耳其的一个微型算盘或是日本的象牙雕刻。这些宝物代代相传，它们是家族传统、知识、品味和游历见闻的陈列馆，是一笔珍贵的遗产。历史也是如此，它传承给我们那些引人入胜的故事和丰富多彩的文化中的理念。这是我们共享的一份遗产，非常奇妙，通常是一些我们可随意拾起把玩的支离破碎的"工艺品"，但又让人禁不住在好奇中深思。打开历史百宝箱，会发现有太多可供我们在生活中学习的地方。

我们的历史之旅将由一些著名的甚或是有时已被遗忘的人物引领。从17世纪的天文学家到"三K党"前领导人；从早期的女权主义领军人物到一个自焚的越南和尚……他们将陪同我们进入一些不同寻常的领域——百货公司的诞生或是五官感觉之谜。他们的使命在于揭示人类对于处理核心问题（如工作、时间、创造力和同理心等）有着各种各样让人意想不到的方法。我们的"导游"将帮助我们质询现有的生活方式并分享令人惊讶却切实可行的看法，引领我们的生活走向一片新的天地。

17世纪的思想家托马斯·霍布斯（Thomas Hobbes，1588—1679年，英国政治家、文学家）写道："历史主要及正确的作用在于通过教导来促使人们鉴古知今，为人处世更为审慎也更有远见。"请欣然接受"应用历史学"这一概念吧！我钻研了社会历史学家、经济历史学家以及文化历史学家、人类学家和社会学家的著作，寻求那最引人深思的可以解决当今西方社会生活的困境的理念。然而这些学术研究极少从实用主义的角度思考，它们会给那些期望过一种更为冒险、更有意义的人生的人们以零星的启发。正如文艺复兴重新发掘了古典时代的被遗失的知识，最后引发了艺术以及科学的革命那样，我们必须发掘那些关于如何活得更好的隐藏的想法，这些在过去已深埋许久的理念会引发一场自我认识的新革命。

以史为鉴，在某种程度上来说，就是认同我们祖先那些令人叹服的生活方式并予以吸收和采纳。以史为鉴，也是认同我们已有的许多理念和态度，很多都是我们不知不觉中从历史中承袭的。这些理念和态度中，有些是积极的，是我们现实生活中非常欢迎的，如沉浸在大自然中对我们的健康非常重要这一理念。但是也有一些其他文化遗产传承下来的知识可能对我们产生很大的危害，而我们几乎从未指出或进行质疑，如一种工作伦理认识将休闲时间看成是时间"停止"了而非时间"开始"了；或是有一种理念认为运用你的天赋最好的方法是成为某一狭窄领域的专家，以谋求在这一领域取得更大的成功，而不是在更广阔的领域获得成功。我们要追溯这些历史遗产的源头，它们悄悄融入了我们的生活并在不知不觉中形成了我们的世界观。我们可能选择取其精华，更好地了解自己；我们也可以去其糟粕，从那些无用的历史遗产中摆脱出来重新去创造。我们手中的历史是一种可以支配的惊人力量。

所有的历史都是书写历史的人眼中的历史，他们通过选择、删节和诠释来过滤历史。本书也不例外。它并没有囊括所有跟爱、金钱或生活艺术其他方面相关的庞杂历史。取而代之的是，我摘录了那些看起来最能阐明我们大多数人日常生活中所要面对的与生活抗争的逸闻趣事。例如在家庭一章，我将精力主要集中在家庭主夫和家人之间的交流上，部分是由于这些史实使我深刻了解了自己生活中所遇到的难题。尽管如此，我在挑选历史关注点时并没有纯粹地从个人角度出发，而是在判断：哪些问题对觉得困惑的大多数人有帮助，或是纯粹对如何更好地生活感到好奇，以及那些有空间和机会对自己的生活现状作出改变的人。

　　本书向歌德的名言致以敬意："未能透彻了解三千年历史之人，即使一天活过一天，他仍属于茫然无知。"我仔细阅读了从古希腊至今近三千年的人类历史，主要阅读欧洲史和北美洲史的同时，也走进了世界上其他地区的历史文化，获得了通往幸福生活的灵感。这些地区包括亚洲，特别是中东地区，在那些当地人的现代文化习俗中仍投射着那里古时候的生活方式。

　　本书致力于连接古代和现代，创造一座想象的桥梁。这座桥梁可以帮助我们深化人与人之间的关系，重新思考应该怎样生活，并为我们探寻世界以及认识我们自身开辟一条新的道路。是时候打开历史的百宝箱了，去探索那些可以向我们揭示如何生活的历史吧！

目 录

第一部分

培养感情

爱

　　那位名垂千古的圣人圣瓦伦丁如果发现自己变成了浪漫爱情的守护神，一定会大吃一惊。关于他的故事有些模糊，但他原本应该是罗马附近的一名牧师，在公元3世纪时因其信仰基督教而被处死。以他的名字命名的节日首次出现在公元496年。在下一个千年里，他为人们所尊崇是由于其治病救人的能力。到中世纪后期，他以癫痫病人的守护神之誉而闻名，特别是在德国和中欧地区，那个时期的艺术作品描绘的就有他治疗癫痫正在发作的孩子的场面。直至公元1382年前，他和浪漫的爱情还没有丝毫关系。那一年，乔叟（Chaucer, 1343—1400年，英国诗歌之父，著有《坎特伯雷故事集》）写了一首描述圣瓦伦丁节（即现在的情人节）的诗："每年二月欢庆的圣瓦伦丁节呀，恰逢鸟儿和人们都在寻找自己伴侣的时候。"从那时起，圣瓦伦丁作为医师的盛名开始退减，而每年的圣瓦伦丁节的庆祝逐渐变成了情侣们互赠多情的诗篇，以及乡村的年轻人们玩一些与爱情有关的游戏的日子。圣瓦伦丁节在19世纪时完成了又一次"华丽"转身。随着贺卡工业的诞生以及大众营销时代的到来，圣瓦伦丁节变成了一个商业盛典。"情人节热"首次出现在19世纪40年代的美国：在短短的20年间，零售商们每年售出接近300万张贺卡、诗集以及其他与爱情有关的小装饰品。现在，每年在全球范围内互赠的情人节贺卡约有14 100万张。在美国，约有11%的恋人选择在2月14日这一天订婚。

圣瓦伦丁如何从一名基督仁慈之爱的使者变成了浪漫爱情的象征引发了更大的疑问：我们对爱的态度在过去的几个世纪是怎样发生转变的？爱在古代社会或是乔叟的骑士时代意味着什么？我们现在在一段恋爱关系中所期待的典型浪漫爱情是如何发展和形成的？可能正是这些问题也激起了法国贵族弗朗索瓦·德·拉罗什福科（Francois de La Rochefoucauld, 1613—1680年，法国人，著有《道德箴言录》）的兴趣。拉罗什福科在17世纪时曾说过："那些从未听人谈论过爱情的人，可能永远也不会坠入爱河。"他明白人们对于爱的看法，至少部分是源于文化和历史的创造。

我们大多数人都体会过爱的甜蜜与悲伤。我们可能还记得第一次恋爱前那强烈的渴望和在一起时的狂喜，或者从一段长期稳定的恋爱关系中获得的安慰。然而，我们也曾在嫉妒和被拒绝的孤独中煎熬，也曾为了让一段婚姻美好且持久而努力。

通过了解情感历史中的两大悲剧的重要性，我们可以小心翼翼地绕过爱的那些难题，以此增加爱带给我们的快乐的部分。其中一大遗憾是我们遗失了过去存在的关于爱的多样性的知识，特别是如果你对古希腊的历史文化比较熟悉的话。古希腊人知道爱不仅存在于两性伴侣之间，也可以在朋友、陌生人甚至是自己身上找到。第二大遗憾是在过去的一千年里，这些多样性一直被包含在爱情这一个神秘的概念中，使我们仅认为只能在一个人的身上找到各种爱，期遇一个独一无二的灵魂伴侣。幸运的是，我们其实可以通过在浪漫国度之外寻找其他的爱并培养它的各种形式，以逃脱这一遗传的制约。那么，我们怎样开始这次回顾感情历史的旅程呢？当然是先拿上一杯咖啡啦。

爱的6种形式

现代的咖啡文化发展出一系列复杂的词汇来描述我们每天喝的各种咖啡：卡布奇诺、意式咖啡、无糖奶香咖啡、美式咖啡、焦糖拿铁以及摩卡咖啡等。古希腊人也从他们对爱的理解中提炼出爱的6种不同形式。这和我们今天的做法完全相反：我们把范畴极为宽广的各种情感、关系和理想汇集成一个含糊不清的术语——爱。一个十几岁的男孩可以大声宣布"我恋爱了！"但当然，他的爱不可能与一个60岁的老人在经历了与妻子相濡以沫多年以后所说的"我依然爱你"相提并论。我们在情到浓时说，"我爱你！"同时也在电子邮件的落款处随随便便地签下"致以无尽的爱"。

古雅典的居民们如果看到我们的表达如此生硬，一定会大吃一惊。他们谈论爱的方式不是只活跃在市井巷弄的八卦中，而是会思考爱在他们生活中的位置。他们所用的方式是用我们那贫乏的语言难以理解的。如果拿咖啡的术语和情感打比方的话，我们的描述语也就相当于一杯速溶咖啡。我们需要揭示希腊人所知的那6种情感，并考虑将其纳入我们的日常交流中。这样做也许更有助于找到最适合我们个人口味的那些情感关系。

我们都曾看过情人节贺卡上那扑腾着翅膀飞来飞去的胖嘟嘟的丘比特，他冷不丁地对那些没有防范的人射出爱神之箭，让他们坠入爱河。丘比特在古罗马语中叫厄洛斯（Eros），在希腊是爱与丰饶之神。对古希腊人来说，"厄洛斯"意为性激情和欲望，是各种爱中最重要的一种。但他们所言的厄洛斯和我们现在所认为的那个顽皮的小淘气丘比特相去甚远。它被古希腊人看作是危险的、激烈的、非理性的一种爱，是那种会控制你、占据你的爱。公元前5世纪的一位哲学家普罗迪科斯（Prodicus，公元前465—前395年，古希腊哲学家，苏格拉底的导师之一，也是诡辩学派的代表人物之一）曾说："欲望加倍就是爱，而爱加倍就会变成疯狂。"厄洛斯所包含的失去理智之义让希腊人感到害怕，尽管这是现代很多人在一段恋情中所苦苦寻觅的。现在的我们认为，疯狂地爱上一个人才是是否天作之合的检验标准。

古文字"eros"还常与同性恋之意联系在一起，特别是老年男子对青少年的爱。15—16世纪的雅典在贵族统治社会下盛行着一种关系，时人称之为"paiderastia"，也因此产生了一个希腊语中最具异国情调的动词"katapepaiderastēkenai"，意为挥霍资产并将热情投入无望的男孩身上。然而，"eros"一词也不完全是被男人之间的情感关系所垄断的。雅典政治家伯利克里（Percles，约公元前495—前429年，古代世界最著名的政治家之一）在厄洛斯这一冲动之爱的驱使下，为了漂亮而聪慧的阿斯帕西娅（Aspasia，古代希腊著名政治家伯里克利的情人，以美貌与智慧名动整个希腊半岛），竟然抛弃了自己的妻子，阿斯帕西娅后作为情妇与其同居。著名女诗人莎孚（Sappho，公元前7世纪希腊女诗人）以她写给妇女的情欲诗篇而闻名，包括那些出自于她的出生地莱斯博斯岛（Lesbos，希腊岛屿，即米蒂利尼岛）的诗歌，英文女同性恋者一词"Lesbian"就是出自于此。冲动之爱"eros"的力量也出现在希腊神话中，神话中那些到处留情的天神们，特别是男神们，揭示了传统社会中的文化原型。天神宙斯为了满足自己的性冲动作出了不懈的努力：把自己变成一只天鹅引诱丽达（Leda，希腊神话中的一名仙女）；变成一头雪白的公牛诱拐了欧罗巴（Europa，希腊神话中腓尼基的公主）；变成一朵云接近伊俄（Io，希腊神话中河神的女儿）。甚至是《奥德赛》中野蛮的独眼巨人波吕斐摩斯（Polyphemus，海神波塞冬和海仙女托俄萨之子，在荷马的史诗《奥德赛》中，波吕斐摩斯扮演着相当重要的角色），也曾承受过对海仙女伽拉忒亚（Galatea）的单相思而产生的痛苦，尽管他所选的搭讪的话语一点忙也帮不上。他对伽拉忒亚说："纯洁的伽拉忒亚呀，为什么你拒绝我的爱？啊！你的皮肤雪白如凝脂，你的双眸晶亮如绿色的葡萄！"在日常生活中，最清晰可见且引人注目的关于冲动之爱"Eros"的证据出现在古代雅典春季的戏剧节上，通常是在三出悲剧表演之后上演的那些低级的"滑稽羊人剧"[1]中，半人半羊的扮演者与一群阳物勃起并将之绑在腰带上的人们嬉笑玩闹，并给那些下流的玩笑添油加醋。与冲动之爱相联系的痛苦明显可以在这种滑稽场面的慰藉中得以缓解。

其实，每个人都能说出一个关于他们的灵魂被冲动之爱所击碎的故事。我就曾在冲动之爱的引诱下不顾一切地想要把我的全部生活从英国转移到美国——最终失败了，只为了追求一个女人。可能你曾为初恋男友冲昏过头脑，用哥特体在背上文上他的名字，这一证据现在仍保留着；可能你还记得蜜月时在巴黎一个公园的草地上做爱时那种恶作剧般的快感；又或者你曾对酗酒的英文讲师一见钟情，开始了一段纷扰不断的恋情，最终以泪水或一个孩子而告终。是否我们关于冲动之爱的记忆都充满着声色肉欲或悲剧般的触动，很难想象没有强烈的性激情和欲望的爱。

第二种爱是"philia"，通常译作"友情"，被认为是比建立在性欲上的爱欲更道德的一种爱。著名的哲学家，如亚里士多德（Aristotle，公元前384—前322年，世界古代史上最伟大的哲学

---

[1]又名萨堤洛斯剧。希腊神话中，传说酒神曾经漫游世界，草木动物之神萨堤洛斯与之相伴。萨堤洛斯为羊人，人形而具有羊耳和羊尾。在古希腊，三出悲剧演出之后，还上演一出"羊人剧"，作为一种调剂。"羊人剧"是一种轻松的滑稽戏，是笑剧，但不是喜剧，大多以羊人的故事和英雄传说为题材。

家、科学家和教育家之一）就花了相当多的精力致力于对不同形式的友情进行分析。有一种友情存在于家庭单位中，如父母与孩子之间所表现出的亲密情感，或是以血缘为纽带，在兄弟姐妹之间以及姑表兄妹之间深切但并非是爱欲的亲密感情。功利主义者认为，友情存在于那些在人际关系中互相依赖的人们之间，比如商业上的合作伙伴或是政治同盟。如果其中一方对另一方不再有用处，那么"友情"就会很容易破裂。我们认为，在现代社会中这种功利性的友情也是实际存在的，例如人们会帮助有势力的同事，因为这样会有助于他们在职场中赢得更多的晋升机会。

然而，最让古希腊人珍视的友情却是在战场上并肩作战的战友之间滋生的同袍之情。那些战友看到彼此所遭受的苦难，常常会奋不顾身地拯救自己的同伴使其免于丧生在波斯人的长矛之下。他们认为同伴相互之间是平等的，不仅会相互分担个人的忧虑，还会相互展现极致的忠诚，在互相需要帮助时施以援手，且不期待任何回报。这种战友之情的一个典型就是荷马史诗《伊利亚特》中的主角阿喀琉斯（Achilles，也译作阿基里斯）和帕特洛克罗斯（Patroclus）之间的友情——也有说法称他们是一对恋人。当帕特洛克罗斯在战斗中死去时，阿喀琉斯极度痛苦，他以身覆土，攥土发誓并绝食数日，然后回到前线为自己的战友复仇。

我还记得我20岁出头时，和一个大学的老同学坐在马德里一家烟雾缭绕的酒吧，听他动情地讲述友谊对他意味着什么。在那一刻我也获得了一个启示：我意识到我很少享受到这种同志般的友情，而这对他的生活却是如此重要。我很少对我的密友敞开心扉，无论是男性朋友还是女性朋友。我也从来没有为他们牺牲过多少。我的人生中有很多泛泛之交，但真正的朋友却非常少。从那以后，我开始尽力在我的人际关系中培养更多扎实牢固的友情。那么你呢？在你的生活中拥有多少朋友呢？这是现代社会中一个非常重要的问题。当人们为自己在脸谱网（Facebook）和推特（Twitter，国外著名微博网站）上拥有成百上千"朋友"而自豪时，我很怀疑这样的成就能否打动古希腊人。

如果说友情确实需要认真看待的话，那古希腊人所看重的第三种爱却是游戏之爱。沿用古罗马诗人奥维德（Ovid，公元前43—公元18年）的说法，学者们一般用拉丁语"ludus"来描述这一种爱的形式。这一形式的爱包括与孩子或露水情人之间那种游戏式的感情。我们很容易将游戏与一段恋情的早期阶段联系起来，调情、逗趣、开轻松的玩笑不都是求爱期间的一种惯有仪式了吗？这种爱的游戏方式在18世纪的法国贵族阶层被演化成了一种艺术形式。爱成了一种充满着秘密情书、带有挑逗意味的黄色幽默以及午夜冒险约会的一种游戏。今天当年轻人们玩"转瓶子游戏"（一种通过转瓶子选择接吻对象的游戏）时，我们也能看到那种游戏的影子，"转瓶子游戏"让人们得到一个让人精神紧张的初吻。我们最活力充沛的游戏时刻通常都发生在拥挤的舞池中，那时我们的身体最接近他人，而且通常是陌生人，这提供了一种游戏的性暗示经历，其作用可代替性本身。拉丁舞中的萨尔萨舞（Salsa）和探戈（Tango）在西方社会之所以如此盛行，就在于它们充满了很多人平常生活中所缺乏的游戏的特质。

荷兰历史学家约翰·赫伊津哈（Johan Huizinga，1872—1945年，荷兰语言学家和历史学家）在其1930年出版的书《游戏的人》中提到：游戏的本能作为人性的自然特点在所有文化中都非常明显。"游戏对于个人幸福感的重要性"在心理学文献中也日益得到重视。这一理论的含义在于我们应该在我们人际关系的大范围中寻求并培养游戏之爱，而不是只在我们的爱人或舞池中获得，也应包括我们的朋友、家人或同事。坐在酒吧里和朋友一起开开玩笑、和朋友们说说笑笑就是一种简单地培养游戏之爱的方式。社会规范不赞成成年人举止轻浮，使得人们很少保持着孩童时期玩乐的天性，但这也许正是我们在人际关系中所需要的，它可以帮助我们逃离日常生活的烦恼，培养我们自己的创造性，让我们生活得更为轻松。让游戏之爱成为我们爱的语言的一部分吧！

对古希腊人来说，婚姻从来都不是游戏。古希腊人的婚姻一般遵从父母之命，妻子需服从丈夫的意志，常常被要求待在家里大门不出，二门不迈。然而，古希腊人却创造出第四种爱的形式，称之为"pragma"，即成熟之爱。这种爱所指的是长期婚姻关系中夫妻之间所产生的深刻的理解。成熟之爱是关于如何使一段关系得以长期保持，在需要时相互妥协，表现出耐心和宽容，对伴侣抱以恰如其分的期望。这涉及对相互之间的不同需求予以支持，维持家庭稳定，使孩子得以在一个良好的家庭氛围中成长，且家庭财务状况安全等一系列情况。总而言之，成熟之爱旨在全心为他人付出，为了他们的利益而在你们的关系中不断努力，将爱变成一种互利互惠的行为。20世纪50年代，心理学家埃里希·弗罗姆（Erich Fromm，1900—1980年，20世纪著名的心理学家和哲学家，"精神分析社会学"的奠基人之一）对"坠入爱河"和"维系爱情"作出了区分。他认为我们花了太多精力去爱上一个人，其实应该将精力放在如何维系这份爱上，而维系爱情最基本的是懂得如何付出爱，而不是得到。"成熟之爱"就是维系爱情的核心。在当今的美国和英国社会中，约有一半的婚姻以离婚告终。为了实现我们一贯美好的白头偕老的爱情愿景，古希腊人关于"成熟之爱"的理念正是我们迫切需要的。

成熟之爱要求为对方付出，而神灵的博爱"agape"，也即无私之爱，则是一种更为彻底的理想的爱。这是古希腊人根据其包容性而定义的一种爱。这种爱无私地作用于所有人。无论是家庭成员还是一个遥远城邦的陌生人。这种爱无私地付出，并不要求任何回报，是一种基于人类团结的超然之爱。博爱早已成为基督教的核心理念之一，早期天主教徒用来描述基督对世人之爱就是用的"agape"这个词，这是一种信徒们期望回报上帝以及所有其他人的无私之爱。在新约福音书（通常指《新约圣经》中的《马太福音》《马可福音》《路加福音》《约翰福音》四福音书）里随处可见，例如耶稣的戒律"爱邻如爱己"。神灵之爱后来翻译成拉丁语"caritas"，意为博爱，也是现在英文"charity"（意为仁慈）的核心组成部分。20世纪著名的思想家及儿童读物作家克莱夫·斯特普尔斯·刘易斯（Clive Staples Lewis，1898—1963年，英国20世纪著名文学家、学者、杰出的批评家，也是公认的20世纪最重要的基督教文学作者之一，代表作有"纳尼亚王国"系列童话）在其作品中将神灵之爱，也即博爱称为赠与的爱，他认为这是基督之爱的最高形式。

包容的无私的大爱这一理念并非仅在古希腊被提出，在全球文化中也有着广泛的回响。小乘佛教提倡培养慈悲之心，也可以说普世慈爱。这种爱已经超越了人类的界限，将爱和怜悯之心扩展到所有有知觉的生命体，甚至还延伸到植物。孔子提倡的"仁"或"仁慈"指的也是一种包容的无私的爱。如果说"神灵之爱"和"慈悲之心"是一种无条件的爱，"仁"则是一种由一个同心圆延伸出来的递进的爱。最强烈的爱存在于内圈中，即一个人的直系亲属，然后逐渐延展到朋友圈，当地社区，直至最后延伸到全人类。包容性的爱如"神灵之爱"的力量与美在于它能帮助平衡我们内心强烈的想要被爱的渴望，同时要求我们对生活充满希望并保持宽宏大量的精神状态。可惜还没有人将博爱引入速配约会中，以创造一种随机行善的活动。我们也还没有在报纸上看到过博爱的广告。但我们仍然能做一些力所能及的无私的善行，比如在高速公路收费站为你身后车里的陌生人付过路费。

最后一种古希腊人所知的爱是"philautia"，也即自爱。这种爱乍一看与博爱正好相反，会摧毁"无私的爱"。然而睿智的古希腊人注意到自爱可分为两种形式。有一种负面的自爱，这种爱只是想要获得个人享乐、财富或名气的贪婪自私之欲，与我们说的公平分享相去甚远。这种爱的危险在希腊神话中的那喀索斯（Narcissus，希腊神话中爱上自己影子的美貌少年）身上得以体现。他无法抗拒地爱上了自己在水池里的美丽倒影，无法自拔，终于在饥饿中死去。自爱的坏名声一直在西方思想中挥之不去。16世纪时，法国神学家约翰·加尔文（John Calvin，1509—1564年，法国著名的宗教改革家、神学家、基督教新教的重要派别加尔文教派创始人）将"自爱"说成是"害虫"，借此将其比喻成瘟疫。弗洛伊德（Sigmund Freud，1856—1939年，精神分析学家，精神分析学派的创始人）认为自爱是一种对自己产生的不健康的欲望，让自己无法再爱上其他人。

幸运的是，亚里士多德注意到自爱积极的一面，那就是它可以增强我们更广泛的爱的能力。亚里士多德写道："所有对他人的友爱之情，都是一个人对自己感情的延伸。"这句话的意思是，当你喜欢自己并感到做自己非常有安全感时，你就会有很多的爱去付出。同样的，如果你知道什么让你感到快乐，你就处在了一个有利的位置能够向你周围的人散播这种幸福。反之，如果你对自己的现状并不满意，甚或暗藏一种自我厌恶的情绪，那你就没有多少爱可以付出。由此可见，我们应该学会爱自己，但不要转变成那种无法自拔的自我迷恋。这意味着，我们至少得接受自己的不完美，并谦虚地认识到自己的个人天赋，而不是只看到自己的失败和不足之处。

在了解了爱的多样性之后，如果你受邀参加关于古希腊爱的本质的哲学讨论会，毫无疑问，你有好多内容可以谈论。然而，了解这6种爱的主要原因并不是期望提高你的发言水平，而是希望你能重新思考爱在你生活中期望的意义。古希腊人对爱的理解最显著的特点就是他们认识到爱存在于关系更为广泛的人群中——朋友、家人、配偶、陌生人，甚至自己。我们很快会发现，这与我们现在对待爱的方式非常不同。现在我们通常只专注于浪漫的爱情，将我们所有的爱寄托在一个人身上，希望他（她）能满足我们所有对爱的需求。古希腊人告诉我们，应该学会培养不同形式的爱，而不是在一个狭窄的范围中苦苦地追求。

这种思考方式的优点是：在你的情感生活某一部分遭遇悲惨局面的时候，如，你无法满足自己的情欲之爱，因为你被拒绝了，那么你可以转而将注意力放在其他种类的爱上。例如，你可以通过和老朋友一起玩来经营友情，或是多引入一点儿"游戏之爱"跳舞到天明。此外，你还可能感到自己因缺乏爱而痛苦。如果你安排好6种形式的爱在你当前生活中的比重，可能会发现你比自己起初想象的拥有更丰富的爱。

关于感情生活的一个普遍问题是：什么是爱？我认为这是一个让人误入歧途的问题。这个问题使我们陷入想要寻求所谓的"真爱"的确切本质这一死胡同。古希腊人告诉我们应该这样问自己："如何能在我的生活中培养不同形式的爱？"这才真正是我们今天所要面对的关于爱的终极问题。但是，如果我们想要经营好各种形式的爱，首先就需要消除我们关于浪漫爱情的基于神话传说而产生的万般迷思。

浪漫的爱情神话

　　一千多年前，富有激情的、浪漫的爱情这一概念在西方社会产生，这是我们最具破坏性的文化遗产之一。因为浪漫爱情的主要渴望——寻找一个灵魂伴侣——在现实中是几乎不可能实现的。我们寄望于花费数年时间寻找一个可以满足我们所有感情需要和情欲的捉摸不定的人，一个可以向我们提供友谊和自信，舒适和欢笑，给我们带来灵感以及分享我们梦想的人。我们想象一定会有那么一个人正是我们所缺失的另一半，只要在浪漫爱情中我们就能合二为一从而感到完整。我们的这种希望是被好莱坞电影工业中银幕上的浪漫爱情所灌输的，过度的言情小说也散播了这一迷思。这个信息在全球范围内被一大帮宣称能帮你找到完美的另一半的情感咨询师们复制。一家目前在英国最有名的婚恋服务网站就宣称："毋庸置疑，我们会帮你找到你的灵魂伴侣。"一项针对二十多岁单身美国人的调查表明：94%的美国年轻人认为结婚的第一点、也是最重要的一点就是配偶应该是你的灵魂伴侣。

　　我们把浪漫爱情看作一种理所当然的可能。但要理解为什么我们会变得这么执著以及关于灵魂伴侣这一19世纪才开始浮现的想法，我们需要揭开在过去的千年间，"爱"这个概念在西方社会的发展过程。不幸的事实是，浪漫爱情这一迷思逐渐俘获了过去存在的6种爱的形式，将它们整合成一个统一的概念。这一文化灾难分为5个阶段逐步演进形成。首先是在阿拉伯的沙漠中，情欲之爱成为浪漫爱情的基础；然后在中世纪后期，神灵之爱被添加到浪漫爱情的理想模式中；第三阶段是17世纪时，友爱和成熟之爱一起被合并到浪漫爱情中；进入第四阶段后，浪漫运动持续深化了情欲之爱的重要性；最后，在20世纪时，自爱及游戏之爱也成了浪漫爱情所期望的一部分。如此一来的后果是，现在我们背负着难以实施且非常危险的期望——希望在一个人身上找到并实现所有爱的形式。

浪漫爱情的传说产生于第一个千年即将结束之际，体现于中世纪早期的波斯故事、诗歌及音乐中。其中心特点都可在《一千零一夜》中找到。《一千零一夜》是中东地区民间传说故事的集合，可追溯到10世纪，是公主山鲁佐德一夜一夜讲给自己新婚丈夫——一个脾气暴躁的苏丹山鲁亚尔——听的故事。这样持续地讲故事的动机源于山鲁亚尔有个龌龊的坏习惯，那就是在新婚的第二天早上处死自己的新娘。这些在当时是伤风败俗的传说故事在19世纪80年代由探险家理查德·弗朗西斯·伯顿爵士（Sir Richard Francis Burton，1821—1890年，英国军官，著名探险家、语言学家、人类学家，通晓25种语言和15种方言，出版43卷探险记、30卷译著)译成英文时，因其特别强调其中的色情内容，用脚注长篇累牍地记载了波斯文化中的性爱风俗而臭名昭著。你可能记得《阿里巴巴与四十大盗》，但你很可能不熟悉那些较为肉欲的故事，如《贝拉姆王子与阿尔达特玛公主》。这后一个故事讲的是当年轻的王子第一眼见到美丽又高雅的公主时，看着她那比明月还要皎洁的脸庞的那一霎那，爱情攫住了他的心。王子狡猾地乔装打扮成一个衰老的园丁去接近她，最终赢得了公主的芳心。其他故事，如《第一个太监——布克哈特的故事》中的情色内容则更加大胆直白，震惊了维多利亚时期的英国。在这些故事中呈现的是关于爱情的新的想象，即情欲的激情和恋人之间灵魂的融合。这两个元素也成为了我们现代社会浪漫爱情概念的核心内容。

很可能是由于十字军东征的缘故，这种波斯式的激情如潮汐般向西蔓延传播一直到了欧洲。它甚至从安达卢斯（8—15世纪在西班牙南部存在过的一个穆斯林王国）越过了比利牛斯山脉（欧洲西南部山脉，法国与西班牙两国的界山）。1022年，科尔多瓦哲学家和历史学家伊本·哈兹姆（Ibn Hazm，994—1064年，伊斯兰教教义学家、教法学家、哲学家，为百科全书式的学者）出版了他讨论爱的著作《斑鸠的项圈》（*The Ring of the Dove*，抒情诗集，抒发了伊本·哈兹姆对人生、自然、理想的情怀，记述了他一生的经历）。这本著作是对中东地区浪漫感情发展的回响。在章节"一见钟情"中，他描写了一种典型的扑朔迷离式的爱情，即使是放在今天也完全说得通。

诗人优素福·伊本·哈伦（Yusuf Ibn Harun），更为人所熟知的名字是拉马迪（Al-Ramadi），有一天经过了科尔多瓦的香水门，那通常是女人们聚集的地方。当他看到一个年轻女孩时，他说道："我的心一下子就被俘虏了，四肢好像被对她的爱所浸透了一样。"因此，他从去清真寺的路上掉头，转而跟着这个女孩。那个年轻女孩走到他面前问："为什么你一直跟在我后边？"诗人告诉女孩他对她是多么的意乱情迷。女孩则冷冷地回答说："我对你没兴趣，不要让我在大庭广众面前丢脸。你完全没有希望达成你的愿望，也没有任何方法能满足你的欲望。"在回顾自己的这段冒险经历时，诗人说："后来我常常路过香水门和赖伯特，但我再也没有得到任何关于她的消息，而我心里对她炽热的爱依旧比燃烧的煤还要火热。"

只需稍作润色，这就可以成为一部现代浪漫爱情电影的开场。伊本·哈兹姆讲述爱与性的书在浩瀚的阿拉伯文学海洋中只是极小的一部分。它推广了一些情色的习俗，如渐进式深吻——这在中世纪的欧洲还闻所未闻。突尼斯作家在其两性手册《波斯爱经：芬芳花园》（*The Perfumed Garden*）中就明智地建议道："一个激情的吻胜过一次仓促的性爱。"

12世纪普罗旺斯的行吟诗人将这些阿拉伯-安达卢西亚式的爱情模式转化为中世纪欧洲对"cortezia"的狂热崇拜，即骑士之爱，这是浪漫爱情进化的第二阶段。这一阶段的爱情体现在对女性展现出的骑士般的爱，以及能表达这种爱的社交礼仪上。这些骑士之爱中的冠军是贵族吟游诗人阿尔诺·达尼埃尔（Arnaut Daniel，法国诗人，发明了六字循序诗，但丁曾盛赞其为普罗旺斯地区最优秀的诗人），他吟唱道："我既不要罗马帝国，也不想成为其教皇。如果不能让我回到她的身边，我那为她燃烧的心啊，将裂成两半。"骑士之爱在最初只是对抗教会反对"身体之爱"的一种大胆回应，但它将异性之间的浪漫爱情提到了生活典范的高度。为爱而活，甚至因爱而死，爱情变成了一种新的个人追求，至少是在贵族阶层。

"Cortezia"这一意识形态出现在《玫瑰传奇》（*The Romance of the Rose*）一书中，这是13世纪法国的畅销书，讲述了一名侍臣追求他所爱的淑女的故事。这可能也是现在玫瑰成为爱的礼物这一习俗的源头之一。

骑士之爱的传统体现了两种古希腊的爱的形式——情欲之爱与博爱。情欲之爱体现在男人直接奔向自己欲望的激情之源，通常是有着高贵血统的一位淑女。骑士之爱的一个特殊原则是这个女人绝对不是他的妻子。至此，情欲之爱不再是婚姻典范的一部分，虽然其仍然被认为是繁衍后代和保障财产的一种必要准备。因此，法国香槟伯爵玛丽公开宣称："爱情无法在丈夫和妻子之间拓展其势力范围。"赞同这一信条可能会给今天那些通奸者提供方便。而你如何向你的爱人证明你的忠诚呢？像今天我们佩戴首饰和穿爱人送给我们的衣物以表现我们的忠诚一样，中世纪的欧洲骑士们会佩戴爱人的面纱，有时甚至是将她的衣服在骑马比武时罩在自己的盔甲上面。

"Cortezia"的一种更大的特点表现为博爱，一种无私的对陌生人的基督之爱。这在13世纪流行的"圣乔治与龙"的传说中得到了最佳的诠释。一头邪恶的、散播瘟疫的龙将它的巢穴安在为邻近的城市提供水源的泉水边。国王的女儿要作为贡品献给恶龙，这样居民们才能靠近水源。突然，圣乔治出现了，他直视恶龙的眼睛，在胸前画十字，然后冲向那头恶兽，用他的长矛给了恶龙致命的一击。在重获自由的公主陪同下，圣乔治用绳子拖着已经奄奄一息的恶龙回到城里，当着所有人的面杀了恶龙。为了表彰他的英勇行为，感激涕零的居民们放弃了他们的异教信仰，转而信仰基督教。诸如此例的功绩，骑士们拯救危难中的少女，或是被要求完成一项危险的使命以赢得爱人的芳心等，都或多或少地掺杂了情欲的成分，但也通常包含了基督教所提倡的牺牲或美德的寓意。今天最常见的献殷勤的行为，例如男人为女士开门、入座时给女士拉椅子等，就是这种骑士精神在现代的回响，意味着骑士时代的精神并没有完全消亡，除了有时候这样的行为可能会冒犯现代社会两性平等主义者敏感的神经。

　　骑士之爱也通常被描绘成一种纯洁的关系。骑士之爱的女主角通常在社会地位上比男主角高许多，且是那种只可远远崇拜的女人。然而，正是这些中世纪浪漫爱情中隐含的身体交合的障碍强化了激情和欲望。在那些悲剧故事中都弥漫着受挫的欲望，如"特里斯坦与伊索尔德"（Tristan and Isolde, 西方家喻户晓的爱情悲剧，其传说虽源自爱尔兰，但由法国中世纪游吟诗人在传唱过程中形成了文字)最初这是一个凯尔特人的民间故事，后被瓦格纳（Wagner, 理查德·瓦格纳，德国作曲家）改编为同名歌剧；还有"兰斯洛特与格尼薇尔"（Lancelot and Guinevere），格尼薇尔在被发现和亚瑟王的首席圆桌骑士偷情后（兰斯洛特是亚瑟王的圆桌骑士之一，与亚瑟王王后格尼薇尔产生了恋情），在女修道院终了一生；后来罗密欧与朱丽叶注定悲剧的爱情故事，最早出现在15世纪的锡耶纳（Siena，意大利城市）。

这一悲剧传统在今天的爱情生活中也留下了印记。许多人追求那遥不可及或由于某种原因难以企及的爱人，如已婚或比自己年轻许多的人。这在现实中看上去违反常理的取向既能增加性的兴奋度——追求的快感，同时也能满足人们潜在的追求痛苦和危险的欲望。正如心理学家指出的："我们常常在一开始就注定会失败。"

在中东和骑士传统之后，浪漫爱情故事的第三个阶段在17世纪的荷兰浮出水面，那就是伴侣式婚姻。荷兰黄金时代以伦勃朗（Rembrandt Harmenszoon van Rijn，1606—1669年，欧洲17世纪最伟大的画家之一）、维米尔（Johannes Vermeer，1632—1675年，荷兰最伟大的画家之一），以及其作为当时全球第一的贸易帝国赢得的惊人财富而闻名。但黄金时代留下的最大的财富却是将婚姻从功利主义的契约转变成为充满激情的具有真正友情的结合体，荷兰语称之为"gemeenschap"。荷兰人是"友好且充满爱的婚姻"的先驱，历史学家西蒙·沙玛（Simon Schama，1945年至今，英国历史学家）认为："他们帮助将当时占据统治地位的包办婚姻变成了因爱而结合的婚姻。"这些听上去当然是好事，但这也导致爱的各种变体进一步汇集到一项单一的感情中。

不同于骑士和淑女彬彬有礼式的传统观念，荷兰的中产阶级市民认为婚姻是一个耽于爱欲乐趣的理想场所。婚床不仅仅是个有效繁衍后代的方便之所，同时也是夫妻进行"身体交流"的地方。尽管荷兰加尔文教派非常虔诚，但17世纪的婚姻手册中的建议却大胆直接。如手册中建议说晚上做爱比早上更有乐趣；为了性生活的健康和乐趣，最好不要一晚射精超过四到五次。当时的婚姻也被期望含有成熟之爱，这里的成熟之爱的含义包括分担组成并维系一个家庭的责任。这从以下几个方面都能清楚地看出，如家庭聚会的频率、父母和孩子一起玩耍的时间以及男子公开庆祝孩子的诞生的奇特风俗等。（以前的荷兰在孩子出生时有一个传统，父亲会戴上一种宣示父亲身份的特别缝制的帽子，这一习俗现在因为现代父亲的自尊而逐渐过时。）

除了情欲之爱和成熟之爱以外，当时的荷兰人还相信婚姻生活应该包含朋友之爱。婚姻中存在良好的友情在中世纪还是一个好像来自外星的概念，虽然我们现在认为是理所当然的事情。与过去的任何时候相比，这都是一个夫妻之间最能认可相互之间是伴侣、是知己的时期。当一个男人在个人生活或是财务上有什么忧虑时，他很可能会向妻子求助，而非从自己的同性朋友那里寻求建议。尽管男人们仍然是一家之主，但他们在家庭内部事务的共同义务上会有条件地尊重女性。外国来的访客时常谈论荷兰夫妇之间表现出的柔情和相亲相爱，如在公园会手牵手散步，当着晚宴宾客的面也会吻对方的脸颊。这种亲密和平等的关系是一种新的婚姻的写照。与将丈夫和妻子僵硬的姿势描绘下来与那些宗教肖像画挂在一起的意大利画风不同，荷兰绘画大师如弗兰斯·哈尔斯（Frans Hals，约1581—1666年，荷兰现实主义画派的奠基人，也是17世纪荷兰杰出的肖像画家）创建并描绘出了一种非正式的和谐的幸福场景。

欧洲这场静悄悄的婚姻革命由荷兰人领头并开始蔓延到其他国家。17世纪的英国，因浪漫的爱情而结合成功的婚姻逐渐成为个人成就的一方面，人们也不再觉得男人和他的妻子建立深厚的友谊是一件奇怪的事情。夫妻也通过一种新的时尚展现他们之间的感情，那就是埋葬在一起并共用一块墓碑，如此表明夫妻即使在死后也是一体的。但是，如果说两性平等在家长制和沙文主义态度仍然强势的时期已成为欧洲的普遍文化准则，那就太天真

上图为17世纪意大利托斯卡纳的费迪南德二世和其妻子维多利亚·德拉·罗薇儿的肖像画，可以看到他们夫妻之间没有任何亲密可言。和下图弗兰斯·哈尔斯所作的《花园中的新婚夫妇》（伊萨克·玛沙和比亚翠丝·范·德·莱恩）比较，可以看到比亚翠丝自然而然地将她的胳膊搭在丈夫的肩上，同时以一个文艺复兴时期充满爱意的花园作为背景。

了。直到19世纪末，随着妇女教育的发展扩大，丈夫们才渐渐承认他们的妻子在智力和情感上都值得平等地对待。

在伴侣式婚姻出现不久之后，爱的历史也开始了第四个阶段的发展：浪漫主义运动的文化爆发将新兴的西方爱情观带入了由追求情欲之爱所主宰的危险激情的旋涡中心。1774年，约翰·沃尔夫冈·冯·歌德出版了他在当时备受争议的小说《少年维特之烦恼》（*The Sorrows of Young Werther*）。在这本结构松散的自传体故事书中，多愁善感的艺术家维特为绿蒂神魂颠倒，而绿蒂已与阿尔伯特订婚。被自己视为真爱的女人拒绝后，维特最终决定喝下死亡之酒。他把绿蒂在生日时给他的粉红丝带放在衣服口袋里，饮弹自尽。故事中浪漫爱情的三个主题——疯狂的爱、不求回报的爱以及一个致命的结束，很难说是新颖的，但在歌德的书中那些奔放的情感表达紧紧攥住了欧洲人的想象力。"维特式情绪"——一种病态的伤感——迅速成为时尚，尤其是在德国。年轻男子们模仿维特的穿着——蓝色外套和黄色裤子；你还可以买到维特茶具和维特香水。一位歌德研究学者写道："因单恋而打算结束自己的生命成为了一种风靡的时尚。"这部小说被认为激发了超过2 000例盲目模仿式的自杀。因为感情受挫而引发的忧郁症成为最新的社会弊病。雪莱、济慈、柯勒律治等浪漫主义诗人的作品也呼应了这一主题。浪漫主义最重要的教训——我们今天也仍然忽视的——并不是坠入爱河是一件美妙的事情，而是需要面对因为对寻找那神秘的灵魂伴侣的痴迷会带来的巨大痛苦甚至就此摧毁你的整个人生的结局。

歌德的小说，以及其他18世纪晚期至19世纪初期的浪漫主义作品，如简·奥斯汀的《傲慢与偏见》（*Pride and Prejudice*），都为打破欧洲上流社会传统的狭隘局限、传播浪漫主义爱情理想起到了推波助澜的作用。能识文断字的人数的增加，加之廉价印刷品的易于获得以及图书馆的设立，都使消息能传播得更远、更广——从普鲁士王国的偏僻城镇到繁荣发展的美国新城市。这些改变促使历史学家劳伦斯·斯通（Lawrence Stone，英国人，著有《英国的家庭、性与婚姻》）宣称，日益增长的小说消费促进了西方社会"为爱而结婚"的比例的增加。斯通可能在列举说明案例时过于直白，以17世纪的荷兰作为先例，但这也是事实。在一个没有收音机、电影院和电视的世界，文字世界中转化出的各个时代的男人和女人的情感世界，为个人对恋爱的期待提供了新的愿景。

浪漫爱情迷思的最后一个阶段，除了波斯传统、骑士之爱、荷兰人的婚恋观及浪漫主义运动以外，迎来的是20世纪资本主义爱情的到来。爱情变成了可以买卖的商品，爱被市场意识形态污染甚至扭曲了。一直以来人们通常有买春的情况，但是购买爱情本身却是一个新的发展。最明显的表现是在钻石业。19世纪时，为自己的爱人购买昂贵的珠宝还是一件极不寻常的事，除非你是一个富有的贵族。但从20世纪30年代开始，尤其是在美国，大规模的广告制造出了一个信念，那就是钻石是在生活中向女人表达爱的最根本也是最基本的礼物。

作为南非戴比尔斯钻石企业联盟的代理，艾尔广告公司纽约分公司做了美国历史上最成功的一次广告宣传活动——将送钻石与浪漫爱情紧紧联系在了一起。他们在杂志上投放了大量的彩色广告，为电影明星提供钻石在公共场合佩戴，同时还发明了那句标志性的广告语"钻石恒久远，一颗永流传"（A Diamond is Forever）。其结果是1938—1941年，美国的钻石销量上升了55个百分点，且在随后的20年中持续攀升。一枚闪闪发光的钻戒成为了爱的实际象征，各个阶层的年轻男子发现他们变得负债累累，只为了给未婚妻买一枚钻戒，因为女人们现在只期望得到钻戒。艾尔广告公司无疑会为1953年玛丽莲·梦露的大热歌曲"钻石是女孩最好的朋友"的成功而高兴万分。这首歌在一百年前不会有任何意义。戴比尔斯公司随后聘请了智威汤逊（J. Walter Thompson，创始于1864年，是全球第一家广告公司，也是全球第一家开展国际化作业的广告公司）广告公司在日本创造了同样的销售神话。1967年时，只有5%的日本妇女佩戴钻石订婚戒指，但到了1981年，这一数字上升到60%。购买昂贵礼物（如钻石）的行为已经被纳入浪漫爱情典范的附属行为。这是值得记住的一点，当你发现自己送出或接受钻石作为爱的给予时，那不仅仅是爱的表达，也是一个聪明的销售策略的成功，它带给戴比尔斯及其他相关公司数十亿的滚滚财富。而且这一潮流蔓延到了整个奢侈品礼物领域，如项链、耳环、手表等，我们现在已经习惯于购买一点儿浪漫。

资本主义爱情一个更为险恶的影响是人们日益将自己作为商品来推销。从古埃及时期以来人们就一直用精致的服装以及通过化妆来打扮自己，但到了20世纪，他们自身已几乎完全变成了商品，花大把的钱让自己对潜在的对象更有吸引力。这一现象开始于第二次世界大战之后，在经济飞速发展时期，穿设计师制作的衣服成为一种时尚。而到了现代，这一现象在整容业尤为突出。美国每年的整容手术（从丰胸、隆鼻到抽脂和腹部整形等）共有约1 000万例。

公共文化中所渗透的消费主义思潮也鼓励我们将找恋爱对象的过程看作是一次购物。20世纪50年代，埃里希·弗罗姆首次指出了这一点，他写道："两个人坠入爱河之际就是当他们发现对方是市场上最好且最有可能的对象之时。"我们现在的情况就像是通过勾选列出的偏好特点清单来选择可能的伴侣，例如，有苗条的身材或是合适的职业，就好像我们在买新车时所附带的所有配件一样。伍迪·艾伦（Woody Allen，美国当代电影导演、编剧、作家）也察觉到了这一趋势，在他导演的电影《贤伉俪》（也译作《丈夫与妻子》）中有这样的台词："斯宾塞想找一个对高尔夫球、无机化学、户外性爱以及巴赫的音乐感兴趣的女人。"现在的网络约会让一切都变得简单了，你只需填写详细的个人资料、问卷调查以表明自己的好恶、个人的才能和习惯。再加上最重要的照片（选择什么照片是一个非常让人焦虑的问题），这使得潜在的对象可以在灵魂伴侣的超市货架上将你挑选出来，正如你也可以对他们做同样的事情。市场效率取代了缘分。

但是，除了市场效率以外还有其他问题。就像在新型号面市时升级手机甚至是汽车是很普遍的事情一样，也有可能出现想要升级恋人的潮流。特别是如果看到有更好的对象，一个能满足你更多要求的人时。心理学家们认为，这就存在一种危险，人们试图在购买浪漫爱情时最大化其品质而非接受爱情的不完美，最后就会将我们的伴侣视作是拥有的物质财产，可以随意丢弃。其后果是，我们会过分强调获得个人的满足感，满足我们自己的欲望，而不是向其他人付出爱。古希腊人会很肯定地告诉我们，资本主义文化逐渐引诱我们进入了那种不健康的自爱。

我并不想为20世纪西方社会的恋爱关系绘制一幅完全令人沮丧的图画。但和利己主义的自爱扩张一起增长的是游戏之爱，即玩乐之爱。这是另一种爱情迷思，想要设法从古希腊人手中取回适合自身的却被他们所占有的爱的形式。这在一定程度上促成了20世纪70年代的自由恋爱运动，这一运动号召人们摆脱对性感到罪恶的压抑，经由情色文学的推广摆脱过去过于拘谨的情况，并争辩说性应该是愉悦的。这一运动最精华的文本是艾利克斯·康弗特（Alex Comfort，1920—2000年，英国人，剑桥大学医师）于1972年撰写的《性的快乐》，至今已销售超过800万本。康弗特写道，性可以看作是"游戏的最高形式的奖励"，事关双方共同的享受，应该"让男女双方轮流主导这一游戏"，但是他几乎没有提到同性的恋爱关系。他特别热衷于提倡在一些奇怪的地方以及在人们的眼皮底下做爱。他写道："这很幼稚，但是如果你还没有学会在做爱过程中表现得幼稚，你就应该回家先学学。"

不幸的是康弗特医生出于好意的建议，以及书店架子上数以千计的性爱指南使很多人感到非常不舒服。你应该要做个性爱好手、一个充满激情且好玩的爱人的想法使人在房事时出现严重的表现焦虑。"这比其他什么问题都严重，我将性与焦虑、害怕失败、被嘲笑、被比较以及被抛弃联系在一起。"雪儿·海蒂（Shere Hite，1942年至今，美国性教育家，女权主义者，主要的工作是女性性学研究，出版过《海蒂性学报告》等畅销性学读物）在1981年出版的关于男性性行为的著名报告中记录的一位受访者如是说。现在的男人和女人都担心：如果自己不能为伴侣提供浓烈的情欲和床笫之乐，他们可能会被抛弃，并被放逐到大多数人都恐惧的无尽的孤独中。

在过去的千年中，从10世纪波斯的激情到20世纪和21世纪的消费主义恋爱观，我们逐渐相信世界上有那么一个独一无二的人——一个灵魂伴侣——可以提供给我们生活所需的所有不同的爱的形式。从历史上看，这是一个全新的观点，在过去的文明中鲜有先例可循。一段热烈的、浪漫的恋爱关系绑架了古希腊人久负盛名的爱的多样性。我们现在所寻求的伴侣不仅要能满足我们身体的欲望，还要为我们提供深层次的友情之爱、有趣的游戏之爱、有安全感的成熟之爱，以及为了我们无私奉献的博爱，而这些都需要大量的自爱才能维系。

问题是，这样提高了期待的要求是几乎不可能全部得到满足的。我们去哪儿找这样一个非同寻常的能给我们这一切的人呢？

答案是，我们通常只能在我们自己的想象中或电影银幕上才能找到，而想象和银幕只会让我们安心地陶醉在浪漫爱情的美好结局中。浪漫爱情神话不仅留下了数百万在现实中难以实现的隐匿的幻想，而且还在过去的半个世纪席卷西方世界的离婚潮中起了主要作用，并且导致令人不满的短期恋爱关系无法阻挡地增加。

那么，我们今天到底该何去何从呢？我们真的要放弃追求浪漫爱情的可能性吗？如果浪漫爱情不是唯一答案，那么我们到底应该从我们的恋爱中寻找什么呢？

为什么接吻永远不够？

我们的文化中传承下来的对于完美的浪漫爱情的想象可以在康斯坦丁·布朗库西（Constantin Brancusi，1876—1957年，罗马尼亚雕塑家）的雕塑作品《吻》（1908年创作）中得以体现。毫无疑问，它体现了浪漫爱情的理想：相爱的两个人眼里只有对方，将自己完全陷在对方的怀抱中。他们是天作之合，融合成一个不可分割的混合体。但是，《吻》也展现出浪漫爱情所有的问题。两个相爱的人被锁在一段恋爱关系中，他们之间没有喘息的空间。他们个人的独立性和独特性已经消失，他们背对着整个世界，无视其他的生命。他们变成了自己爱情的囚徒，被困在情感近视中。

是时候离开《吻》以及其他象征爱情的历史遗物了。我们之所以可以这么做，是因为我们有一个选择：古希腊人创造的爱的多样性。而这些多样性正是我们应该努力培养的，并且是与一定范围的人而非一个人来培养。我并不是说你应该一边享受稳定的婚姻带来的成熟之爱，一边在一个接一个的婚外情中满足你的情欲之爱。这势必是一个极具破坏性的策略，因为两性之间的嫉妒

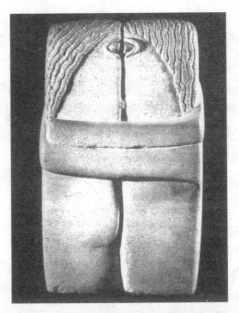

康斯坦丁·布朗库西的作品《吻》揭示了浪漫爱情的局限性。

情感是人类的天性，很少有人能容忍开放式的婚恋关系。我想说的是我们应该认识到，只有我们从多种渠道纳入更多的爱的源泉进行培养，我们才能更好地满足对爱的需求。因此，我们应该在主要的婚恋关系之外通过深入的友谊培养友情之爱，并且为我们的爱人留出足够的空间培养自己的友情，而不是狭隘地因为他们和朋友在一起而感到愤怒。我们不仅能在性中获得游戏之爱的快乐，还可以通过其他形式的玩乐，如在业余剧场表演探戈舞或是在家庭晚宴上和孩子们打成一片。我们必须认识到过于沉溺于自爱的世界中或是将我们的爱限定在一个小圈子的人群中的偏狭与孤立。我们本能地都希望自己是一个更大的整体中的一部分，而偏狭与孤立显然无法满足这一内在需要。所以，我们都应该在生活中给博爱留出空间并且将爱化作礼物送予陌生人。这才是真正能让我们感受到自己生活在大量而丰富的爱中的可行方法。

但这仍然留下了一个问题，我们应该从各自的伴侣那里寻求什么？并且我们如何能使一段关系有活力且持久？从历史中获得的第一个经验是要转变我们的观念。我们必须要摈弃追求完美的思想，即放弃找一个完全符合我们恋爱愿望清单上所有条件的人。要求一个人既能满足你的情欲和友情之爱，同时还有爱的其他维度，这确实有点儿过分。但这也并不意味着我们的感情会逐渐消亡，只是爱情的深度会更多地存在于其他一些爱的形式上。我们可能会意识到，比如，对我们来说，最重要的并不是每次眼风触到另一半时都会感到惊喜——好像丘比特之箭刚刚射中我们一样，而是可以和一个人合二为一分享亲密的友情和一起安静地慢慢变老的乐趣。

第二个经验是要理解爱有自己的编年表。不同种类的爱在整段关系中来来往往。可能最开始只是情欲之爱点燃的身体的激情以及游戏之爱的调情，但一旦坠入爱河的精神欢愉平静下来，也就为友谊之爱和成熟之爱的出现提供了空间。最终，我们的爱会表现为博爱，一种为他人付出或共同为周围的人们付出的爱，如此则他人的欢笑我们自己也能感受到。各种形式的爱如何展现其自身并没有固定的套路，但是我们可以明智地调整它们变换的表现形式，温柔地对那些已经过去的感情放手，用心培养那些正准备绽放的感情。

我们面临的挑战是采纳灵感来自于古希腊人的关于爱的那些新词汇，让我们所了解的那些爱的各种形式渗透到我们的大脑中，贯彻到我们的交流中，并指导我们的行为。只有这样，我们才会更精于爱的艺术，就像我们熟练地点一杯咖啡一样。

家庭

"有些父亲也可以当一个好母亲，我期望我是其中之一。"1964年，在他的妻子突然去世后，小说家巴拉德（J.G. Ballard，1930—2009年，英国科幻小说家，著有《太阳帝国》）决定独自抚养自己的三个小孩。每天早晨他都会为他们准备早餐，然后开车送他们上学。九点时坐到自己的书桌前开始写作，陪伴他的是一天中的第一杯威士忌。下午他会帮孩子们解决作业的难题，和他们一起在花园玩儿，然后急急忙忙地弄出一份孩子们喜欢的香肠和土豆泥当作晚饭。在20世纪60年代，很难再找出一个这样照顾孩子的单身父亲，巴拉德有他自己的风格。他在自传中写道："我当了一个懒散的母亲，尤其是不喜欢做家务。"他常常被人看到一手拿着烟，一手拿着酒。但除了疏于打扫以外，他毫无疑问是一个慈爱的、能给予孩子支持的父亲。"他既当爹又当妈，"巴拉德的女儿费伊回忆住在伦敦郊区时的童年生活时说，"我从不觉得有什么不能对他说，不管是男朋友、衣服，还是化妆。我们之间完全没有任何隔阂。我们一直就是一个亲密的家庭，也一直都是最好的朋友。"

巴拉德试图为他的孩子们创造一种与他年幼时的经历不同

的，温暖、亲密的家庭环境。巴拉德在20世纪30年代的上海长大，他的父母将自己的大多数时间消磨于在乡村俱乐部和其他外派人员一起喝马丁尼酒上。他们的家是一个拘谨的、少言寡语的堡垒，就像上流社会常见的那样。可就连这样一点儿家庭生活在1943—1945年也土崩瓦解了，他们被关押进了日本的一个战时集中营——这一段经历被放进了巴拉德的小说《太阳帝国》（1984年出版）中。战争一结束，他就被送回了英国，在寄宿学校度过了缺乏父母关心与照顾的少年时代。这些经历形成了他热衷于当一个父亲的心理背景。他主动参与两个女儿在家里生产的过程，"几乎把助产士挤到了一旁"，每次生产过程他都一直在哭泣。家庭永远是第一位的，其次才是他视如生命的写作。他在自己的作品里写道："也许我属于第一代人，这类人把家人的健康和幸福看作是他们精神幸福的头等大事。"

　　巴拉德于2009年去世，他也许是一个不同寻常的一心一意的父亲，但是他认为自己这一代人看重家庭生活的价值在历史上是独一无二的观点却是不对的。这一价值观在数千年的神话故事和传说中回响。从《奥德赛》传说中渴望回到自己伊萨卡岛家的奥德赛，到中世纪的冰岛传说；从托尔斯泰（Tolstoy，1828—1910年，19世纪末20世纪初俄国最伟大的文学家）的小说，到电影《教父》。探讨家庭关系的复杂性一直以来都是生活艺术所面临的挑战。如何面对被疏忽的父母，如何处理兄弟姐妹间的冲突、代沟或是嫉妒心，等等，作为家庭的一部分从来都不轻松。这也提出了一个问题：我们应该怎样在个人的家庭人生舞台上最好地扮演自己的角色？

　　今天看来，巴拉德可以说是现代父亲的先驱，这类人不仅能自如地换尿布或是熨衣服，也许还能当家庭主夫，让他们的妻子或伴侣每天出门工作，而自己待在家里照顾孩子。尽管家庭主夫的人数逐渐增多，但他们仍然被认为是一个奇特的物种。美国的全职家庭主妇数量远远高于家庭主夫，比例达到了40∶1，英国只有大约1/20的全职父亲。但在历史长河中，这样的居家父亲在前工业社会占有令人惊讶的重要位置。了解这一段被遗忘的历史的意义在于它对现在强势并流行的意识形态提出了挑战。有人将这种意识形态称之为"独立圈"（separate spheres，工业革命后提出的一个概念，认为男主外、女主内），认为女性天生就应该待在家里抚养孩子并做各种家务，而男性天生就应该在雇佣经济中赚钱养家。事实上，这样的安排没有任何"天生"可言。

巴拉德童年时家庭生活中的交流匮乏状况在今天也非常普遍，因为大多数家庭的交流艺术仍然不够成功。很多家长甚至很难从他们青春期的孩子嘴里听到一个词。夫妻俩花更多时间一起看电视而不是与对方直接交流，英国夫妻平均每天一起看电视的时间为55分钟，远远超过夫妻直接交流的时间。西方的离婚潮很大程度上跟夫妻间的沉默有关。在很多家庭中，你会发现有些亲戚拒绝相互交谈，有时候几天，有时候甚至是几年。交流是将家庭凝聚在一起的那根看不见的线，是我们应该重视交流的时候了！因此，在解释了父亲一度作为家庭主夫的角色之后，我们需要思考从过去的历史中学到了什么，并且如何才能使家庭成员之间的交流更有营养。

家庭主夫那段失落的历史

"现在你能睡会儿觉了吗？"这是在我的双胞胎出生后朋友们问得最多的问题。许多年轻的父母迫切渴望获得一些睡觉的时间、放松的时间、独处的时间。尽管如此，摆在这些前面更为显著的还是女人和男人之间经营一个典型的家庭所付出的时间不平等的问题。在英国，女人做饭、打扫以及照顾孩子所花的时间是男人的两倍，总共承担了2/3的家务，以致每天平均要花3个小时。这也难怪许多女性抱怨说她们的丈夫甚至不知道怎么打开洗衣机，或是可供换洗的干净床单放在哪里。尽管有些家庭父母双方都是全职工作，但女性仍然比男性多承担了至少1/3的家务以及照顾孩子的任务。换句话说，当她们的脚刚从办公室迈了出来，可能马上就会面临家里的"第二班"工作。这一基本的时间上的不平衡会给不论何种亲密程度的夫妻关系都增加压力：我爱人和我经常为我没有能够完成我"分内"的家务而争吵。这个问题在网络上的各类妈妈论坛引发了持续的讨论。英国最有名的网站之一，"妈妈网"（Mumsnet）上有这样一则留言，获得了不少充满同情的回复：

> 我渐渐明白，我丈夫完全不知道既要照顾4个孩子中的3个，同时还要经营我自己的事业有多辛苦。我真想揍那个没用的笨蛋！！

　　时间并不是唯一的问题，还有责任的问题。"我帮你抱一会儿吧。"一个父亲可能这样对他的妻子说，他想要帮点儿忙，但却不知不觉地透露出他认为照顾孩子的最终责任是在妻子身上。她才是那个应该确认宝宝冬天的衣物都备齐了或者是时候该打疫苗的那个人。很多年轻父亲在得知要和小孩单独待一整天，独自负责他们的健康时都会暗自恐惧。他们缺乏信心，通常也缺乏能力去完成这件事。女性则常常面临与家庭相关的职业困境。现在约有70%的女性在雇佣经济中工作，因此如果她们打算要孩子，就必须要考虑怎么做才能不影响自己的职业。居家父亲的人数确实在增长，然而仍然很难找到一个男人可以牺牲自己的职业以便让自己的伴侣能够在孩子出生后迅速回到她原来的工作岗位上。

　　这一类紧张关系和挑战的出现是因为经营一个家庭就像是管理一个小型企业。虽然没人会从中盈利，但仍然需要提供服务，有处理问题的经济条件和时间限制，探讨员工角色，以及应付一些非常苛刻的客户。我们很少有人在承担这一任务前接受过适当的培训。我们可能必须要通过考试才能开车，但养育孩子可不一样。我们可能只有一些建议可以参考。其实，还有一个意想不到的智慧之源可以帮我们理解男人和女人是如何在家庭经济结构中联系在一起的，那就是过去的欧洲和土著社会的一段历史。这段被忽视的历史为我们提供了难得的视角来看待今天的夫妻可以怎么重新思考他们的家庭分工。这段历史发端于刚果盆地西部，阿卡俾格米人（Aka Pygmies）的家乡。

阿卡族的男人们是世界上最尽职尽责的父亲。据统计，一天中47%的时间里，他们要么抱着自己的孩子，要么也近在咫尺。虽然女人仍然要做大部分的育儿工作，但男人几乎参与了育儿的所有方面，分担了孩子母亲大部分的工作量。父亲会为他们的小宝贝洗澡、擦屁股。当他们的小孩夜里哭的时候，通常是父亲去安抚他们，甚至能做到将自己的乳头给宝宝温和地吮吸。阿卡族的女人们每天准备晚饭的时候，不会像很多其他狩猎—采集社会部族的女人那样将孩子背在身后，也不是将孩子交给哥哥姐姐，正相反，是父亲来照顾小宝贝们。当阿卡族的男人外出聚会一起喝棕榈酒的时候，他们也会带着自己的孩子。一位人类学家，同时也是7个孩子的父亲，曾经花了20年的时间来研究阿卡族。他认为，父亲在这么大的程度上参与育儿是源于阿卡族传统生存活动的特殊性——用网狩猎，家庭整年冒着风险捕猎小动物。男人和女人都要参与，小孩也会跟在一起。由于需要长途跋涉，因此男人负有照顾孩子的首要责任。阿卡族的男人照顾孩子的时间越多，他们和孩子之间的联系就越紧密，这也加强了他们照顾孩子的愿望。

尽管阿卡族代表育儿领域的一个极端，但他们在土著文化的育儿方式方面却并不孤单。新几内亚的阿拉佩什人和非洲伊图里森林里的姆布提人都因父亲积极参与育儿而闻名，此外还有欧洲人在18世纪第一次发现的塔希提人。欧洲人惊讶地从他们身上发现女人可以成为部落的首领，而且通常是男人在做饭和照看孩子。在约1/4的文化中，男人在其历史上都扮演了抚养孩子以及参与育儿过程的角色。但仍有绝大多数的社会是女性承担大部分的照顾婴儿的重任，甚至在约1/3的文化中男人几乎不会帮一点儿忙。尽管如此，我们的重点是，在人类社会中所发现的育儿分工的多样性并不能仅从生理上而需要从环境和文化方面去解释。在母系单边继嗣的氏族社会中，男人更愿意承担社会中的家庭责任，而女人更愿意参与食物供给与分配的工作。因为继承权在女性这边，男人们也不用忙着当一名武士，因此也就没有现代发达世界中大多数男人需要面临的约束。

在西方社会，男性和女性时常断言母亲天生就应该照顾孩子，而父亲的基因中并没有设定抚养孩子这一项责任——他们天赋的角色是作为"养家者"。事实上，是在母亲抱着孩子的时候守住洞穴的入口。法庭则在一定程度上强化了这一观点，在孩子的监护权争端上，判给孩子母亲的比例过大（当然，现在这样的做法正逐步减少）。我们当然能认识到生理上的重大差异：是女性而不是男性生小孩以及哺乳，这毫无疑问在母亲和孩子间建立了一条特殊的纽带，且是父亲无法享有的。但是，一旦你知道了阿卡族和其他倾向于父亲抚养孩子的族群，那么父亲生来就可以和育儿保持一定距离的理所当然之说就不那么站得住脚了。

可能有人会试图用动物世界的证据来进行反驳："那些雄性夜猫不是交配完就消失不见、在它的雌性伴侣独自抚养后代时去找另外的伴侣吗？这就是自然的规律。"但事实并非如此。和人类一样，非人类物种也在为育儿体系的多样性而斗争。虽然不少动物，包括蝴蝶、乌龟、蜘蛛等，没有任何养育后代的责任。可是90%左右的鸟类，包括猫头鹰，都平等地承担着养育后代的责任。雄性狨（中南美洲的一种小长尾猴）和合趾猿夜以继日地照看自己的幼崽。抚养子女的责任还可以轮换：红隼和鹧鸪这两种鸟，通常是雄鸟觅食雌鸟喂养。但如果雌鸟不幸死去，雄鸟会完全承担起照顾幼鸟的责任，就像巴拉德那样。所以，不管是自然世界还是土著文化，都没有为"独立圈"学说提供理论支持。

直接将阿卡族人和其他土著文化中的育儿方式移植到你的家庭生活中可能有点儿困难。你上一次带孩子去丛林捕猎、探险是什么时候呢？这就是为什么我们需要追溯西方社会家庭分工的历史、探索家庭中男性和女性所扮演的角色是如何演变的。一个重大发现是现代那些手把手照顾孩子的父亲都可谓是前工业时代父亲们的转世——我们并非像我们所想象的那样与阿卡族人有多么不同，男人和女人在家庭事务上的分工曾比现在要平衡得多。

第一条线索是家庭主夫（"househusband"）这个词在语言上的历史来源。家庭主妇（"housewife"）一词13世纪才出现在英语中，而家政（"housewifery"）一词通常指女性的工作，如做饭、洗衣、缝纫和抚养孩子。不为很多人所知的是，丈夫（"husband"）一词来源于和家庭主妇一样在家或在家的周围工作的人。这一点从语言学上的词根可以看出："hus"是"house"（房子）古老的拼法，而"band"则指这个人与房子相联系，不管是他租的还是自己拥有的房子。而且，这个男人的主要工作是农活，以前常用的词"husbandry"（农牧业）至今仍不时有人使用。

这告诉了我们一些非常重要的事情。在工业革命之前的欧洲及其殖民的北美洲，无论是经济生活还是家庭生活，都是以家为中心的，特别是对那些独立的农业家庭——日益成长中的自耕农阶层——而言。男人和女人就像在一家合营企业中一起工作一样。当女人做饭或缝纫时，男人可能在附近自有的或租的土地上耕作。男人通常需要为生火准备柴火、做鞋子、加工皮革、削勺子等，偶尔还要离开家到市场上出售家庭生产的农副产品。家务活动关联度高：没有柴火就做不了饭；女人照料婴儿时，男人会制作摇篮并割来干草铺在上面。很多家务都是男人和女人共同承担的，如织布、挤牛奶以及取水。直到19世纪工厂出现以后，男人离开家到外边工作才逐渐成为普遍的现象，这也揭示了为什么"家务"一词到这一时期才出现。因为在此之前，所有的工作从某种意义上来说都是"家务"，大多数丈夫也都曾是"家庭主夫"。

前工业社会中的男性通常直接参与育儿活动。由于和现在相比他们当时一般在房子周围活动，那他们可能和妻子共同分担一些工作，比如照顾生病的孩子，就没什么可奇怪的了。1795年英格兰的一位目击者在自己的报告里写道："在漫长的冬日傍晚，当妻子纺纱时，丈夫在修补鞋子、缝补家人的衣服以及照料孩子。"在17—18世纪的美国，正如玛丽·弗朗西丝·贝瑞（Mary Frances Berry）所写的那样："在早期哺乳阶段结束后，父亲在抚养孩子方面承担主要的责任。"他们不仅要为孩子的教育和宗教信仰指引方向，甚至还决定他们要穿什么衣服，在孩子半夜醒来时让他们安静地回去继续睡觉。男人时常担当看护孩子的角色是由于当时环境的压力，特别是因为很多妇女在生产时去世。今天英国的单亲家庭中，有1/12由父亲经营。但在1599—1811年，这个数字是1/4。尽管这些父亲如果有办法的话往往会再婚或是聘请佣人，但据统计，前工业时代英国1/3的单身父亲没有条件得到住在家里的其他成年人的帮助。在19世纪20年代，当记者威廉·科贝特（William Cobbett，1762—1835年，英国散文作家、记者）策马游历英格兰乡村时，他注意到有很多男性劳动者在照顾他们的小孩。他说："没有什么比注视着一个年轻男子参与抚养小孩更让人感到亲切和愉快的了。"

但是，作为一名父亲真的曾承担过这么多的家庭责任吗？人们普遍认为，相对于今天常见的核心小家庭来说，我们曾居住在数代同堂的大家庭。我们可以想象厨房里坐满了阿姨和爷爷、奶奶，正轮流在他们的膝盖上轻轻摇着哄着孩子、喂他们喝粥，以此减少母亲的重担，也让父亲可以做他的手艺或者是放松放松。然而，很少有人意识到这其实是一个迷思。事实上，数百年来核心小家庭的结构就是欧洲的常态。英格兰的家庭平均规模一直非常稳定：17世纪家庭的平均规模是4.18人，18世纪是4.57人，19世纪是4.21人。一项1599—1984年关于英格兰和北美的研究显示，在这期间的大部分时期，除了维多利亚时代后期有短暂的增高以外，只有8%的家庭包括了来自大家庭的成员。虽然几代同堂的家庭并不常见，不过，实际上亲戚们通常是近在咫尺却不住在同一所房子里，甚至到近代也是如此。20世纪50年代，针对200名伦敦东区居民的访谈调查显示，这些居民合计有约2 700名亲戚就住在一英里以内的范围。家庭生活的压力还可以通过帮工雇佣文化来缓解，即使是贫困家庭也可能请一到两个帮工。虽然如此，现实是如果母亲病了或在织布，父亲就成为替代母亲照看孩子的显而易见的选择。

我并不想给大家留下这样的印象，好像前工业时期的父亲们都是家务女神，会常常做饭、打扫和照料孩子。事实上，通常还是女性主要在照料孩子，并不知疲倦地工作以让家人吃饱穿暖，即使有女仆帮忙也是如此。此外，她们在生育孩子时还面临着极大的危险，而且常常还是要忍受家庭暴力的一方。尽管有些男人付出了可观的时间来照顾他们的子女，但更多的人更喜欢酒馆，还有很多男人常年工作在外，当农场雇工、小贩或是当兵。在上流社会，男人更是很少亲手接触自己的后代，因为孩子们总是被安排由保姆和家庭女教师照顾。不过，现在我们终于清楚21世纪的超级奶爸并非前无古人，这一代父亲作为"在家或家附近工作的人"分担了家务及育儿的努力和压力，同时也与自己的家建立了紧密的联系。

如此，我们怎样才能结束现代社会男人和女人之间在家务上如此明显的不平等呢？为什么年轻的母亲在打算重返职场时总是会有内疚感，而父亲在夜里安抚哭泣的孩子时总是那么笨拙呢？最直接的答案是：缘于18—19世纪工业革命给经济和社会带来的巨大变革。自给自足的农业和家庭工业的锐减，以及工厂雇佣劳动的产生，促使一种新的分离现象——在家还是外出工作——的出现。在工业时代早期，男性和女性都能在纺织厂或是矿井里工作，但很快男性统治了工业劳动力市场。男人被设定为"养家糊口者"（breadwinners，这一术语首次出现在19世纪），而女性开始被困在家庭生活中，被要求当一个"好妈妈"每天哄孩子和烤蛋糕。

父权制是一个标准解释。男人通过占据相对较高的社会地位及在雇佣经济中获得的技术含量更高的工作，在家庭内部运用他们的传统权利对女性施加压力，使女人与扫地、做饭和洗脏尿布等永远也做不完的家务为伴。女人总是做一些低技术含量、低报酬的工作以维持开支。这一分工由意识形态"真正的女性气质"保持，并获得了男权主宰的工会以及其他社会机构（如教会）的支持。教会推广这样的信念，即女性最适合待的圈子是家庭。有人认为这样的态度逐渐在很多妇女身上内化——特别是不断壮大的中产阶级——并渗透到日常生活文化中。1861年出版的畅销书《比顿夫人的家庭管理全书》（*Mrs Beeton's Book of Household*

Management），就是直接针对女性而非男性的。作者写道："没有什么比一个家庭主妇打理出糟糕的晚餐和凌乱的房子更能成为家庭不幸的源头了。"学习如何做饭、洗衣以及经营家庭是"特别符合女性特质"的技能。"独立圈"这一意识形态在20世纪中期变得尤为根深蒂固，家务及育儿被认为是毫无男子气概的行为。1955年的电影《无因的反叛》（*Rebel Without a Cause*）中，热血青年詹姆斯·迪恩（James Dean）匆匆回到家中时，厌恶地看着自己那在西装领带外面套着围裙的父亲的镜头让人感到，没有比一个阴柔的男人更糟的了。

历史学家们从家用科技角度为"独立圈"的出现提供了一个可供选择且同时看似有理的视角。这些历史学家认为，父亲们因为工业革命而减低了对他们的家务工作的要求。从前他们围绕着家庭所做的工作由于技术的变革而被废弃，而女性所承担的家务工作却没有被波及，甚至变得更加繁重不堪。例如，18世纪封闭式铁炉的发明就意味着男人不再需要花很多时间为做饭和取暖而采集和伐木。当煤炭取代木头成为日常燃料后，男人们外出挣钱买足够的煤就成为了必要的事情。传统中其他男性所要做的工作，像制鞋、造工具以及家具等，都逐渐被专业制造工作所取代。但是却没有任何机器的发明是用来哄一个号哭的孩子的。随着男人成为雇佣劳动力，曾经会传承给自己儿子的传统的家庭手工技艺也失传了，正如男人们以前照顾孩子的家庭角色的淡化一样，这也成了一个遥远的记忆。

当新科技，如皮带轮传动式奶油搅拌器和打蛋器的诞生，减轻了女性的部分家务，其他科技却与消费文化串通一气扩展了家务的范围。在前工业时代，大多数人没多少衣服要洗，也洗得不那么频繁。但随着大规模生产却很难洗干净的棉布进入生活，以及人们开始认为应该定期更换衬衣并且拥有几套床上用品后，女性的洗衣工作突然变得前所未有的多。周一作为"洗衣日"的不成文规定在19世纪前并不存在。至今，女性在家务上所花的时间和20世纪中期保持不变，因此才有了那句流行的俗语："一个女人的活儿永远也做不完。"

自从工业化生产诞生以来，父亲只是零星地参与家务工作。在19世纪40年代经济大萧条期间，一位观察家记录道：男人失去了他们在曼彻斯特或博尔顿的工作，照看房子和孩子，忙于洗衣、烘培、护理，以及为长时间在工厂辛苦工作的妻子准备简单的晚餐。但等到经济一复苏，女人又回到了工厂工作及厨房家务的双重重担之下。在20世纪早期，东安格利亚渔民社区约有1/3的男人常常做家务，但通常是因为他们在捕鱼季节之外有几个月的时间都待在家里。这些数字对工薪阶层社区来说并不典型，那里的男人通常更少参加家务劳动。

20世纪下半叶见证了对男性和女性劳动力刻板分工的挑战。口服避孕药和女权运动的到来，刺激更多的女性进入职场，并开始具有了一定的经济意识，甚至取代男人成为家庭的主要支柱——如果男人赚钱的能力相对低一些的话。由于离婚指数不断上升，越来越多的父亲获得孩子的监护权，这也迫使新一代的男人重新学习家务技能。1979年上映的电影《克莱默夫妇》（*Kramer Versus Kramer*）描述了这一变化，达斯汀·霍夫曼（Dustin Hoffman, 1937年至今，美国著名电影演员）扮演的工作狂在妻子出走后必须要自己照顾儿子。这些转变也由于史无前例的父亲参与孩子出生过程这一现象而得到强化。即使是在20世纪60年代，英国男子在大多数医院还被禁止参与接生。但到了20世纪90年代，90%的父亲能够亲眼看到自己孩子出生的过程，这样就为这些父亲与孩子建立了一种新的情感联系。认可抚养孩子的父亲这一观念开始逐渐回到我们的文化意识中。万宝路广告中粗犷的牛仔形象最终被展示一个自信的父亲给孩子换尿布或是做可口的晚餐的广告所取代。然而，尽管广告宣传天花乱坠，但居家父亲仍然是统计学上的反常数据，媒体上作为谈资来议论的远比实际生活中的多。当我星期一早晨带孩子去学前游戏班时，教室里最多也就能看到一两个男人。

重现了关于家庭主夫这一段遗失的历史后，我们可以思考一下这段历史如何能帮我们重新定位自己的家庭角色。能有更多的男人像他们前工业时代的祖先一样重新获得家务技能吗？甚至是将自己塑造成阿卡俾格米人那样的父亲吗？

改变这一结构性的角色障碍依然任重而道远。为父亲提供长期产假的西方国家仍是少数。即使父亲们想在孩子出生后多花点时间在家庭上，他们也还做不到尽如人意。可能你足够幸运居住在瑞典，其政府为父亲们提供一年的无薪产假。然而瑞典男人只休了提供给他们的假期的14%，经济因素仍然在这方面投下了长长的阴影。女性的收入通常仍比男性少，因此当孩子在一个传统的双亲家庭降生，如果其中一方需要花更多的时间在家庭上，那通常都会是母亲。育儿的昂贵成本对促成这一模式起了很大的作用。我的爱人是一个重要的人道主义援助机构的发展经济学家，除去缴的税费和我们双胞胎的抚养成本后，每天只能带回家30英镑。有时从经济学的角度看，实在是觉得不值得。只有少数幸运的家庭能从祖父母或其他亲戚那里获得定期的无偿照顾。

然而，变化不仅是需要从就业政策和薪酬结构开始的，我们自身的态度也应该开始改变。最有效的第一步应该从消除"独立圈"这一意识形态开始。妇女解放运动已经开展了几十年，这一意识形态却仍然普遍存在。我们只需要认识到在别的文化、在其他历史时期中，家庭分工曾是如此的不同。是的，女人才有子宫和乳房，而且以后也一直都会有。但是女人并没有给奶瓶消毒、买婴儿连体衣、熨衣服和做豌豆泥的特殊基因呀。历史告诉我们，大部分育儿工作和家务是男人和女人都有能力完成的。男人们可能要接受这样一个事实，成为兼职的家庭主夫时，他们也就成为历史悠久且具有光荣传统的居家型父亲的一员。如此，承担大部分育儿责任和家务工作的女人们才可以将自己从成为"完美的家庭主妇"或事业家庭双丰收的"女强人"的文化期待中解放出来。

拓展男性在家庭生活中的角色还可以帮助他成为一个成功的人。尽管我不认为有了孩子才是完整且有意义的人生，但我的确相信，大部分男性通过孩子加入了繁衍生息这一过程，如果他们能乐在其中，那对他们的人生将非常有益。我就是如此。在其他事情中，作为父亲的责任感使我的情感变得更加敏锐，因此我能更深刻地感受到悲伤，同时感受到的快乐也更强烈。这一变化让我非常开心，就好像是我的情感区间从8个音阶变成了一整个键盘。你想知道为什么阿卡族的男人想悉心照顾自己的孩子，哪怕是夜里也是如此吗？因为照顾孩子，在怀里抱着他们的时候所滋生的爱意和依恋之情让阿卡族的男人体会且增添了自己生活的意义。一旦开始照顾孩子，他们就再也不愿意停下。

为什么家庭交流如此困难

"幸福的家庭都是相似的，而不幸的家庭各有各的不幸。"这是托尔斯泰在他的小说《安娜·卡列尼娜》开篇的名言。通观各种各样的家庭摩擦，如猜忌、没有安全感以及个性和权力的冲突，其共同的潜在问题是家庭交流的质量。除非人们学会与他人交流，否则这些冲突很难解决。猜忌会激起怨恨，化解它需要大家开诚布公地讨论。我认为交流就是一种对话，使人们能够相互理解。这和那些肤浅的谈话如谈论天气、热烈的争论或是单方面的独白不同，交流的潜力不仅在于增加家庭凝聚力，而且还能激发出新的思考方式和一起生活的乐趣。

然而在大多数家庭中，交流的艺术还在起步阶段。家庭餐桌常常成为交流的战场，一触即发的紧张关系、秘密和谎言全都通过一句句尖刻的言语释放出来，或者是更为尖刻的——沉默。青少年常常觉得和父母谈论自己的烦恼和问题毫无意义，因为他们认为父母更多的时候是试图管教他们而不是试着理解他们的问题。西方社会离婚最常见的原因是妻子的挫败感，因为丈夫不和她们聊天，甚至也不听她们想要说什么。我们当中有很多人害怕家庭团聚，因为过去的角色和争吵很快又将重新浮现，破坏团圆的气氛。此外，除了传统核心小家庭有深厚的历史渊源外，日益增多的继父继母、有一半血缘关系的兄弟姐妹以及同性伴侣为家庭生活的复杂性增添了新的不确定层面。

追溯过去，探索历史中家庭交流滋养充裕并充满相互理解的时期应该会让人有所安慰。事实上，"和谐美好的家庭晚餐正令人遗憾地减少"这一常见的言论假设了我们曾在晚餐桌旁一起快乐地吃饭谈天——如果我们能回到过去的黄金时代的话。但是我们怀念的这个乌托邦从来就不存在。即使是在20世纪20年代，我们认为那时的家庭晚餐还是一种社会规范。一位来自印第安纳州小镇的母亲悲叹说："晚餐作为家庭团聚的时间在上一代还被认为是理所当然的。"还有逐渐增加的"为了家庭，至少保留我们的晚餐时间吧"这样的要求。一旦我们认识到历史中丰富家庭交流上的二大障碍，就会更清楚那些美好的时光很大程度上只存在于我们的想象中。这三大障碍是：隔离、沉默以及情绪压抑。想要了解此中第一点，我们必须回到交流本身的源头去看一看。

如果要说西方社会某一个个体创造了"交流"的话，那就是苏格拉底。这位脸长得像哈巴狗的哲学家有一个习惯，喜欢在古雅典的市场上拦住自己的朋友或陌生人，问他们对雅典的太阳底下任何事物的看法——从公平和宗教到爱和形而上学。他的方式是盘问他们的设想，质疑他们信念的一致性。如果从最坏的角度考虑，这简直就是一种交流暴力。但从好的方面来说，苏格拉底帮助人们重新思考了接近生活艺术真相的方式。一位苏格拉底的崇拜者，政治家兼花花公子亚西比德（Alcibiades，古雅典将军、政治家，苏格拉底的生死之交）感激地对他说："你彻底改变了我的观念，如果没有这一让人烦恼的领悟，我的整个生命就会像一个奴隶一样。"对苏格拉底来说，交流就是一个辩证思考的过程，思想的激荡能帮助人们朝着自己的个人真理前进一小步。

　　尽管苏格拉底有非常多的名言，但却没有关于他和父母或妻子交流的任何记录。在苏格拉底所处的时代，典型的希腊男人将自己的语言能量都留给了在公共场合的散步或酒宴上的展示中——这种晚宴是交流的盛宴，晚餐是在专门的酒宴后才开始，席间语言和美酒一起流淌。在柏拉图记述的公元前4世纪的最有名的几次酒宴上，苏格拉底整晚都在和六七个男性朋友谈论爱的本质，同时不时啜饮陶杯中的美酒，拿起橄榄放进嘴里。剧作家阿里斯托芬（Aristophanes，约公元前446—前385年，古希腊早期喜剧代表作家）宣称："我们每个人都是不完整的，我们被分成了两半，就好像被切成两片的比目鱼。我们一直在寻找自己的另一半。"这也许是关于灵魂伴侣的最有想象力的一种说法了，但他们的另一半的去处却非常清楚。饮宴者的妻子们都和奴隶一起被困在家里。唯一被允许出现在酒宴上的女孩是长笛表演者和跳舞的那些女孩子，她们就像日本的艺妓那样为男人们服务。古希腊那些自由民身份的女性可以举办自己的宴会，但通常都与宗教节日有关。她们被拼命排除在男人们这种谈话性饮宴活动之外，只因为古希腊女人没有参与政治的权利。她们的大部分人生活动都局限在自己家的几个房间里。

这种隔离的文化使古希腊人在家庭交流上并未实现什么重要的进步。传统的酒宴预示了19世纪"独立圈"的意识形态：女人被局限在家里的日常事务中，而男人进入公共生活。而这种文化也反映了西方历史中隔离式的家庭晚餐悠久的传统。根据历史学家比阿特里斯·戈特利布（Beatrice Gottlieb）在其《从黑死病到工业化时代西方世界的家庭》一书中写的"（像一家人一样）坐在一起吃一顿正式的晚餐就像吃肉一样稀少"。在19世纪的法国农民家庭，女人们为餐桌上的男人服务，而自己则在火炉边站着或在膝盖上吃饭，可能同时还得喂孩子吃。在食物匮乏时，谁最有可能牺牲自己盘里的食物呢？自然是女人。其他历史学家的报告也认为，在贫困家庭中女人和孩子吃饭通常没有固定的时间和

上图为勒南兄弟所绘的《家庭晚餐》，在这幅描绘17世纪法国农民家庭的画作中，只有父亲可以在餐桌上用餐，而母亲和孩子则在角落里徘徊，注定在父亲吃完后才可以用餐。一家人围坐在一起的家庭晚餐在那时还未时兴。

地方。在维多利亚时期英格兰上层社会的餐厅，根本看不到孩子的身影，也听不到他们的声音。他们甚至通常很少见面，因为孩子们单独在厨房吃饭或是和保姆一起。当晚餐结束后，男人们通常留在餐厅抽抽雪茄、喝点儿波特酒，谈谈政治，而女人们已经被赶到图画室去了。

　　探索西方社会以外的文化，很明显可以看出家庭聚餐远不是一种历史和社会规范。东非努尔人的传统意识中，将排泄和吃饭联系在一起都有一种羞耻感，因此丈夫在和妻子结婚的前几年是不会一起进餐的。在瓦努阿图（西太平洋岛国），一些男人会加入等级分明的男性社会中，与自己同等级的人一同做饭一起吃饭，而不是和自己的家庭一起。人类学家还注意到亚马孙盆地的巴卡伊利人总是单独吃饭，这样的做法在印度尼西亚部分地区的家庭也能看到——他们没有餐厅。在今天的很多穆斯林社区，特别是在一些宗教场合，女人们可能会在一个单独的房间，不和男人们一起进餐。虽然有些人声称这样的安排是为了给女人提供一个社交空间，让她们可以私密地讨论自己的个人问题。

　　男女各自进餐，至少在现代的西方社会已经成为了过去的遗物。这是个好消息，因为这样就能使餐桌成为一个家人之间展现交流艺术的舞台，没有任何人会因为性别或年纪而被排除在外。当然，这无法完全确保我们都能利用历史赋予的这一得天独厚的机会。事实上，我们也没有。接近半数的英国家庭爱在电视机前吃晚饭，只有1/3的家庭常常共进晚餐，一个典型的英国家庭一起在车里待的时间比在餐桌上的要多。美国的统计数字也与英国相仿。当一个家庭去像麦当劳这样的快餐店吃饭，一顿饭的平均时间也就差不多十分钟。因此，我们需要小心提醒那些告诉我们家庭聚餐这一神圣仪式正在迅速消亡的人。在历史长河中审视，共进晚餐这一习俗就从未兴盛过。

如果你从未在家庭聚餐中体会过如石化般的沉寂气氛，那你就生在了好时候。和性别隔离一起，在沉默中进餐还有一个既定的渊源，也阻碍了家庭交流。比阿特里斯·戈特利布认为，几个世纪以来，欧洲农民家庭的晚餐都是"悄无声息"的。伊丽莎白时期到英国的外国访客的一个深刻的印象就是餐桌上鲜有交流。意大利的礼仪手册则建议说："聊天不应该发生在餐桌上，除非是吃比萨的时候。"从某种程度上来说，这些沉默也有生理方面的原因。比如我家那两个正在学走路的孩子就很少在吃饭时说话，只因为他们忙着吃东西，忙着把食物塞进嘴里。但是安静地吃饭也是一种文化要求，有早期基督教的渊源。自16世纪起，指导本笃会僧侣及其他僧侣生活的圣本笃法则，就要求其追随者在一天的大部分时间（包括吃饭时）"避免邪恶的言辞"。晚餐时间也是用来聆听和阅读令人振奋的精神文本而不是用来交流的，即使是谈论上帝也不行。像这样宗教性的对沉默的推崇，也可以在贵格会（Quaker）和佛教信徒中看到。这也有助于解释中世纪村民吃饭时很少谈话的原因。

另一方面，沉默不仅有宗教的原因，也有地理上的因素。斯堪的纳维亚人认为只有在你需要表达什么时才有话可说。根据交流专家的说法，爱说话与过于自我和不可靠有关。因此，如果你和一个芬兰家庭共进晚餐，别指望会有生机勃勃的讨论。芬兰可是欧洲最惜字如金的国家，尽管他们可能会异常专注地听你说话。

沉默当然没有统治所有的文化，任何一个和能言善道且精力充沛的那不勒斯家庭在星期日共进午餐的人都可以证明这一点。但是，不管我们渴望那不勒斯式的还是赫尔辛基式的家庭聚餐，我们仍需思考在餐桌以外我们的家庭交流发生了什么，以及我们如何才能提高家庭交流的品质。关于这一点，我们必须看看隔离和沉默以外的第三个历史障碍——情绪压抑，并追溯其在过去300年间的发展变化。

中世纪可能以其沉默而闻名，到18世纪时，交流则转变成为一种艺术形式。伦敦如雨后春笋般出现的咖啡馆文化将受过良好教育的男人们聚集在一起谈论政治、商务、文学以及艺术。和古希腊交流式酒宴有着同等作用的交流俱乐部在城市中涌现。其中，在伦敦Soho区杰拉德大街上的Turk's Head俱乐部，就是由塞缪尔·约翰逊博士（Dr. Samuel Johnson，1709—1784年，英国文学评论家、诗人）协同创办的。约翰逊博士被普遍认为是乔治王朝时期最擅长说话的人。约翰逊值得我们这样的称赞，因为他认识到交流也可以成为一种乐趣，而不仅仅只是信息的交换。然而，与他的名气相反，他可以说是历史上最糟糕的健谈者之一，我们几乎还未从他留下的后遗症中复苏。他曾说："虚荣心使人生出种种愿望，其中最普通，抑或最少受非议的，莫过于希望能以谈话的艺术博得他人刮目相看。"为了贯彻这一点，他承认他所偏爱的交流形式更大程度上是在于炫耀，正如同时期法国开始出现的文学沙龙一样，参加沙龙的人们需要精通最新的诗歌和戏剧。约翰逊自己的谈话妙语连珠，充满了智慧的隽语，但那只适合结束交流而不是将其发散开来变得更为热烈。在处理家庭中如何运用谈话的艺术缓解同住一个屋檐下所引发的不可避免的紧张气氛和冲突上，约翰逊博士并没什么可教给我们的。

因此，18世纪可说是一个充满机敏言谈的时期。随之而来的19世纪则是一个隐藏情感的时期。这个时期是伴随着浪漫主义运动的兴起而开始的，后者对交流产生了极大的影响。柯勒律治和济慈等诗人主动敞开自己伤痕累累的灵魂和对这世界不求回报的爱恋。但他们通常把这种感情写在纸上。情感上的敏感和浪漫主义事实上并不能渗透到家庭交流中。维多利亚时期男人和女人在表达自己的方式上有明显的区别，特别是在英国的中产阶级和上层社会中。男人重视冰冷的理性和矜持的情感，而女人至少在相互之间更乐于表达自己内在的想法和感觉，并更能充满同情地聆听。想想《傲慢与偏见》（*Pride and Prejudice*，1813年出版）里的达西先生吧，他因为自尊、社会规范和含蓄的情感而没有办法向伊丽莎白·班纳特倾诉自己的爱慕之情。弗吉里亚·伍尔芙（Virginia Woolf, 1882—1941年，英国女作家和女权主义者）的父亲，维多利亚时期的绅士莱斯利·斯蒂芬爵士（Sir Leslie Stephen，编辑和文学评论家），以其不可理喻且几乎不可能做到的沉默寡言著称。家庭交流变成由尊崇理性且不相信激情的严厉的家长所统治。在这样的环境下，交流可能是有益于智力的，但却不是具有丰富情感或情绪化的。当时的婚姻指南建议妻子们不要因自己个人的麻烦而增加丈夫的负担，而孩子也被鼓励压抑自己的情感——"咬紧牙关"这一习语就源于19世纪的一首幼教诗歌。

这样的情况可能造成的心理伤害是显而易见的，从哲学家约翰·斯图尔特·穆勒（John Stuart Mill, 1806—1873年，英国著名哲学家和经济学家）的案例就可看出。他生于1806年，在3岁时，他的父亲就开始教他古希腊哲学思想。清晨的日常散步，早熟的年轻人常被要求对前一天所阅读的内容进行详细的阐述。穆勒被训练要培养理性并净化自己的情感，父子之间几乎没有亲密感可言。在回忆父亲时，穆勒写道：

"在他与孩子之间的道德关系中主要缺失的就是柔情。我不相信这个缺陷是他的本性。我认为他比习惯性表现出来的模样拥有更多重情感，而且还有更大的情感能力尚未开发。他与当时的大多数英国男人相似，都羞于面对情感的萌芽，并且由于缺乏表达而变得缺乏感情。"

正常的有教养的家庭交流被剥夺了，而且父亲和穆勒自己都想要在智力上有所建树，他承受着巨大的压力。在他20岁时，穆勒的精神崩溃了。"我父亲，本来应该是我在遇到任何实际困难时本能想要求助的人，但他却成为像这种情况下，我最后想要寻求帮助的人。"几年后，当他坠入爱河时，他治好了自己的情感饥渴症。

情感压抑的藩篱在20世纪开始消亡，20世纪也由此变成了亲密交流时期。这一巨大的改变源于西方社会出现了一种新的文化——自我反省。精神分析法的诞生首先促进了这种文化，随后是精神疗法和自助产业的发展。最后，特别是对男人们来说，开诚布公地与朋友和家人谈论自己的感情变成是可以接受的。随着阿尔弗雷德·金赛（Alfred Kinsey，1894—1956年，美国生物学家及性学家）在1948年和1953年关于人类性行为研究报告的出版，以及20世纪60年代的性解放运动，使得夫妇之间能更自如地谈论性这一敏感话题，而这一问题正是很多困难关系的根源。

这些变化对家庭交流的影响是不均衡的，通常是缓慢地得以实现。20世纪50年代，当演员琼·芳登（Jane Fonda）还是十几岁的青少年时，她发现自己几乎不可能和父亲沟通。"我还记得虽然开了很远的车，但我们一个字都不说。我非常紧张，手心满是汗，因为开车过程中和我自己的父亲之间是绝对的沉默。"现在也仍有很多家长不知道跟自己的孩子说什么，就像有的夫妻特别擅长与对性有关的问题或嫉妒的感觉只字不提一样。去拜访两性关系心理师的想法则让很多现代男性感到阵阵恶心。然而，20世纪末期，一场交流革命爆发了，家庭成员以一种维多利亚时期难以想象的方式相互交流，其主要原因是男人们也变得有点儿像女人那样愿意真实地表达自己的想法了。

因此，家庭交流赢得了最后的胜利，翻越了性别隔离、沉默以及情感压抑这三大障碍。但在20世纪中期，随着交流开始在家里以及餐桌上兴盛起来，另一个屏障却逐渐产生并开始威胁到家庭交流，使其品质回复到中世纪的水平。这就是随着新科技的诞生，其他人的声音被带进你的家门，同时缩减了你自己的声音。乔治·奥威尔（George Orwell, 1903—1950年，英国记者、小说家、散文家和评论家)是第一批意识到科技可能导致潜在危害的人之一。他在1943年写道，交流被"被动的、由电影院和广播带来的像嗑药一样的快乐"所取代。几年后，他发现了一个更为不祥的发展趋势：

> 在很多英国家庭，收音机几乎从来不关，不时被调来调去，以便能确保轻音乐在房间里流淌。我知道有些人在吃饭时会一直让收音机播放着，一边继续高声谈话以便能抵消音乐的声音。这样做是人们主观确切的行为。音乐阻碍了交流，让交流变得不那么严肃甚至没有连贯性。

想象一下，如果奥威尔活到了20世纪50年代电视崛起并开始统治西方社会的家庭和思想时，他会写些什么。在这一代人中，99%的美国家庭每户都拥有一台电视，到20世纪70年代时，电视每天平均有6个小时都是开着的。美国和欧洲的人们现在拿出他们大部分的休闲时光（大约平均每天4个小时）用来看电视。这意味着一个人如果活到65岁，那么他有9年的时间都在一直不停地看电视。

一些媒体社会学家声称关于电视侵蚀了家庭交流的假设是错误的。他们说，不管是纪录片、肥皂剧，还是其他电视节目，都可以在家庭成员之间激发热烈的讨论，而且一起看电视还成为了一种仪式——将所有成员带到同一个家庭空间中。这样的理由根本没抓住重点，这样的家庭交流质量如何呢？如果你们都盯着电视看，你能和你的爱人讨论她是否应该辞掉现在这份工作吗？电视是具有潜在的力量可以促进思考和激发情感的，但它本质上是一种被动的媒介会将我们拉离人与人之间的互动。而交流本质上是一种与他人产生联系的积极的形式。或者正如20世纪70年代的文化评论员杰瑞·曼德尔（Jerry Mander，1936年至今）在希望延缓电视革命的影响时所说："电视用第二性的间接版本取代了我们对世界的直接体验。"

其他的科技也同样阻挡了我们增进交流的脚步，至少没有能够显著地推动我们前行。美国的一项研究表明，8岁到18岁的孩子平均每天花费7小时38分钟在各种数字媒体上——电脑游戏、iPod、看DVD、社交网站、电子邮件以及让手指停不下来的短信。毫无疑问，其中一些科技促进并扩大了我们的"交流"，但这样的交流指的是人们定期和他人保持联系。这些科技当然能够帮我和在澳大利亚的亲戚保持联系。但是还是那句话，互动的品质才是关键。在家庭成员每年互相发送的数十亿计的短信中，有多少是有效且有益的交流呢？

在家庭交流这一问题上，我们在历史中已经走了很长的路，我们应该尽力保持现有的成果并继续发展其潜能。显而易见的第一步是定量安排看电视的时间。关于这一点，我自己所作的尝试是把电视放在房子最顶部的橱柜里。想到必须把电视从两段楼梯上拿下来，这对我们夫妇是一个很好的考验：是否我们真的觉得这个节目值得看。这样一来，我们每周看电视的时间大幅度减少。除了定量管理制度以外，另一个选择是在和他人一起吃饭时给自己制订"数码瘦身"计划：关掉电视，将手机调成静音留在餐厅外。就像中世纪食客一种礼貌的表现是把自己的武器留在门外一样。

既然家庭聚餐在过去也不是普遍存在的，那我们可以在另一些文化（如意大利文化、犹太文化和中国文化）中寻求灵感——

这些文化都保持着家庭聚餐作为经常性、仪式性的一种行为。但这并不是说你可以非常简单地命令你的所有家人必须在星期日共进午餐。"交流，如家庭交流，在不是发自内心时就已经死亡了。"历史学家西奥多·泽尔丁（Theodore Zeldin，1933年至今）写道，"家庭聚餐应有助于避免阻止商务会话，最好是混入各种各样的谈话内容。"他建议邀请令人兴奋的陌生人加入家庭聚餐，这样交流就会变成是一种探险。邀请你的吉他老师和工作上的新同事来做客吧。正如威廉·施文克·吉尔伯特（W.S. Gilbert，1836—1911年，英国剧作家、文学家、诗人）所说："桌上有什么其实并不重要，重要的是椅子上坐着谁。"

要打破家庭生活的沉默可能需要做比公共聚餐更私人一些的事情。那也不过是花时间和你的兄弟或继母一起做一些安静而愉快的事，如到树林中散散步，让你们的谈话伴随着新踏出的小路，只要没人必须像约翰·斯图尔特·穆勒那样背诵古希腊诗歌就行。但如果你想要寻求更为振奋的交流体验，你可以着手做类似像采访父母或祖父母了解他们的过去以及他们所学到的生活的艺术这样的项目。我在超过七年的时间里采访过我父亲，我不仅为后代保存了关于家族的珍贵记忆，这也是让我们变得更亲近的一种方式。因为，我们的谈话所提到的一些细节是日常交流中很少会出现的，如在我母亲去世之前父亲与她之间的关系。我还发现他笃信慷慨、上帝和自由。这是非常令人吃惊的事情，我们对一个几乎了解我们整个人生的人却知之甚少。

从历史中获得的最重要的经验是记得拿下我们的面具。家庭交流永远也不可能兴盛，除非我们自己在情感上变得更开放，谈话变得更亲密。压抑想法和感受在有些时候作为一种自我保护或是保护他人的机制，当然也有用。但是我们不能再容忍自己像维多利亚时期的男人一样，使自己和家人的生活都处于情感饥渴的状态。否则我们要么是和古希腊人一样在被隔离的餐桌上吃饭，要么是像中世纪的僧侣们那样在沉默中进餐。

　　如果，在试验了这些想法之后，你们的家庭交流仍然处于萎靡不振的状态，我也只有一个建议可以告诉你们了。去组织一个家庭酒会吧，中心话题就是讨论阿卡俾格米人奇特的生活方式。

3

同理心

　　1206年，乔万尼·贝尔纳多（Giovanni Bernardone, 1182—1226年，意大利修士，创立了基督教方济各会），一个富有商人刚满23岁的儿子，去罗马的圣彼得教堂朝圣。他不由得注意到教堂内外的巨大反差。教堂内富丽堂皇，满目皆是绚丽的雕花和螺旋上升的柱子，而教堂门外却坐着大群贫病交加的乞丐。他说服其中一个乞丐跟他换了衣服，自己独身在罗马衣衫褴褛地依靠施舍度过了余下的日子。

　　没过多久，当乔万尼在家乡附近骑马时，他遇到了一个麻风病人。在中世纪社会，麻风病人是被遗弃的群体且总是被轻视，人们避之唯恐不及。大多数麻风病人丑陋或有残疾，没有鼻子或是溃疡处流着血。他们被禁止进入城镇，且不允许从井里或泉水里取饮用水。没有人会触碰他们，因为害怕会被传染这种可怕的疾病。但是乔万尼压抑住自己对麻风病人感到厌恶的第一反应——这是他从小就具备的修养。他下了马，给了麻风病人一个硬币并亲吻了他的手。作为回报，麻风病人也亲吻了他的手。

　　这些插曲成了这个年轻人生命的转折点。很快，他创立了一个宗教修会，要求这个修会的信徒为穷人工作或在麻风病病院服务。这些信徒还自愿放弃了自己的身外之物，生活在贫困之中，就像他们所服务的人一样。乔万尼·贝尔纳多现在被称作"阿西西的圣弗朗西斯"，他被人们记住是因为他宣称："给我极端的贫困作为财富吧，让我们修会最显著的标志是不拥有太阳底下的任何东西，因上帝荣耀之名，我们除了乞讨没有任何遗产。"

同理心是换位思考、从他人角度看这个世界的艺术。它要求有跨越式的想象力，这样我们就能透过他人的眼睛，理解他们塑造自己世界观的想法、经历、希望和恐惧。用心理学家的术语来说，这叫"认知移情"。这不是为某人感到遗憾，那是同情或怜悯，而是试图将自己带入其他人的角色和实际生活中。这就是圣弗朗西斯在圣彼得教堂外和乞丐换衣服时所做的事：他想要了解当一个穷光蛋是什么感觉。

我们天生就具有同理心，并且它也时时不知不觉地发挥作用。当一个朋友告诉我们她刚被丈夫抛弃时，我们会思考：她肯定会感到愤怒和被排斥的失落。于是，我们试着对她的需求的回应更敏锐。如果我们有个同事没能按时完成工作，我们可能不会给他压力让他加班，因为我们知道他是忙于照顾他患了阿尔兹海默症的母亲。从他人的视角来看待生活，不仅让我们可以认识到他们的忧伤与快乐，也能促使我们从他们的角度来采取行动。作家伊恩·麦克尤恩（Ian McEwan，1948年至今，英国文坛当前最具影响力的作家之一）写道："想象自己是另一个人（而非仅考虑自身）会怎么样是人性的核心，同情的基础，也是道德的起点。"

同理心的重要性不仅在于它使我们变得更好，而且在于它对我们自己非常有益。借助同理心的力量，有助于我们弥补破损的人际关系，消除我们的偏见，扩展我们对陌生人的好奇心，使我们重新思考自己的雄心壮志。终极的同理心建立起人类之间的纽带，让我们觉得生活下去是值得的。这也是为什么今天许多喜欢探究生活方式的人相信，发展我们的同理心是获得个人幸福的关键。幸福专家理查德·莱亚德（Richard Layard，1934年至今）倡导"用心经营你最本能的同理心"，因为"如果你更关心你身边的人，你更有可能获得幸福感"。圣雄甘地半个世纪前就意识到了同理心的这种变革性和潜能，将其融汇并体现在了后人所熟知的"甘地信条"中：

> 每当你困惑不解时，或是当你的自我变得过于强大时，试试下面的办法——回想你见过的最贫穷、最虚弱的一个人的脸，并问问你自己：你正认真考虑的步骤对他是否有任何用处？他能从中受益吗？这能否恢复他对自己人生和命运的控制权？换句话说，这能为饥饿且精神荒芜的百万大众带来自由吗？这样你就会发现你的疑惑和自我都消失不见了。

在换位思考时很重要的一点是区分所谓的金科玉律——"你希望别人怎么对待你，你就应该怎么对待别人"。虽然这是一个很有价值的观念，但这不是同理心。因为这涉及用你自己的观点考虑你希望别人怎么对待你。同理心要更难一些：它需要你从别人的角度去思考并付诸相应的行动。萧伯纳（George Bernard Shaw，1856—1950年，英国现代杰出的现实主义戏剧作家、语言大师）认识到其中的区别并评论道："不要对别人做你希望他们对你做的——他们可能有不同的喜好。"仔细读读这两句话，会有不同的感觉。

我们要面对的挑战是社会正经受巴拉克·奥巴马所说的"同理心缺乏"问题的考验。我们作出了多少努力去站在那些生活在社会边缘的人（如无家可归者、老人或是生活在发展中国家的农民）的角度去思考。你真的努力想象并理解他们的生活现状了吗？这种"同理心缺乏"还体现在了日常生活的人际关系中。当我们和伙伴、兄弟、姐妹或父母陷入争吵时，我们有多少时候是能克制住自己并去考虑他们的感受、需要和观点的呢？

我们应当找到、培养并扩展我们自我中同理心的部分，解决我们个人的同理心缺失问题。而历史怎么能帮助我们做到这一点呢？我们的首要任务是清除过时的想法——植根于17世纪的社会思潮认为，人类是致力于个人利益的最自私的一种生物。我们将求助于3种策略，以帮助我们扩展关于同理心的想象，那就是交流、体验以及社会活动。我们的"导游"是曾经的三K党领袖，一个爱好文学的英国人。他有一个不寻常的习惯是穿得像个流浪汉，并且具有18世纪反对奴隶制度斗争中的解放精神。同理心可能不是探讨如何生活得更好的标准话题，但开始这一段历史旅程将揭示为什么同理心不仅仅是道德的指引，同时也是21世纪充满冒险的生活中的极限运动。

蛇与鸽子

当你随手拿起一份报纸阅读时，毫无疑问你会认为人类是好斗、残忍、奉行利己主义的动物。报纸上的头条内容都是关于被扔到无辜贫民人群中的炸弹，强奸犯和恋童癖，谋杀和枪击案，恐怖主义者的训练营，腐败的政客从公共资金里捞钱，公司向大气排放二氧化碳以及将有毒的废料排放到河里，等等。

一些历史反思也将进一步证实你的观点。有统计数据显示，20世纪有约700万人死于战争。此前还有十字军东征和殖民主义。此外，还有帝国和独裁者的法令，对妇女的奴役与镇压，集中营及其各种折磨，种族灭绝……你可以想象那些画面。

除了具有非凡的伤害他人的能力之外，人类还展现了冷眼旁观、对正在发生的苦难不闻不问的能力。当我们大口吃着早餐的吐司面包时，我们能轻松地阅读报纸上关于肯尼亚洪水或中国发生地震的新闻，不会情绪失控、哽咽或是马上冲出门去想要为那里做点什么。

没有什么新闻能真正使我们震惊，因为几个世纪以来我们已经告诉自己，人类从本质上来说就是利己的、善于自我保护的生物，并且有强烈的好斗趋势。这一对人类的黑暗描述在17世纪因哲学家托马斯·霍布斯（Thomas Hobbes，1588—1679年，英国政治家、哲学家）而流行。在他的著作《利维坦》（*Leviathan*）中，他认为人类都在一儿自追逐个人主义的极端，使国家的本质成为"所有人对所有人的战争"，人们的生活"孤独、贫穷、肮脏、残忍且短暂"。他持有这样的观点并不奇怪。霍布斯的书写于17世纪40年代晚期，那时英格兰被卷入了一场血腥的内战。他脱身流亡到巴黎，从一个有利位置审视世界，他开始相信好战和自私自利的行为是人类真正的自我的表现，且只有独裁政府才能将我们彼此分开以确保安全。在这样的世界观里，没有空间留给另外的想法——即我们生来就具有强烈的同理心本能。霍布斯关于人类本性邪恶的概念成为了西方社会的文化准则，渗透到艺术、媒体、政治和教育中。今天，当你选修一门经济学课程时，通常都会被告知应假设人类都是理性且自私自利的。

但也有另外一种描述、另一种方式去理解这一切对人类来说意味着什么。这个看法认为我们都是"具有同理心的人"，天生具有同理心，而且和我们那自私部分的内在驱动力一样强大。这一理念其实没有什么新意。事实上，18世纪时，人们普遍相信同理心是人性的内在特点，它使我们具备伦理情操，并促使我们在对待他人时更多地为别人着想。不幸的是，历史上这一曾经强大的思想观念因为托马斯·霍布斯留下的理论而黯然失色。

"具有同理心的人"理论最知名的支持者是英国格拉斯哥

大学的道德哲学教授亚当·斯密（Adam Smith, 1723—1790年，经典经济学的主要创立者）。今天，他作为资本主义之父而为人所熟知，其代表著作《国富论》（*The Wealth of Nations*）于1776年出版。经济学家们通常想当然地认为斯密像霍布斯一样相信人类总是在追求个人利益。他们错得太离谱了。17年之前，斯密写过另外一本现在被大多数人遗忘的书——《道德情操论》（*The Theory of Moral Sentiments*），书中提出了一种比霍布斯的《利维坦》更为复杂的方法来研究人类的动机，其中一部分内容还直接反驳了霍氏的理论。这在开篇的文字中就能明显看到："无论我们假设人类有多么自私自利，很明显在他的本性中还是有一些原则，使他关注他人的命运并认为那些人的幸福与自己息息相关，尽管他并不能从中获得什么，除了看到他人幸福时的喜悦之情。"下文是世界上较早且充分展现了同理心理论的一段描述，其在当时被称为"同情心"。斯密在文中主张，"我们对他人苦难的同情"源于"想象与受难者互换角色"的想象能力。他举出了无数范例说明我们自然而然地与其他人进行换位思考且并未想要从中获利。

> 当我向失去唯一的儿子的你表示哀悼时，为了体会你的痛苦，我不会考虑我个人的性格和职业所承受的痛苦；我不会想如果我有一个儿子且这个儿子不幸去世会怎么样；我只会考虑如果我是你所要承受的苦痛。我不仅将我的境遇变成你的，还变换了人物及个性。我的悲恸因此完完全全是为了你，一点儿也不是为了自己。因此，这是一点儿也不自私的行为。

斯密只需环顾自己四周就能看到真实生活中对于他所持的人类本性中的同理心观点的表现。尽管18世纪是与贪求利润的自由竞争时代的资本主义的出现联系在一起的，但我们也看到了首批为抗争和消除儿童照管不良、奴隶制度和虐待动物行为的组织的诞生。

亚当·斯密关于我们具备同情心的观点在今天很少为人所知，他在政治经济学方面更为著名的论著让这一观点黯然失色。但在过去的一个世纪，这一观点被越来越多的来自心理学、进化生物学及神经系统科学的论据积累所证实。20世纪40年代，瑞士心理学家让·皮亚杰（Jean Piaget，1896—1980年，近代知名儿童心理学家，发生认识论创始人）向一组儿童展示了一个山峦景色的三维模型，并让他们从中选择他们的洋娃娃在模型的不同位置会看到的景色的图片。那些4岁以下的孩子倾向于选择自己从模型中所看到的风景而不是洋娃娃的，然而大一点的孩子就能站在洋娃娃的角度去选择。皮亚杰的结论是从4岁开始，我们就能够从他人的角度去想象。目前的共识是两岁大的孩子就已经具备了这种能力，并能按此行事。例如，一个18个月大的孩子会试图将自己的泰迪熊玩具递给朋友，以安慰正在哭泣的对方。但当她两岁大时，她可能能够意识到自己的泰迪熊没用，要把她朋友的泰迪熊找到并交给对方才行。这是同理心在认知研究上的飞跃。

进化生物学现在已转而反对旧的达尔文物竞天择的学说，取而代之的是强调合作与互助在进化动力中所扮演的角色。灵长类动物学家如弗朗斯·德·瓦尔（Frans de Waal，1948年至今，美国埃默里大学灵长类动物行为学教授）认为，在猩猩、海豚、大象及人类中，有数量惊人的关爱与合作的证据——如母亲照顾自己孩子的方式或是当捕食者靠近时向其他人发出的警告信号——都源于我们与生俱来的并在确保部族生存过程中得到进一步发展的移情能力。

神经系统科学家们也证实，我们生来就具有同理心。当我们想象我们的手指被门夹住时，大脑的一个部分会活跃起来。但当我们想这件事情发生在别人身上时，大脑的另一个部分——移情区——活跃了起来。如果大脑的这一核心区域被损坏，如在车祸中，我们会丧失我们的移情能力。西蒙·拜伦-科恩（Simon Baron-Cohen，1958年至今，英国剑桥大学心理学和精神疾病学教授）最近的研究显示，我们的大脑有10个互相连接的区域，它们组成了一个"移情回路"，具备低水平同理心的人在这些区域表现出更少的神经活动。他们的大脑杏仁体可能小于平均水平，缺乏神经传递介质连接羟色胺受体，因此相对限制了眼眶前大脑皮层和颞叶皮层的神经反应。他认为，我们的移情回路是通过基因遗传并在幼儿时期形成的，但也可以通过后天有意识地培养。

研究同理心的科学现在已经进展到了这一新阶段，足以让我们从人类的本质是自私自利的传统观念中解脱出来。所以，我们能摈弃300多年来霍布斯哲学观念影响下，像幽灵一样在我们思想中挥之不去的关于人性的观点。科学的证据都指向了斯密的观点，认为我们自私自利的欲望总是与我们那更为仁慈和具有同情心的自我共生共存。或者如斯密同时期的苏格兰哲学家戴维·休谟（David Hume，1711—1776年，苏格兰哲学家。经济学家和历史学家）所说的，我们每个人"除了狼和蛇的因素，在人性中也都有鸽子般善良的部分"。

不过，问题仍然存在，我们应该对我们已经拥有的人性做些什么？我们如何能扩展我们的同理心，开阔我们的眼界并对生活的艺术有所帮助？遗憾的是，心理学、进化生物学和神经系统科学能提供的答案非常有限。为了发散我们的想象力，我们必须要转向真实的历史人物范例，寻找那些实践并驾驭通往具有同理心的生活的3种方法的个人，这3种方法分别是交流、体验和社会活动。

如何离开三K党

我们很多人都生活在一个由朋友、家人和同事组成的小圈子里，对周围的陌生人知之甚少。你对给你送邮件的女人的生活了解多少？那个住在街对面的安静的图书管理员呢？还有，所有那些在火车上坐在我们旁边的人，以及超市排队结账时站在我们后边的人。谁的生活方式和想法可能与我们大相径庭？而谁又能给予我们灵感？然而我们很少有勇气在关于天气的简单寒暄后和他们作进一步交谈。我们置身且被束缚在这个网络化的世界里。交流是获得思想的最有效的一种途径，经验和智慧隐藏在其他人的大脑中。它促使我们探索人类非同寻常的多样性，并获得其他人是如何看待他们自己和这个世界的移情性理解。

交流同时也是一种方法，它使我们能够移除我们通常在识别他人时所贴的主观标签。诸如"宗教激进主义者""富有的银行家"和"单亲母亲"等词语，它们通常充满了臆断和偏见。我们把人们归为小类，通过传闻和媒体形成的刻板印象预判他们，并因此抹去他们的个人特质。交流使我们可以摒弃长期存在的、如那些标签所代表的的迷思。通过聆听人们自己的故事和奋斗历程，我们开始由此认识到每个人的独特性并开始像正常人类一样对待他们。我们由此敞开心胸去寻找共性和差异。这也是同理心连接的开始，一个人类与其他人的生活的联系。

移情性交流看起来是什么样子呢？它能如何打破人们之间的屏障并改变其思想境界和生活呢？最有名的例子之一可以在美国种族关系历史中找到。这个案例发生在1971年美国北卡罗来纳州的达勒姆市。让我们一起去看看这一个20世纪原本最不可能发生的友谊吧。

克莱本·保罗·埃利斯（Claiborne Paul Ellis），朋友们称

他为C.P.，1927年出生于达勒姆一个贫困的白人家庭。当C.P.离开学校后，他到一个加油站工作，养活妈妈和姐姐，后来终于有了自己的家庭。他的4个孩子中有一个生下来就看不见且智力不健全。"他从未说过一个字，"C.P.在接受口述历史学家斯塔兹·特克尔（Studs Terkel, 1912—2008年，美国著名作家、历史学家）采访时回忆说，"我抱着他，跟他说话，告诉他我爱他。我不知道他是否知道我是谁，但我知道他被照顾得很好。"

C.P.整天工作，一周7天，只要有机会就加班。但是低廉的收入和昂贵的房租使他的家庭很难在经济上稳定地维持下去。他变得愤世嫉俗。"我开始将一切不顺怪罪在黑人头上。我必须要恨什么人。恨美国的印第安土著很难，因为你看不见他们就无从恨起。对我而言，自然而然可以恨的就是黑人，因为我父亲之前是三K党成员。就他所知，三K党是白人的救星。所以我也开始崇拜三K党。"

他加入了三K党，按传统仪式宣誓支持白色人种的纯洁性、对抗共产主义并保护白人女性。三K党的大多数成员是低收入的白人，在20世纪60年代，他们非常活跃地反对和恐吓正在发展的人权运动。C.P.和他的朋友们在1968年听到马丁·路德·金被暗杀时曾大肆庆祝。"我们在自己所服务的加油站举办了一个真正的派对。真的为那个狗娘养的死了而高兴。"过了几年，他从一个普通的会员逐步晋升为三K党达勒姆分会的主席。

C.P.人生的转折点出现在1971年。作为达勒姆知名的喜欢直言不讳的人物，他被邀请参加一个为期十天的社区会议以帮助解决学校的种族问题。他在汽车后备箱里放了一把机枪，站在汇聚了黑人激进分子、自由党和保守党人的集会人群面前，放肆地宣称："如果我们的学校里没有黑鬼，我们就不会有今天的麻烦。"在人群中，他锁定了一个鄙视多年的黑人民权活动家，对她说："我永远也不会忘记我深恶痛绝的黑女人——安·阿特沃特。我是多么恨她啊——对不起，我得改一下说法，我现在不这么说了——我是多么恨这个黑鬼，又大又肥的女人。"出乎他的意料，会议的第三天晚上，一个黑人建议他和安·阿特沃特共同主持委员会。他接受了，尽管他也担心不可能和她共事。

C.P.在三K党的朋友们立即开始反对他，告诉他和安·阿特沃特共事是在出卖白人种族，说他变成了一个赞成黑人解放运动的人。与此同时，安也被严厉斥责和一个知名的三K党成员合作。几天后，当他们无法成功招募人们加入他们的委员会后，C.P.记得他们是如何一起坐下来反省的。安说："我的女儿每天都哭着回家。她说老师在所有同学面前嘲笑她。"我说："唉，我的孩子身上也发生了同样的事。白人老师在所有人面前嘲笑蒂姆·埃利斯的父亲，那个三K党人。"这时我开始看到，我们两个人，生活在两个极端的人，正面临着相同的困难，只是我们一个是白人一个是黑人而已。从那一刻起，我告诉你，那个和我共事的女孩很好。我开始爱上那个女孩，真的。虽然直到那时我们还完全不了解对方。我们不知道我们还有更多共同点。"他和安发现他们都承受着贫困的压力。他那时在杜克大学当门卫，而安是一个家庭女佣，都在为维持生活奔波。

和安·阿特沃特以及其他黑人活动家一起在种族委员会工作是一场交流革命，打破了他以往的偏见。"整个世界的大门打开了。我学到了以前从未学过的新的真理。我开始正视黑人，和他们握手，学着将他们看作平等的人。当然，我还没有摆脱以前的所有成见，在我身上还能看到一点儿影子。但是我发生了变化。这就好像是重生一样。"

在社区会议的最后一个晚上，C.P.站在话筒前，当着上千人的面撕碎了他的三K党会员证。

前三K党领袖C.P. 埃利斯和他的朋友安·阿特沃特聊天

  安·阿特沃特自己也因为种族委员会的经历发生了转变。她最初也为他们的所有共同点而感到惊讶。"当我第一次见到C.P.时，他告诉我他没受过教育。我也没有。我们都没有什么不需要努力就能获得的东西。他要洗厕所马桶，而我得给婴儿洗澡、当保姆。我们干的活儿其实是一样的。"安对白人的态度经过他们之间的交流后彻底转变了。"在我身上发生的变化和在C.P.身上发生的变化差不多。"多年以后在和他见面时，安说："我以前从不跟任何白人说话，现在我可以跟他们每一个人聊天。以前我在路上经过白人身边时，他们可能会跟我说话，但我不会说哪怕一个字。我不知道我这么害怕是否是因为我一直被灌输了白人是高人一等的观念。但现在我知道他们不是，这就是变化所在。以前，如果一个白人告诉我今天是星期二，我会说，不，今天不是星期二。我不相信他们，我会查看日历以确定今天是不是周二。而现在，我会跟他们打电话聊天。我现在有不少可以打电话的白人朋友。C.P.也是一样，他现在信任黑人。……还有一件事是，以前C.P.从不跟我握手。现在我们也不握。我们拥抱，紧紧地拥抱。

C.P.后来成为一个民权活动家及工会组织者，其会员有70%都是黑人。他以前在三K党时期的大多数同伴在接下来的30年间都对他避而不见。但安成为了他的挚友。当C.P.70多岁得了阿尔兹海默症时，安是他所住的养老院的常客。他于2005年在养老院去世。

如果你回顾自己的生活，很可能也会找出一些交流的场景。那些交流打破了你对他人的假设，挑战多年以来固有的一些刻板印象。当你识破事物的假象，开始认识到其他人的个人特性后，同理心就开始发挥作用了。也就是在这些交流发生时，他们展现了自我认知并提供个人见解，转变我们的观念，并为一段可能的关系开启了一个新的世界。

我从未忘记我遇见艾伦·休曼的时候。此前我曾看见过他穿着一身脏兮兮的衣服，喃喃不清地自言自语，在东牛津考利路上慢慢地走来走去捡烟头。后来有一天，由于我参加了一个当地的社区项目，我们坐在一起进行了交流。事前我被告知他是一个有着暴力历史的偏执狂精神分裂症患者，流落街头已有很多年，曾17次因行为过失而被依据精神健康法关起来。我几乎从未和任何患有精神疾病或无家可归的人说过话。我到达会面现场时，心中早已充满了假设和偏见。其中很多马上就被证实了。他描述他看见仙女和外太空未出生的孩子的经历，我也很难理解他语速又快又含糊不清的话语。艾伦看起来是一个彻头彻尾的疯子，我很难想象我们之间能有多少联系。

但当我第二次见到艾伦时，我们聊到了哲学上的一个话题。他竟然是尼采和马克思的狂热信徒，有着一个充满才华的哲学家的头脑。此后他才透露20世纪70年代，在成为一个送牛奶工并随后又被传统社会抛弃之前，他曾获得牛津大学的哲学、政治学与经济学学位。我非常震惊，因为对我而言一个50多岁的牛津大学毕业生在街头四处寻找吸了一半的烟头是让人难以置信的。艾伦和我随后基于我们对道德哲学和意大利腊味香肠比萨的共同爱好而成了朋友。而我对精神病患者的看法从此发生了改变，我现在能随时停下来和陌生人交谈，不管他们年老或年轻，看上去富有或贫穷。因为我知道他们每个人都可能和艾伦·休曼一样有着一段不为人知的过去。

世界充满了诸如此类的一些等待发生的交流。我们可以通过培养对陌生人的好奇心，从而将这些交流带进我们的生活。你可能需要作些特别的努力以便和巴士上坐在你旁边的人交流，或者是每天在街角的小店卖给你报纸的那个人，又或者是在公司餐厅独自吃午饭的新员工。你需要有足够的勇气去跳过那些空洞的闲谈，以发现他们所看到的世界——他们对家庭生活、政治、创造性甚至是死亡的看法。当然，也要准备好分享你的想法，使交流成为相互之间的同理心的交换。

C.P.埃利斯可能会建议我们进行比这个更深入的交流，将我们交流的注意力转向那些我们可能不能容忍的一类人身上，或是那些生活方式对我们来说看起来像外星人或不道德的人那里。的确，对我们来讲，任何可能具有同理心缺失的人都是可以的。如果你怀疑那些非常富有的商人缺乏同理心——这也是多年以来我持有的观点，那么，去和一位石油公司的执行官或对冲基金的经理谈谈他们的人生哲学吧——测试一下你的观点。为了写博士论文，我采访了富有的危地马拉实业家和咖啡种植园主。我还记得当我发现他们并非简单地就是我所以为的种族主义者、无情的金融寡头，而常常表现出有同情心的一面和一定的社会正义感时，我有多么地惊讶。如果你认为那些声称看到耶和华的人是宗教狂热分子，或是所有穿着蒙住全身的长袍的女人都是被压迫者，和他们中的一个人交流一下吧。这样做了之后，你可能会和C.P.埃利斯以及安·阿特沃特一样，不仅惊讶于你所听到的，同时也会为你们所分享的以及这次偶遇带来的改变感到吃惊。

如何成为一个流浪汉

除了交流以外，第二种要求更高的拓展我们同理心的方法是在一种全新的体验中挑战自己。这种方式的回报可能会更大，而冒险的过程也更为惊心动魄。进入一个日常生活与你迥然不同的人的旅程会将同理心铭刻在你的皮肤上、你的记忆力中，而且是以一种你永远也不会忘记的方式。在西方历史中，有一个人是将这种感同身受的体验形式转化为一种极限运动的佼佼者——乔治·奥威尔（George Orwell，1903—1950年，英国记者、小说家、评论家）。

他最知名的小说是《动物庄园》（*Animal Farm*，1945年出版）和《一九八四》（*Nineteen Eighty-Four*，1949年出版）。奥威尔将自己培养锻炼成为一个具有同理心的人，善于短暂地到别人的生活中逗留、寄居，这也给了他写作的灵感，并从根本上改变了他的世界观。奥威尔在享有特权的英国中上阶层的家庭中长大，并接受过伊顿公学的精英教育。在20世纪20年代早期，他有五年的时间作为殖民地警官在缅甸服役。这一段经历让奥威尔逐渐对帝国主义产生了厌恶之感，自己是其中一份子的自我厌恶之情也逐渐增长。

> 说到我曾做过的工作，当我大概弄清楚做的是什么后就更加憎恨它。做那样的工作让你近距离看到帝国干的那些肮脏的事。可怜的囚徒们挤在被锁住的臭气熏天的笼子里，被吓破胆的长期囚犯那灰色的脸，曾被竹子鞭打的人露出的伤痕累累的臀部……所有的这些都压抑

着我，使我感到一种无法忍受的罪恶感。

如果说缅甸还是他成为富有同理心的人的学徒期的话，奥威尔的同理心形成期训练则是在20世纪20年代后期至30年代早期的伦敦完成的。立志于成为一名作家后，他想出了一个可以给予他文学和道德教育的两全之策——做一个彻底的体验贫困的实验。他想要知道被压迫到底是什么滋味，生活在社会边缘，缺乏食物、钱和希望又是什么感受。通过阅读了解这样的生活还不够，他的目标是过这样的生活。正如他随后写下的目标所示：

> 我觉得我不仅仅要与帝国主义决裂，而且应该与一切人对人的统治决裂。我希望融合到受压迫的人当中，与那些受压迫的人在一起，成为他们的一员，站在他们的一边反对专治统治者。

因此，几年间，奥威尔时常穿着破旧的衣服和鞋子打扮成一个流浪汉，几乎身无分文地频繁出入收容站——为无家可归的人准备的避难所，即伦敦东区为贫民提供的简陋住所，在街头和乞丐以及其他穷人一起流浪。他可能会为了任何事这样待上几天或是好几个星期。在这么做时，他没有任何退步和妥协，没有带多余的钱应急或是多穿一层衣服以抵御冬天的寒冷。

1931年时，有一次，为了了解监狱里是怎么过圣诞节的，奥威尔穿上他流浪汉的行头，去了Mile End街的一家酒馆，喝得酩酊大醉——这是他慧黠计划的一部分——为了随后因醉醺醺地走在白教堂外的人行道上而顺利地被逮捕。他希望自己因为无法交付6先令的罚金而被判刑。但让他恼火的是，似乎警察要把牢房留给更需要的人，他在当天就被释放了。可见，要当一个富有同理心的人也不是件容易的事。

奥威尔并没有天真到相信自己已经完全了解了伦敦东区底层人群的生活。他知道自己对贫困的生活只是浅尝辄止而已，随时都可以脱下伪装回到自己父母在萨福克舒适的家中。在《巴黎伦敦落魄记》（*Down and Out in Paris and London*，1933年出版）一书中，他承认自己只看到了贫困的表层，但他仍然清楚地说出了他所学到的经验：

> 我再也不会认为所有的流浪汉都是醉醺醺的无赖，也不会指望在给乞丐一便士时他会对我心存感激；如果一个人没有工作、缺乏活力，我也不会惊讶；不会给救世军捐款；不会典当我的衣服，也不会拒绝一张传单；不会在一家时髦的餐厅享受一顿晚餐。这是一个新的开始。

奥威尔仕伦敦作为一个流浪汉的同理心冒险之旅并没有把他彻底转变为一个完美的道德典范。他也有一些健康的但附带恶意倾向的性格特点，并很乐于表露对自己的一些作家同行的轻视，比如让-保罗·萨特（Jean-Paul Sartre, 1905—1980年，法国著名的文学家、哲学家、社会活动家）。他刻薄地写道："我觉得萨特是个夸夸其谈的人，我要好好踢他一脚。"奥威尔选择对那些他认为被社会抛弃的人施以同情。他的同理心逐渐成为一种将自己从精英背景和当过步兵的资本主义背景中解放出来的尝试。他想要用自己的手触碰那些不公平，而不是像其他一些聪明的知识分子那样，保持着舒适的距离对穷人抱以同情。在这一点上，他毫无疑问是成功的。

他的成功还在于展现出更多的同理心而不是伦理道德。他当流浪汉的冒险之旅挑战了他此前持有的偏见并改变了他的道德价值观。但这些也使他获得了新的友情，培养了他的好奇心，增长了他和来自不同社会背景的人的交流能力，并在很长一段时间内为他提供了丰富的文学素材。对一个曾戴着高帽子在伊顿公学学习的年轻人来说，他在社会底层的流浪经历是激烈且令人振奋的，这些通常会令人质疑生活本身的经验将他自己从充满优越感的狭隘过去投射出来。尝试在伦敦东区的街头流浪生存是他从未有过的最棒的旅行经验。

我们很少有人能用这么极端的方式去获得其他人是如何生活和世界是什么样子的第一手的资料。但是我们大部分人都能认识到换位思考的影响，即便在有限的时间内，也能对我们产生影响。以我自己为例，我曾在危地马拉的一个难民营工作，住在茅屋里，没有电也没有自来水。这使我对贫困的现实有了短暂的一瞥，让我终生难忘。这也激励了我在人权机构工作了许多年。更贴近生活现实的例子是，离开大学以后，我曾做过很多电话推销的工作。在工作中我最痛恨的就是接电话的人给我的言语辱骂，还有主管催促我们结束推销谈话的大喊大叫声。现在当我接到不请自来的销售电话时，尽管我在努力为孩子做晚饭，我也会尽量有礼貌并表现得友好——从我自己的经历中我知道这是一份多么令人沮丧的工作。这就是同理心在悄悄地发生作用，弥合我们的人际关系。

我们如何着手才能在日常生活中寻找到经验性的同理心呢？如果你恰好是一个虔诚的信徒，你可以尝试除了你信仰的宗教以外，也体验一下别的宗教仪式，或是与人道主义者会会面。又比如，你可以试着和一个与你的工作形式完全不同的朋友交换工作，你可以花一天的时间和他们待在一起，初步了解当一个园丁或一名会计是什么样子，他们也可以反过来陪你工作一天。如果你生活中有一些上了年纪的人，你是否可以每个月拿出一天时间到老人之家当义工呢？或者，如果你打算去泰国旅行，是否可以联系一个教育慈善机构，看能否安排你到当地某所乡村小学当义务英文教师，而不是就只在沙滩上躺着呢？乔治·奥威尔和阿西西的圣弗朗西斯给了我们灵感，你可能愿给自己安排一次"贫困之旅"，探索在社会边缘的生活是什么样子。一个选择是露宿一晚，或是去无家可归的人的避难所帮忙分发食物。但是，除非你能坚持像奥威尔一样频繁地且尽心尽力地去做，否则就有风险变成一种窥探贫困的方式。就像那些在里约热内卢或索维托（南非城市）参加贫民窟游览之旅的外国游客一样，在贫民窟晃荡几个小时，甚至都不会离开那有舒适冷气的休闲旅行车。然而，当你真正打算要培养你同理心层面的好奇心，你就很有可能开始理解美洲印第安人俗语中的智慧——"你不能轻易评断一个人，除非你穿着他的麂皮靴走过一英里的路程"。

同理心这一理念具有明显的道德色彩，同时常常与"与人为善"联系在一起。但是获取经验性的同理心，真的应该被认为是一种不同寻常且刺激的旅行方式。乔治·奥威尔会建言，我们不要将下一个假期花在异国的别墅或是参观博物馆，扩展你的视野，参加一次体验别人生活的旅程会有趣得多，同时也得允许别人看看我们的生活是什么样子的。我们自己要问自己的问题应该是"下一个我应该换位思考的人是谁"而不是"下一次我应该去什么地方"。

大众同理心和社会变革

我们通常认为同理心是一种在个人层面上发生的感觉，一般在两个人之间发生：我开始从你的角度看世界，随之而来的结果是我会以更敏锐的情感来对待你。但是同理心也可以是一种大众现象，有潜力从根本上带来社会变革。历史上很多重大的转变都不是发生在政府、法律或是经济体系产生变化时，而是在对陌生人产生集体同理心之时，这种集体同理心足以创造一种新的相互理解并弥合社会鸿沟。

尽管这些过去的时刻可能看上去是历史学家的课题，但它们仍与生活的艺术相关。为什么？因为加入大众同理心运动可以帮助我们逃脱个人主义的枷锁，使我们感到自己和比我们自身更强大的东西是联系在一起的。我们发现生命的意义和成就感不仅仅在于追求个人的雄心，也在于通过和他人一起参加社会活动达成共同的目标。像这样阐释了同理心如何改变人类历史面貌的一个典型例子，是英国18世纪末与奴隶制度及奴隶贸易的斗争。

18世纪80年代早期及以前，奴隶制在全欧洲都是一项可接受的社会制度。英国统治了国际奴隶贸易，有将近50万名非洲奴隶被强制在英国西印度群岛殖民地种植甘蔗直至死去。在一个英国国教教会拥有的种植园，"SOCIETY"这个词被烧得通红的烙铁烙印在奴隶们的胸膛上，表示他们从属于传播福音团体的海外分部，而其总部的负责人正是坎特伯雷大主教。这是一个民族、一个教会，手上沾满鲜血的历史。

但是，在其后20年间，一些不同寻常的事情发生了。一场群众社会运动的产生使得大部分英国人民开始反对奴隶制度，进而导致1807年的议会废止了奴隶贸易，并最终于1838年在整个大英帝国废除了奴隶制。这样深刻且意想不到的变革是如何发生且为什么会发生呢？

打开一本普通的学校历史课本，你会看到英国国会议员威廉·威尔伯福斯为结束奴隶制度所作出的英勇努力。书上可能还有一两段提到了种植园奴隶起义的作用。但很少有历史书提到同理心。然而，最近的研究将同理心推到了这一段众所周知的历史的舞台中央。按照历史学家亚当·霍克希尔德（Adam Hochschild，1942年至今，美国作家）的说法，反对奴隶制度斗争的成功是基于"废奴主义者没有将他们的希望放在宗教典籍上，而是寄希望于人类的同理心上"这一事实。

这场轰轰烈烈的废奴运动由英国圣公会执事托马斯·克拉克森和一群贵格会的商人领导，将同理心作为主要的策略手段。他们计划唤起公众的共同行动，将奴隶日常生活中所受的创伤和痛苦暴露给公众，以促使他们采取行动。这样，人们可以站在奴隶们的立场，想象他们日常生活的实际情况。废奴主义者们印制了著名的布鲁克斯号（Brookes）奴隶船的海报——上面描绘了482名奴隶是如何挤在船上，头挨头、脚碰脚地困在黑暗又缺乏空气的甲板下。接近1万份海报被印刷并张贴在了俱乐部的墙上以及乡村的房屋外，提醒人们加在这个民族茶杯里的糖块一点儿也不洁净清白。

克拉克森还去了利物浦的一家向奴隶贩子出售基本器具的商店，购买了手铐、拇指夹（一种刑具）、脚镣和一种像剪刀一样可以撬开奴隶们的嘴强制喂食的工具。在公共场合和法庭发言时，他用这些器具使听众感到真切的恐惧。和同事们一起，他写出了一份证据确凿的报告——《证据摘要》（*Abstract of the Evidence*），其中记录了很多让人难忘的奴隶们所受的痛苦的清单。很快报纸就刊登了这样的摘要：

> 当奴隶们在码头被鞭打时……他们的手臂被绑在起重机的钩子上，脚上绑了一个56磅重的东西。已经这样了，起重机还不断抬高，这样就把他们从地上吊了起来，使他们一直保持着伸展的姿势，这时再用鞭子或牛皮鞭抽打他们。之后他们还会被再鞭打一次，但那次会用乌木，这种树枝比荆棘更多刺，这样做是为了将凝固的血液排出体外。

废奴运动取得了显著的成果。成千上万的英国公众参加集会，成立地方委员会，签署请愿书，抵制产自种植园的蔗糖并向政府提出废奴要求。这是世界上从未曾见过的最强有力的人权运动。这都要感谢大众同理心的爆发，霍克希尔德写道："这是第一次数量如此巨大的人们变得愤怒，并持续愤怒了许多年，而且是为了他人的权利。"

　　但是为什么英国社会对这一事件有如此巨大的公众回响，而其他欧洲国家没有爆发这样大规模的反对奴隶制的运动呢？"同理心"又一次给出了答案。霍克希尔德准确指出了英国如此不同的原因：

　　　　人们之所以会更在乎其他地方的人所遭受的苦难，是基于那样的不幸唤醒了他们自己的恐惧。18世纪后期的英国人都有一种普遍的、被变相绑架的直接体验，且这种奴役是与庄严载入英国法律的公民权完全背道而驰的。它是专制的、暴力的且有时是致命的……这就是海军强制征兵制度的施行。

　　自17世纪以来，英国皇家海军"敦促"成千上万的英国男人到海军服役。这还涉及逼迫成群的全副武装的水手在英国的各大港口及内陆巡逻，强制带走他们在俱乐部、田野及街道上能够找到的任何一个健全的男人，并立即将他们招募进海军。被压迫的受害者们——通常也不全是来自于工人阶级——发现自己实际上

1780年前后，强制征召入伍正在进行。

被奴役了好几年，被剥夺了自己最基本的自由。活动家们将反对奴隶贸易与强制征兵直接进行了比较，因此英国公众从个人或家庭的经验出发就有一种同理心层面的理解，被奴役就意味着对最基本自由的否定。因此他们能清醒地认识到蔗糖种植园奴隶制残酷的不公平。霍克希尔德说："一个多世纪以来，针对强制征兵的社会斗争在心理层面上为更大规模的反对奴隶制的斗争作好了准备。"

这一类比进行得更加深入后，英国工厂的工人们也看到了他们自己被剥削的状况和奴隶们之间的共同点。他们举着"结束国内和国外奴隶制"的标语举行了数次游行。反对奴隶制的观念也迅速在爱尔兰蔓延。在爱尔兰的人们都有一种长期被英国压迫的共识。这些是新的，足以有力支撑大家跨越大西洋团结在一起的思想根源。

根据这些事实，我们没有别的选择，只能改写奴隶制编年史，赋予同理心单独的章节。同理心的力量有助于解释大众运动的兴起，公众观点的表达和立法的力量最终产生了废除奴隶制度的结果。在反对奴隶制的斗争中，同理心作为改变历史进程的一般力量，发挥了重要作用。

如果我们想要从同理心的视角去改写历史，我们还必须要写入其他关于集体同理心爆发的例子，例如丹麦和保加利亚以及其他国家在第二次世界大战中为保护犹太人不被送进纳粹死亡集中营所作出的努力，以及2004年亚洲海啸（指印度洋海啸，也称南亚海啸）时社会各界人士的剧烈反应。我们可能还需要一些集体移情失败的、发生历史悲剧的档案，如对拉丁美洲的殖民政策和卢旺达的种族灭绝大屠杀。这样做之后，我们不仅可以通过国家的兴衰这一视角，还可以通过大众同理心爆发或缺乏这一人类关系的周期革命，逐步查看历史对人们生活所造成的改变。

自从塞缪尔·斯迈尔斯（Samuel Smiles，1812—1904年，英国19世纪伟大的道德学家、社会改革家和作家）于1859年出版其著作《自己拯救自己》（*Self Help*）后，许多关于自我拯救的书及关于生活方式的建议都是厚颜无耻地鼓吹个人主义，鼓励人们去追求自己的个人目标，改善自己生活的品质。但当我们看着那些如托马斯·克拉克森或是其他献身于同理心社会运动的人们，如埃米琳·潘克赫斯特（Emmeline Pankhurst，1858—1928年，英国妇女选举权的积极倡导者）和马丁·路德·金，我们开始意识到我们和他们一样，也能通过投身于为他人的权益而共同斗争的运动而找到生活的目标和满足感。

因此，我们都面临的挑战是将生活的艺术从个人的小世界带到公共的大领域中。我们可以通过参加社会活动以此帮助创造一个更有同理心的世界从而做到这一点。你可能希望在你自己的社区中在帮助处理儿童贫困问题或海外侵犯人权的问题方面发挥作用。可能你觉得为了那些被我们破坏并遗留下来的生态所影响的子孙后代而参加一个培养同理心的组织的活动是个好主意。这些都是我们可以参加的公共活动的可选类别，足以在历史中留下不可磨灭的人道主义印记。

无形的同理心之线

苏格拉底建议人们："认识你自己。"遵循这一信条需要我们更多地像那喀索斯那样反躬自省。我们必须要以更为外在的生活态度平衡自己对内在的探寻。要探究我们自己，我们必须走出自我，看看其他人是如何思考、生活和看待这个世界的。同理心是我们能这么做的最大希望。

但是培养同理心将会是一个挑战，无论是通过交流、体验，还是社会活动。与你的新邻居交流可能起初会觉得笨拙或尴尬；一次当义工的假期可能会让你身心疲惫；参加社区会议可能会占用你宝贵的周五夜晚。但是，迟早你会更能适应施展自己的同理心的生活。渐渐地，如果在日常生活中不能富有想象力地与别人换位思考，你可能会觉得奇怪甚至是不悦。慢慢地，随着你自己和他人之间的壁垒开始消融，你会开始体会到同理心是如何改变自己的。

有一天，当你醒来时，你会发现世界看起来不一样了。当你走进一个满是人的房间时，你不会再只关注个体，而会关注人与人之间的关系。你会注意到有些地方的同理心联系更强，而有些地方还只是潜在的联系。你的视角会充满看不见的人与人之间的联系的线，不管是确实的还是隐含的，这使你的世界以相互理解为基础框架从而结合在一起。同时，你将能够看到这个框架里的模块格局，不管格局如何，你自己的行动都能让它更为美丽。

第二部分

谋生之道

工作

　　任何一个参加过招聘会，或是翻阅过标准的求职指南的人，可能刚开始都对未来充满了希望，但很快就因为大量的可能性而变得茫然、困惑。你是应该接受培训成为一名会计，还是在儿童慈善机构找个工作？是在地方政府谋求一个稳定的工作好呢？还是冒险创业开一个一直梦寐以求的瑜伽咖啡馆？我们常常会忘记选择职业变得如此困难是现代才有的困境。几个世纪以来，人类在自己所做的工作上并没有多少选择，他们获得日常生活物品的方式很大程度上取决于命运或者生存必需。从命运的安排到生活的选择只是思考未来我们职业生涯的一个理想的起点，我们还需要理解这一历史阶段的转变。

　　如果你出生在中世纪的欧洲，你能成为一名骑士之爱传说中的骑士或淑女，或是一名埋首于泥金装饰手抄本的僧侣的几率很小。大部分人都是农奴，被束缚在乡村的庄园以及封建奴役体制下庄园主的阴晴不定中。18世纪的工业革命及城市化从很大程度上在处于静态的封建主义社会秩序中给人们提供了一种模棱两可的自由。是的，你从农奴制和行会的羁绊中解放出来了，但是现在你是资本主义秩序中的一员。卡尔·马克思精妙地写道："资本主义就像是一个吸血鬼，吸干人民的血液和脑浆，并将他们扔进资本的炼金炉中。"虽然拥有将自己的雇佣劳动时间出售给想要出售的雇主的自由，人们的工作机会仍大部分局限于在工厂工作的单调乏味和剥削中，或者也许能在生气勃勃的城市经济中独立就业——为制革厂捡拾狗大便或当腌海螺的小贩。

标准的历史教材文本会告诉你19世纪作为欧洲工人们一个有选择权的新时期的开始，主要是由于精英教育制度的出现和公共教育的发展。精英教育制度在人们技巧或能力的基础上予以回报。所以，拿破仑当然值得我们对他"事业的大门为有才之士敞开着"的观点而鼓掌。这样的观点意味着只要你能当一个好士兵，你的军衔就可能晋升，而不会是通过后台或是裙带关系。法国和英国行政部门选拔考试的诞生，尽管比中国晚了好几个世纪，但都提倡机会均等。而这些发展变化的受益人通常是那些受过良好教育的男性。

只有到了20世纪，当教育变得越来越普及，宣称大多数生活在西方社会的人拥有广泛而多样的职业选择及社会流动的机会才似乎是可信的。女人也逐渐被雇佣经济所接受，这部分是妇女们为争取选举权和第二次世界大战时在工厂工作所作的斗争的结果；同时20世纪60年代口服避孕药的出现，也给予了妇女决定何时生育的强大控制力，如果她们有了家庭的话。这样，人们就能更容易地追求自己所选择的职业。移民的工人逐渐经受住了偏见和歧视的考验，他们的孩子们开始在以前被本土居民统治的行业中找到工作。

几个世纪以来，除了从命运的必然到自由选择我们想做的工作这样基本的演变，对一些想要追求自己所酷爱的职业并为之施展才华的人而言，仍面临着相当多的障碍。一位女性成为一家跨国企业的高层领导，或是在承担大部分育儿工作的同时拥有成功的事业有多容易呢？一名土耳其血统的男人在德国国家警察部队中想要晋升，又会面对哪些偏见呢？此外，贫穷使得永远有下层阶级存在，他们的工作选择仅限于服务行业中那些沉闷的、低薪且无前途的工作。

然而，今天很多人却有感到自己被所面临的职业选择所淹没的困惑。所有的那些求职指南和网站列举着数百种职业，让我们感到不确定和焦虑。我们现在所拥有的职业选择的自由没想到成为了我们的负担。这是西方历史上没有被认识到的大不幸之一。由于裁员、短期合同以及临时工作在劳动市场"灵活性"的伪装下的增加，"终身职业"逐渐减少，这一问题在过去30年间不断加剧。今天，一份工作的平均就职年限是4年，这使得我们在整个职业生涯都面临着艰难的选择。专业的职业建议的出现可以追溯到1908年波士顿第一家"职业局"的设立，这些建议有助于帮助我们面对选择时的矛盾。然而大多数职业咨询师是在找出为什么你不适合现在的工作这个问题上做得更好，而不是精确地指出更好的选择是什么。这一部分是由于可供他们选择的工具实在有限，如迈尔斯-布里格斯个性类型测量表（Myers-Briggs Type Indicator）那样的个性测试——旨在看你显著的个性特征和一份特定的工作是否匹配。不幸的是，并没有多少实验性证据表明这些测试比来自好朋友的建议更能引领你获得一份满意的职业。

因此，我想要探寻这样一个问题：我们如何才能越过决定做什么工作的困境以及应该遵循什么样的规则去选择职业道路。具有讽刺意味的是，尽管关于职业选择的历史革命如此卓越，很多人仍然觉得他们的工作没有意义且无聊。工作基金会及其他协会的多次调查显示：今天欧洲有2/3的工人不满意自己的工作，觉得自己现在的职业不能达到自己的期望。事情怎么会变成这样呢？过去的哪些见解能激发我们找到一份更适合我们且正好是我们自己想做的职业呢？在我们的搜寻过程中，我们将要与风琴演奏者、园丁、芭蕾舞蹈家以及死亡集中营的幸存者会面。但首先，我们要把手伸进口袋拿出我们的钱包。

逃离大头针工厂

令人吃惊的是，造成现代工作如此辛苦的元凶自20世纪90年代后期，就被印在20英镑纸钞上以歌颂其功绩。浪漫主义作曲家爱德华·埃尔加（Edward Elgar，1857—1934年，英国作曲家、指挥家）的肖像被18世纪的哲学家和政治经济学家亚当·斯密所代替。斯密面无表情地盯着一个大头针工厂的工人埋头苦干。纸钞上的说明是："大头针制造业的劳动分工极大地提高了产量。"

斯密认为提升工业产量、促进经济增长最好的方法是将复杂的任务分解为一个个小环节。他在其著作《国富论》一书中举了一个非常著名的例子，描述了要制造一颗大头针所需的18道工序。如果一名工人试图一个人做所有工序，他"可能竭尽全力，一天也只能勉强做出一颗大头针"。但是如果整个过程被分成若干独立的工序，每一个工人只做其中的一到两个步骤，他们每个人平均每天可以生产接近5 000颗大头针。

这一劳动分工所展示的显而易见的奇迹成为了资本主义经济的颂歌，并迅速在整个工业世界付诸实践。它也导致了单调乏味的工作时代的来临。斯密对大头针工厂的分析绝非乌托邦的美景：

> 一个人抽铁线，一个人拉直，第三个人切割，第四个人削尖一端，第五个人磨另一端以便装上圆头。要做圆头还需要两到三种不同的操作。装圆头是一个特殊的环节，涂白色，乃至包装，都是专门的环节。

政治经济学家亚当·斯密注视着在大头针工厂辛苦工作的工人们。

　　在被湮没于《国富论》的最后几页的文字中，斯密展示了他富于同情心的一面，他承认像整天拉直做大头针的铁线这样的工作不只是会带来更多的国民收入，也会使人 "精神麻木"丧失 "柔情"。他承认："一个人整个人生都花在进行一些简单的操作上的话……会没有机会运用他的理解力，更无法使用他的创造力。"

　　今天的很多人只知道斯密曾说过什么。我们是劳动分工的继承者，这是我们工业史上最令人麻木的遗产。无论我们在工厂还是在办公室工作，都被要求承担一些细碎的专门而重复的工作。我们任何一个人，在意气风发的少年时期，难道曾梦想自己长大后会整天只是编辑杂志文章、起草法律合同或是销售药物？很小一部分人有机会利用自己的各种技能从始至终地做同一个工作。曾经，一个制作椅子的人会砍树、剥树皮、给横档塑形、用蒸汽处理椅子腿、钻榫眼，再将所有部件固定在一起，编织椅垫，最后用蜂蜡给木头抛光。而我们被剥夺了体验完成整个过程的成就感。

马克·吐温（Mark Twain）写道："工作，是我们想要避免却又无法避免的灾祸。"是的，曾有一段时期，直到几十年前，人们还普遍认为工作并非注定是枯燥无味的。但现在情况已经不同了。我们这个时代，文化的一个重要转变就是把在工作中获得个人成就感的期望提高到一个亚当·斯密未曾想象过的最重要的位置。今天的我们在找工作时不仅要求这份工作令人愉悦，同时还希望它对人生有所助益。我们希望自己的职业能扩展我们的视野，表达我们的理念，提供学习进修的机会，激发我们的好奇心，能从中寻觅友谊甚至是爱情。这种态度转变的一个主要原因是第二次世界大战结束后西方社会的物质繁荣。现在大部分人满足了基本的生活需求，因此试图追求更深层次的个人成就感。社会学家把这种现象称作"后物质价值"的出现，如个人进步和道德生活的愿望引导许多人想要寻找一个既能滋养灵魂又能付贷款的工作。随着北美及欧洲工作时间的不断增加，这一潮流现在被更多的变化支撑着，试图平衡工作与休闲的关系。事实上，过去的20年间，工作占据了我们越来越多的时间，这意味着如果我们不能在工作中获得成就感，那每天就没剩下多少时间可以好好生活了。

不幸的是，我们这一巨大的期望留给了我们一个新的困境：我们如何能在继承"大头针工厂"遗产的同时又满足自己对更有意义的工作的渴望呢？一个常见的答案是通过追逐金钱找到工作的意义和动力。工作只是一种接近结果的方式而非本身就是有价值的东西。我们选择忍受工作的单调乏味和压力作为一种必需的成本。金钱被认为不仅能付账单，而且能购买我们生活的品质。

对金钱及其他物质财富（如土地）的欲望，是一种长期形成的野心。1504年，当西班牙征服者荷南·科尔蒂斯（Hernán Cortés，1485—1547年，殖民时代活跃在中南美洲的西班牙殖民者）到达美洲时，他宣称"我是来找金子的，可不是像农民一样耕地的"。很快，侵略者们就痴迷于寻找黄金国——一个在亚马孙地区传说中的王国。黄金国因其由一个用金沙涂抹自己全身的部落首领统治而闻名。在长达两个世纪的历史进程中，数百名探险家在他们无望的寻找黄金之城的过程中死于疾病和饥饿。对黄金国的追求逐渐成为当代社会流行的为了财富不计后果的欲望的象征。

现在很少有人会为了暴富做这样的事。但任何一个认为工作的主要目的是赚钱的人应该意识到，拥有大量的金钱从来就不是一种获得个人成就感的有效方式。在过去的半个世纪，真实收入在工业化国家大幅度提升，但是"生活满意度"或"幸福感"水平在北美和大部分欧洲国家却几乎完全持平。约翰·霍普金斯大学的一项重要研究表明：在美国经济中位列收入最高行列的职业之一——律师，其抑郁症的发生率在所有行业中最高，是普通工人患抑郁症可能性的3倍还要多。

所以，这没什么可奇怪的，很多人最终选择了能带来更深刻意义的工作，工作本身是一个目标而非达成目标的方式，它能帮助人们感到自己不是在虚掷生命。那么，什么才是推动人类实现目标的最重要的方式或途径呢？工作的历史中有四个答案跃然而出：由价值观驱动、追寻有意义的目标、获得尊重及运用所有才智。这四个答案能帮助我们克服从劳动分工那儿继承到的苦差事，并能通过考虑更接近哪一个答案从而作为引导我们走出工作选择困惑的指南。

价值观：忠于自己的信仰

阿尔贝特·史怀哲（Albert Schweitzer，1875—1965年，德

国哲学家、神学家、医生、管风琴演奏家、社会活动家、人道主义者，1952年诺贝尔和平奖得主），1875年生于德国阿尔萨斯-洛林地区，拥有哲学、神学和音乐博士学位，为约翰·塞巴斯蒂安·巴赫（Johann Sebastian Bach）写过一本重要的传记，并著有一本关于耶稣生平的具有开创性的书。他还努力使自己成为当时欧洲最好的管风琴演奏家。所有的这些都是在他20多岁时达成的。但三十而立后，史怀哲决定对自己的人生方向作出重要改变。他放弃了自己的音乐才华及在学术生涯取得的骄人成绩，重新训练自己成为一名医生。1913年，他前往法属赤道非洲，在那里为麻风病人建立了一所医院。1952年，因其在非洲丛林几十年医疗工作的创举，史怀哲医生被授予诺贝尔和平奖。他的动力源于服务大众的愿望，并献身于他称之为"最伟大的人道主义工作"——将医药知识带到殖民地。他感到一种责任、一种义务，即为他人的利益而辛勤工作。他说："要为那些需要帮助的人做一点儿事，即使只是一件很小的事。虽然做这件事没有回报，却

阿尔贝特·史怀哲，欧洲最伟大的管风琴演奏家之一，改行从医并在非洲成立了一家医院。他的小胡子一路陪伴着他。

仍应该责无旁贷地去做。"

通往一个有目标的职业生涯的传统路径是从事一份能体现你价值观的事业。一种能够超越我们的欲望，使我们从事不同于其他人或是我们身边的世界的工作。"服务他人"是西方历史中最能有效激励人们的价值观之一，它植根于中世纪基督教通过慈善行为为上帝服务的思想。欧洲的首批医院，在20世纪出现在巴黎、佛罗伦萨和伦敦等城市。其宗教意识基础建立在就像为全能的上帝服务那样为穷人和病人服务。这一理念在以前的法语"医院"一词中得以体现。法文"医院"（hôtel-Dieu），意为"上帝的旅舍"。在同一时期，十字军东征的骑士团（如耶路撒冷圣约翰骑士团和圣殿骑士团）虽然以屠杀异教徒闻名，但他们也把在地中海和德语区建立医院作为一项神圣的服务。阿尔贝特·史怀哲医生就是由这种基督教的道德服务理念所驱使。19世纪开创了现代护理事业的弗洛伦斯·南丁格尔（Florence Nightingale, 1820—1910年）和克拉拉·巴顿（Clara Barton, 1821—1912年，美国红十字会创始人）也是如此。20世纪时，为他人服务的理念的传播终于跨越了宗教的界限，这就发展成为今天我们所投身的公共服务业。无论是在前线工作的社会工作者还是教育部门的统计员，他们做这些工作的原因不仅仅是能够获得一份稳定的收入或是有升职的前景，而且是由于他们感到自己的工作有助于公益事业。

这种驱动了如此之多人类活动的价值观通常反映了时代的需求和观念。法国大革命所推崇宣扬的"人的权利"是对专制的君主统治的一种回应。19世纪，平等和社会正义作为一种核心价值观出现，这也是对工业化引起的惊人且显而易见的不平等的一种反应。然而，在那个时代，除非你是为教会工作，比如是在救济院工作的修士，否则要找到一个真正符合你信仰的工作绝非易事。你可能曾为日益壮大的工会运动或是在争取妇女选举权的事业初期贡献过自己的力量，但不可能总有人会为你的努力支付报酬。在20世纪末，当新的以价值为取向的经济成分开始发展时，这一情况才得以改变，如独立的慈善机构的产生。到1905年，为孤儿和穷人儿童开设的巴纳德医生之家在差不多100个地方接纳收养了超过8 000名儿童。这一慈善机构需要大量员工，包括教师、护士和管理人员。另一个逐渐发展起来的新"部门"，特别是在英国、丹麦和德国影响较大，是一种合作运动。这一运动在世纪之交雇用了成百上千的员工从事零售和批发工作，大部分参与者都得益于平等主义者利益分配的社会思潮。

在每天的工作中实现自己的社会和政治价值的可能性在第二次世界大战后以指数级增长。整个西欧以及北美，慈善机构——现在我们也称之为"第三部门"（以区别于私人部门和公共部门）——迅速发展。乐施会（Oxfam）和关怀美国（CARE USA）成立于20世纪40年代，世界宣明会（World Vision）于1950年成立，大赦国际（Amnesty International）在1961年成立，十年后无国界医生组织（Médecins Sans Frontières）成立。这些慈善机构为那些致力于在发展中国家解决侵害人权和贫困问题的人们提供了工作机会。动物权益和环保组织也变得越来越重要。截至2007年，约有50万名英国工作人员在第三部门全职工作。除了这部分人以外，还有成千上万的专业人员被吸引到公共部门工作，如成为州立教育机构的教师或公立诊所的医生或是心理健康工作者。

过去，你只有宣誓之后才能做保持价值观与工作一致的事情。现在已不必如此。价值观可与我们如影随形，但也只是在过去的50年间才在我们的职业生涯中变成一种现实表达。尽管我们不用做出像阿尔贝特·史怀哲医生一样的牺牲——他在丛林医院中坚持工作直至90岁去世，但是为忠实于自己的信仰和原则所作的牺牲是一种真实且令人鼓舞的选择。

目标：一项具体任务

中世纪时期，人们普遍认为工作是一种沉重的负担而非通往实现成就的一条路径。基督教教义强调劳动是对亚当原罪的惩罚，而古希腊人则看到了休闲生活而非汗流浃背的体力劳动的德性之美。但所有这些在16—17世纪的新宗教改革运动中都改变了。神学家们，如马丁·路德（Martin Luther，1483—1546年，16世纪欧洲宗教改革倡导者、基督教新教路德宗创始人）和约翰·加尔文（John Calvin，1509—1564年，法国宗教改革家、神学家、基督教新教加尔文教派创始人），倡导辛劳的工作——即使是作为一名卑微的鞋匠，也是一种有价值的行为和宗教义务——能使人更接近上帝。懒惰则被视为一种严重的原罪。用历史学家托尼（R.H.Tawney，1880—1962年，英国著名经济学家、历史学家、社会批评家、教育家）的话来说，"平凡而辛苦的工作本身"变成了"圣礼的一种"。

这种所谓的"新教价值观"对今天有着恶劣的影响，常被谴责为我们文化中过度工作的根源，特别是在北欧和北美。这也是我们在一个阳光灿烂的午后在外用餐，然后多待了半小时才回办公室会有罪恶感的原因。然而，对辛勤工作的推崇只是新思想的一个方面。新教思想的第二个组成部分是"天职思想"。对路德来说，这是引导人们将他们的生活交给上帝的一个决定性的事件，比如成为一名牧师。但是对后期的清教徒思想家而言，这代表着一种观点：每个人都应该从事一种能让自己被吸引的职业，不管是当一个木匠还是做一名布商——这些都有助于社会福利。

在这个意义上来说，这和前边提到的基督教为他人服务的道德观类似。修道院的冥想不再是理想典范。"苦行僧般的生活是应被谴责的"，清教徒牧师威廉·帕金斯（William Perkins, 1558—1602年，英国神学家）在16世纪晚期写道："每一个人都应当有一个特殊的个人的职业，这样他就会是对某个社团有益的成员。"

遵循你自己内心的声音，一般来说对你的精神健康是有益的，但更现实的好处在于能给你的人生展现清晰的目标和方向。这可能也是直至今天"得到感召"之说仍然如此有吸引力的原因吧，尽管这一理念现在已经世俗化，意在描述我们为何无法逃避地被某一种特定的职业完全吸引。一般来说，一次"感召"包含一个特别的目标，它既能提供一种深层次的内涵，同时还能提供确切的路径去追寻，它可以是但也可能不是由我们的道德信仰所驱使。因此我们可能会感受到某种"感召"或肩负某种"使命"——让我们投身于自闭症成因的研究，或是成为一名石刻雕塑家，或是重振家族事业——即使我们可能常常发现很难去解释为什么要这么做。

对感召这一概念最深刻、现代的表述出现在奥地利心理治疗医生维克多·弗兰克（Victor Frankl, 1905—1997年，奥地利心理学家，他所创立的意义治疗是西方心理治疗的重要流派）的著作中。在他的《人类对意义的探索》（1946年出版）一书中，基于他在纳粹集中营的经历，弗兰克试图解释一个明显的悖论："一些性格不那么坚强的俘虏比之那些坚强意志的人在集中营生活中生存下来的更多。"他注意到，幸存者们都是那些除了想要活下来之外还有其他未来目标的人，这给了他们的生活一种精神深度和一种"追求生命意义的意志"。弗兰克引用了其中一个科学家的案例。这位科学家在战争开始前还没能完成自己一个系列作品的写作，他意识到没人能完成他的工作，所以他必须活下来以完成这些作品。第二个案例是一个男人想要自杀之际最终选择活了下来，因为他想要和儿子重逢。他非常喜爱自己的儿子并且也知道他还活着。像这样的集中营囚犯都有一种内在的力量，其在尼采的名言中得以体现，"人若生而有志，能当任何艰险"。

弗兰克认识到知道为什么而活的重要性。他把一个强有力的未来目标称作"具体的任务"，这与古老的感召理念相辉映。"一个人真正需要的并不是毫无压力的状态，而是努力为一些对自己有价值的目标而奋斗……一个人不应该只寻找生活的抽象意义。每个人在生活中都应该有自己特殊的天职和使命，并通过贯彻这一具体的任务以满足需求。"

我们每个人都可以问自己："我有一个具体的任务吗？"可能你有愿望是做一名海洋生物学家去拯救大堡礁，或是当一个能重新改造市内儿童游乐场的建筑师。但是挑战在于如何发掘你内心的真实声音到底是什么。事实上，很少有人会通过灵光一闪或是顿悟，然后奇迹般地知道自己人生的使命。如果他们最终找到了自己的天职，那也常常是经由他们在一个领域工作多年后不知不觉中领悟到的，或是只有在体验了很多种不同的职业后才会变得清晰。想想文森特·凡·高（Vincent Van Gogh）的例子吧。他刚开始是一名艺术商人，在英国当过学校教师，也曾试着当过书商，随后突然意识到自己真正的天职是成为一名清教徒牧师。因此经过一段时期的神学研究后，他在穷困的比利时煤矿工人中当了一名传教士。在重新意识到布道并不是他想象中的理想工作后，他开始认真地绘画。最后，在快30岁时，他渐渐明白他想要投身的真正目标正是绘画。此后，在精神疾病的反复发作中，他为作画付出了自己全部的热情，直至1890年他在年仅37岁时死去。

凡·高的生活当然是曲折离奇的，但他寻找自己"天职"的经历在很多方面却很典型。他在经历了许多试验和挫折后才知道自己到底要做什么。而且更多的是在利用他的天赋并表达自己的个性，而非试图对这个世界"有用"。此外，和很多遵从自己内心的声音的人一样，这段旅程通常并不是那么令人愉悦的。凡·高对艺术的追求迫使他生活在穷困潦倒和孤独之中。当时很少有人欣赏他的作品，在他生前只售出过一幅画作。

在那些追寻自己内心的声音的人中，比如凡·高，同时也发现他们的工作与自己其他部分的生活是结合在一起的。因为一心一意地投身于工作，他们除了工作以外很少有其他爱好。他们的友情是通过工作找到的。他们不过周末，周末通常都是在工作。听从内心的声音质疑了"工作生活平衡"这一观念——这一术语自20世纪70年代开始使用——认为一个人的职业活动和真实的生活在一定程度上要有所区别。但是当工作中可以获得如此多的意义时，寻求平衡的需要似乎就不那么重要了，甚至还会让人心烦意乱。

尽管发掘内心的声音可能非常困难，但如果你能够找到并且将它转化为一种职业，你会获得一种方向感，指引你走过漫长的岁月。这定然比人头针工厂那样使人精神麻木的千篇一律的工作能带给你更多的东西。

尊重：寻求认同

纵览工作的历史，对认同的渴望——即让其他人认识到我们的存在并对我们的价值表示赞赏——已经超越获得金钱成为工作的首要追求。最受欢迎的一种认同形式就是地位——在社会等级制度中获得崇高的地位或等级。在中国，数千年来最崇高的地位都被授予了文人。受过教育的精英被称为博士或"活的百科全书"，他们会被任命为政府官员。近代欧洲，那些获得最高荣誉的人通常并不是富有的人，而是那些杰出的战士、虔诚的牧师或是博学多才的男子（偶尔也可能是女人）。今天，财富和地位比过去联系得越来越紧密，但仍然有一些职业——如律师或是外科医生——其社会荣誉度并不会仅仅因为他们赚钱的能力大小而有所降低。

从社会地位中获得的认可通常都有一些虚假的成分。我们可能会尊敬一个我们自己并不喜欢或是没有什么实际社会价值的职业，或者我们会对一些有代表性的形象——如"龙头企业家"或是"第一外交官"——感到艳羡，而非其个人。最终，我们可能会发现社会如何评价我们其实并非如家人、朋友和同事的认知一样重要。还有一个问题是，人对地位的欲望都非常容易就会转化为对名气的渴望，我们将变得越发沉迷于自己外在声誉的广度。但是，众所周知，那些非常著名的人物通常都极度痛苦，他们被困在公共生活和虚伪的人际关系中，靠一堆抗抑郁药和其他药物支撑下去。路易斯·阿姆斯特朗（Louis Armstrong, 1901—1971年，美国著名的爵士乐号手兼歌唱家，爵士乐史上的灵魂人物）曾说："当你太有名时，生活就一点儿乐趣都没有了。"不过无论如何，能够真正出名的机会是很少的。有多少人能成为著名的流行歌手、球星或电视名厨呢？

在过去的数百年间，另一种认知形式逐渐成为人们梦寐以求的东西，那就是尊重。尊重和地位不同，尊重是用关怀和仁慈的态度来对待他人，以及从个人贡献而非在等级制度中占据一个特殊的位置来进行评判。一种显而易见的缺乏尊重的职业是园艺工人的工作。

直到20世纪中期，园丁还常常被视为家仆，不受哪怕一丝一毫的尊重。19世纪30年代，园艺设计师约翰·劳登（John Loudon)记述道：即使是富有经验且学过植物学的庄园园艺师的工资也仅是没受过教育的砌砖匠的一半。而且"绅士们的仆人是没有阶级可言的，园丁们的住宿条件一般都非常糟糕"。园丁们在冬天的那几个月会在临时棚屋中被冻得瑟瑟发抖，甚至马匹的住宿条件通常都比他们强。整个19世纪，你都能看到贫困的园丁们手拿耙子在伦敦街头乞讨。他们被遗留在了露天的街道上，也被历史书籍所忽略。历史书中提到著名的园艺师布朗（Capability Brown）和其他一些设计师，但却只字未提数百名技艺纯熟的创造了漂亮的远景、矮墙和草本植物花坛的苗圃工人。英国人一直都热爱他们的花园，但很明显却并不尊重他们辛勤的园丁。

这种情况直到现在也没有多大改变。我从自己在牛津大学当园丁的工作经历中就可以证实这一点。和其他助理园艺师一样，我的工资仅为每小时6英镑——比国家最低工资高不了多少，尽管我们都有专业的园艺资格证书。但是比起低报酬更让人受打击的是我们的待遇。当我弯着身子在地上除草时，大学的同事们和学生们通常会径直走过去而没有哪怕一句友好的"你好！"对我们在土地上所创造出的美景和所付出的努力，极少有人感谢我们所做的工作。午餐时，虽然我们被允许享用和讲师们一样的食物，但我们不能和他们一起坐在"高桌"上，我们被降级到员工餐桌用餐。这是身体和象征意义上的双重贬低，好像我们仍处于封建社会时期一样。随着时间的流逝，我在刚开始的工作中获得的自豪感随着这种缺乏尊重的状况而逐步销蚀，缺乏工作自豪感使得我的自尊也开始消失。感到我的存在与否并不重要的感觉逐渐侵蚀我的心灵。那之后就是我决定离开的时候。回首往事，我在其他等级制度不那么森严且更具有社区性质的地方做园丁时获得过更多的尊重，比如研究园艺治疗方案的时候。

尊重是维系一个有目标、能反哺工作生活的职业的必要条件。那么，在哪儿以及我们如何才能找到它呢？尊重之花通常倾向于开在能发展真正的人与人之间的关系的环境中。你可以和同事或客户有直接的交流而不是整天都困在计算机面前，那样你才不会觉得自己只是一台大机器上一个默默无闻的齿轮。问题是，过去一个世纪的普遍趋势是大的组织或公司逐渐被设计成培养效率而非尊重的地方。当亨利·福特（Henry Ford, 1863—1947年，美国福特汽车公司创立者）1910年在密歇根州建立起他庞大的高地公园汽车工厂时，他争论说关于装配线工作的品质的担心简直是"胡说八道"，他的职员乐于忍受重复的工作，只要工资足够高。可事实上，他的工人们并没有被当作值得尊重的人来看待，而是作为一种经济资源、一种生产过程的投入，就像生产车门所需的钢铁和螺栓一样。

　　好消息是即使是大的官僚主义机构有时也能给予自己的员工一些尊重。我的父亲曾为IBM公司工作了50年，他在工作期间常常能感受到自己对公司的贡献被认可，得到同事的支持，是IBM人中的一员。只是在他工作的最后几年，当他的老朋友们退休及公司开始以一种消费型的方式对待自己的员工后，父亲感到团队精神和尊重开始消逝。值得注意的是，小公司相应地更有潜力生成尊重的氛围——每个人都知道你的名字，但他们也更容易被专制的、对人性化管理员工一点儿兴趣也没有的老板所统治。最后，尊重更多的是机构文化的一个功能，且并不是由其大小决定的。为什么纯真果汁公司（Innocent Drinks）常常被选为英国最适合工作的公司之一？为什么在它的200名员工中人事变动如此之少呢？答案与其说是高工资吸引，倒不如说是高度的尊重。这家公司以对职员的人文关怀著称。在决策时会广泛讨论，提供周末的自然探险之旅，度蜜月时有额外的假期，周五下午有免费啤酒，还有个人发展奖学金。这样员工们能在工作之外追求自己的兴趣。经常能看到他们公司的员工在停车场玩呼啦圈。

尊重还可能出现在最不同寻常的职业中。我认识的一个人从制冷技工转行到一家殡仪馆当入殓师。他热爱这份工作的原因就是他收获了人们真挚的感谢，因为他让他们已故的亲人看起来祥和、端庄甚至更漂亮。他告诉我说："我有一个文件夹放满了来自这些家庭成员的感谢信。"

才智：专才还是通才？

拥有一份能传达我们的价值观、可以追求有意义的目标并能给予我们尊重的工作可能还不够——如果这份工作局限了我们使用并探索我们才能的范围的话。我们中的大部分人在回首我们的职业生活时都会看我们是否培养了我们的天赋并挖掘了自己的个人潜能。这就提出了现代工作面临的一个大问题，那就是我们应该追求成为一名专才——将我们的才华用在一个单一的职业上，还是立志于成为一名通才——在更广阔的领域发展我们的才能。简而言之，我们应该追求成为一名专才还是通才？

这一选择如此重要是因为在过去的一个世纪，不管是教育还是工作都鼓励我们逐渐向专业化发展，普遍的模式是成为在一个狭窄领域拔尖的专家。为什么这会成为一种可接受的模式呢？首先是由于劳动分工的传统。亚当·斯密的大头针工厂理论不仅使工作变得重复单调，而且还要求具有高度专业化的技能。因此，现在我们通常只做任务的一部分。例如设计一个标志Logo或是制订市场计划，而不是像以前的手工匠人那样从头到尾完成整项任务。

第二个原因是大学学习变得格外专门化，导致人们对那些在某个具体但通常又晦涩的科目了解得很多的人尊崇有加。博士学位明显就是这种情况，19世纪由德国发明并迅速传遍整个欧洲及北美。我对此深有体会。我曾花了7年时间写了一份关于20世纪90年代危地马拉寡头政治时期的政治与社会思潮的博士论文。学科领域被分成了多个分支学科。200年前，科学还是一个独立的领域被称作"自然哲学"。但今天的专家们深入研究无机化学和分子生物学，其知识和专业术语都特别专业以致很难相互交流。

对专业化如此推崇的第三种解释是：当今世界的信息量变得实在过于巨大，跨学科领域或跨职业的深入理解已经变得不可能了。留给我们的选择不多，也就只能成为某个单一领域的专家了。17世纪时，勒内·笛卡尔（René Descartes, 1596—1650年，法国著名科学家、哲学家及数学家）在哲学、神学、数学及物理学方面都作出了重大贡献，同时还涉猎解剖学和音乐理论。精通如此广泛的领域在今时今日是不可能实现的。光是要读和要知道的就已经够多了。

因此，我们应遵循这一潮流吗？毫无疑问，成为一名专家也颇有益处。做一名航空航天工程师可能会给我们提供极好的机会去发挥我们的数学才能，同时也是一种对社会有用的职业。我们绝不会希望飞机的机翼是由寿司师傅或是模型飞机的狂热爱好者这种外行来设计。然而我们也应注意到成为一名专家可能使工作受到局限或具有让生活变得没意思的可能性。过度专业化很可能是阻碍我们充分拓展自己能力范围的陷阱。西奥多·泽尔丁（Theodore Zeldin, 1933年至今，英国著名历史学家、哲学家，牛津大学圣安东尼学院创始人）写道："越来越多的人在寻求职业时发现他们的才能在单一职业中是无法得到培养和发展的。"我们需要考虑一下是否我们的工作允许我们去探索自己的不同方面。

我自己的方法是遵循通才的发展路线。我渴望成为一个在更多方面取得成功的人。这就是为什么我不仅当过园丁和大学讲师，而且还当过人权监督员、木匠、记者、图书编辑、社区志愿者、网球教练以及同理心全球发展咨询师。当然，这种明显不规则的职业发展路径意味着我们有时是一个样样都懂却一样也不精通的人。

但不能那么快就放弃成为一名通才。在意大利文艺复兴时期，这可被认为是人类终极的理想典范。这一时代最著名的博学多才的代表之一是莱昂·巴蒂斯塔·阿尔伯蒂（Leon Battista Alberti, 1404—1472年），一位作家、艺术家、建筑师、诗人、语言学家、密码学家、哲学家和音乐家。他还显然是位体操能手——双脚并拢后他还能跳超过一个男人头顶的高度。阿尔伯蒂为自己的狗写过一篇庄严的悼词。他被赞誉为是当时人们所知的最伟大的通才之一，他也确实实践了他自己的信念："一个人什么事都能做，只要他想做。"他与其他博学多才的人如列奥纳多·达·芬奇、但丁和米开朗基罗一起推广了一个理念，即通过运用全方位的才能来表达自己的个性。

我相信，在我们现在这个被专业化统治的年代，我们需要重新找回文艺复兴时期通才那样的理想典范。我们并非都是像阿尔伯蒂或列奥纳多那样多才多艺的人。但我们可以从过去的人们成为通才的3个主要的实践途径之中获得灵感。

首先，我们可以寻找一个需要精通多种技能或知识领域的职业。比如教书，从历史上来说，教书就是一个最受通才欢迎的出路之一。亚里士多德的学生就包括亚历山大大帝和托勒密，前者教授给他的学生范围广泛的科目，包括物理学、形而上学、诗学、戏剧学、音乐、政治、伦理道德、生物学及动物学。现代社会与此类似的是小学教师。他们通常被要求知道各种各样科目的知识，如科学、历史和语言习得经验，要会唱歌、讲故事、画画，同时足够敏锐，能为学生提供情感上的支持，还要是一位富有想象力的思考者，能将课程目标、教育方针付诸实践并能让督学满意。一位优秀的小学教师是一个能与亚里士多德和阿尔伯蒂的知识、理解力和经验广度相媲美的完美的通才。

　　第二个成为通才的方法是同时从事不同的职业。这是20世纪极具天赋的德国女修道院院长宾根·希尔德加德（Hildegard of Bingen，1098—1179年）所走的几乎不可能复制的道路。除了创立本笃会修道院并成为一位受尊重的基督教神秘主义者外，她还是一位博物学者、药剂师、语言学家、哲学家、剧作家、诗人和作曲家，她所创作的礼拜仪式音乐至今还在演奏。希尔德加德的方式很接近卡尔·马克思对理想工作的看法。他认为应该"在上午打猎、下午捕鱼、傍晚喂牛，晚饭后发表评论。而不是成为猎人、渔夫、牧羊人或批评家"。今天这样的情况被称为"组合式职业"，这一观念认为一个人可以做一名自由职业者，分配精力在几个领域工作，而不是只为一个雇主工作或仅致力于一种职业。因此，在一周中，你可能有三天是一名会计，另外两天做园林设计工作。由于你所获得的这些自由，你可能会发现自己工作的时间超过了你曾计划的，并开始因为月末无法确保拿到工资支票而缺乏安全感并感到压力。那么，你可以用另一种组合式职业的变体来代替，那就是接连从事几种不同的职业。实际上就是成为"一系列专家"。我曾遇到过一个人，他最开始是英国皇家芭蕾舞团的演员，后来成为百代唱片公司的顶级音乐制作人，随后他成为了一名雕刻家，其作品在英国国家肖像馆（National Portrait Gallery）中可以找到，他同时还在《国际牧羊犬新闻》上持续经营一个专栏。人们都说我们只能活一次，但我们可以一个接着一个地过多样的职业生活。

　　最后一种选择是将其他职业中的思考方式和规章制度带入你自己的工作中，这样也可以成为一个通才，还不用换工作。1931年，哈里·贝克（Harry Beck），一名就职于伦敦地铁信号办公室的制图工程师，注意到地铁交通图就好像一盘意大利面一样异常混乱。于是在空闲时间，他用自己规划电路示意图的知识重新设计了一份简单的地铁示意图版本。结果这一形象的地图至今仍在使用——一个经典的平面设计！——地铁站的位置和线路交汇处极其清晰，尽管在地理位置上不是那么精确。这件事告诉我们，学习从不同职业的角度思考问题可能会非常值得，这会激发我们问出新问题或是挑战我们的假设和惯性思维。因此，如果你是一名音乐家，你可以花一些时间和一名工程师聊聊，看是否能帮助你重新思考如何弹钢琴或谱曲。这一成为通才的方法已在15世纪被列奥纳多·达·芬奇所完善。他不仅在很多智力领域都是专家，而且是一个将自己在一个领域的理解应用到其他领域的行家里手。例如，他在解剖学上的研究就影响了他的绘画方式，他对鸟类和蝙蝠的飞行的调查直接影响了他在飞行器上的设计。

　　成为一名通才的生活在现代会越来越有吸引力，我们渴望工作能促进我们才能、兴趣和志向的多样性。单纯评估一份职业的前景可能会逐渐成为一种过时的职业目标。职业咨询师有一天可能会被培训为建议你成为一名在多方面取得成就的通才。但在这一天到来之前，你必须找到能让自己成为一个通才的可行途径，以将文艺复兴时期的理想典范转化为个人实际。

你的工作能满足你的精神需求吗？

　　如果亚当·斯密活到了今天，我相信他会谦逊地因自己出现在20英镑钞票上而感到羞愧。劳动分工可能促成了"工作量的大幅度提高",但对我们职业生活的品质却没什么益处。从达卡的纺织血汗工厂到都柏林的电话呼叫中心,很多工作都仍是受制于劳动分工的日复一日的负担。因此我们不应该不作任何反抗就接受这一遗产。即使是那些机会受到限制的人,即使是在经济困难时期,通常都有比我们能意识到的更多的选择。工作的世界的裂痕越多,我们就能透过缝隙看到更多有价值的东西。

透过各种可能性指引我们前进看起来确实像是一项令人畏缩的任务。但我们能借助于努力思考一份有意义的工作到底是什么样的来得到指引和启发——这份工作应该让我们感到自己是非常有生命力的,能提供给我们比财富和地位这些空虚的乐趣更多的真实快乐。我们现在不再面临着封建主义时期将我们牢牢困在一个地方的束缚,工作自身的历史建议我们可以找寻一些不仅能体现我们的价值观,而且还具有有意义的目标,能带给我们受尊重的感觉以及发挥我们才智的工作。即使不是所有的,如果其中一些目标是你力所能及的,那么就让你的工作足以满足你的精神需求吧。

为了让这些可能性变成现实,我们需要找到好的方法去克服自己的恐惧和缺乏自信心的方法,这些都可能让我们止步不前。例如,如果我作的选择是错的怎么办?我真的有足以成功的才能吗?我能冒着经济风险换工作吗?我会不会浪费了走到现在这一步的所有的时间?有很多方法都可以消除我们的恐惧,帮助我们开始朝着改变的道路前进。比如,你可以从交流调查开始,和也做了你所认真思考的同样的职业转换的人谈一谈,看看自己能学到些什么。或者,你可以做一种"分支项目"实验——不是采取一种完全抛弃旧的工作的方式,即起步时,你可以在晚上或周末试着做做理疗师,看看是否真的能给你带来生活中所缺少的火花。不管我们采用什么策略，我们都应该努力将我们的工作生活看成是生活艺术的试验。留意一下19世纪作家拉尔夫·沃尔多·爱默生（Ralph Waldo Emerson，1803—1882年，美国思想家、文学家）说的一段话吧："不要由于胆小和过于拘谨而缩手缩脚。生命就是一场实验。你试验得越多，就做得越好。如果你的外套有点儿粗糙，你会弄脏它或是撕破它吗？如果你摔倒了，那你不妨就在泥里好好打两个滚儿。这样你就再也不会害怕跌倒了。"

时间

　　我的第一块手表是父亲出差到日本回来时给我买的礼物。我当时特别兴奋，那块表不仅能计秒，还能显示1/10秒。我能看着每一秒随着黑色数字的闪烁向未来飞奔。我还记得自己曾骄傲地向小伙伴们炫耀那块表能记录我骑车到学校有多快——8分40秒。母亲去世的时候，我只有10岁。我养成了一个强迫性又迷信的习惯：在网球比赛时，我每击出一球都会看一眼这块手表。我知道这会使我在比赛中分心，但我就是无法控制自己，哪怕只是扫一眼。最初的礼物变成了一种依赖。

　　时间就像一种药，我们大部分人都对它上瘾。如果你不小心把表留在了家里，你可能会注意到整天你有多频繁地去看你的手腕，就好像紧张时的下意识动作。不知道时间可能会让我们感到不安和挫败感。我们是不是迟到了？我能按时完成吗？但幸运的是我们对时间的依赖能够得到满足，因为我们生活在一个到处都有时钟的世界里：手机上、电脑屏幕右下角、办公室厨房的公用微波炉上、汽车的仪表板上、教堂的钟楼、商店里和火车站外。

　　一位从外星远道而来访问地球的人类学家很有可能会总结说："在这个奇怪的生物社会中，时钟是他们宗教崇拜的偶像或是可以辟邪的护身符。"这正是小人国居民注意到格列佛常常看他的手表时所想的。格列佛使小人国的居民们确信，如果不参考时间，他几乎做不了任何事。小人国的居民把格列佛的表取下来检测并得出结论："我们推测这块表要么是一种未知的生物，要么是他所崇拜的神。但我们更倾向于后一种判定。"

　　随着西方社会中人们所面临的日益恶化的时间匮乏状况，我们对时间的痴迷日益深化。工作时间不断增加，交通拥堵时间加长，电子邮件收件箱里常常满是邮件，我们的时间看上去总不够用。根据相关的国情调查，大约有25%的美国人总是感到匆忙，这一数字在有职业的母亲群体中上升到40%。英国有20%的工人抱怨说他们没有时间午休，而在西班牙人的生活中午睡习惯几乎已经消失，只有7%的人还能享受传统的午后小睡。我们渴望有更多的时间，但是我们一天只有24小时，没有办法延长。我们时常匆匆忙忙地想要节约时间，但是并没有一个银行可以存取这些时间。这种我们总是试着提前完成任务的感觉不仅使我们背负压力、让我们得胃溃疡，而且使我们的人际关系紧张，影响了我们的判断力，剥夺了我们的业余消遣，减弱了我们的好奇心和感觉。

　　但也还有希望。人类在没有固定下来时间、没有将一天天的时间分成精确的一小份一小份之前，不也生存了那么多个世纪吗！？苏格拉底创立西方哲学时并不知道是3点过10分还是差10分到3点。宾根·希尔德加德改革中世纪音乐时并未听说过分钟或秒钟的概念。列奥纳多·达·芬奇画《最后的晚餐》时也并没有看他的表指向几点了，更没有享受到电子日历为他安排时间带来的好处。

　　我们自己造就并养成了对时间的迷恋，我们用自己做的锁链束缚了自己。这意味着我们同样也有能力重新塑造我们的时间文化。但怎么才能做到呢？我们需要了解历史中造成我们现在这种窘境的三个阶段：从中世纪开始计量时间，到工业革命时期的熟练使用，最后到19世纪肇始的对速度的日益崇拜。只有经过这样的梳理，我们才能处于一个能重新思考自己对待时间的方式的有利位置，想想我们如何能发展出一种对我们生活中正在消逝的时光更为温和且有意义的关系。

专制的时钟

每天清晨，我们宁静的睡眠都被人造的"哗哗"声或各种铃声所打断，将我们的身体唤醒。时刻表将我们召唤到火车上，时钟将我们催去开会，将我们从午餐中叫走，即使是我们病了或是什么也做不出来也不让我们回家。就好比我们全都上了服从课程，被训练得要服从于时间。我们是怎么变得如此屈从于时间的暴政的呢？

较早的真正对时间感兴趣的文明是古巴比伦人和古埃及人。他们生活在农耕社会中，主要关心的是如何计量季节的更替，因为他们需要知道什么时候应该种农作物或是什么时候应该灌溉田地。因此，他们发明了一种反映月亮、太阳和其他星球的周期运动的日历。以古巴比伦人为例，他们就按照朔望月（农历月）生活，但因为月亮的周期和太阳年不是完全契合的，所以在公元前432年，他们制定了一种19年周期的新日历，其中有些年份是12个月，有些一年有13个月。当然，这样的日历对日常使用来说就太复杂了。犹太人和穆斯林仍然按照农历生活，因此斋月就没有固定的日期，每年都会往后推移大约11天。尽管拥有观测星空以及高超的专注于天体的运算能力，古巴比伦人和古埃及人对找出一种精确的方式去分割一天却没什么兴趣。大多数古代世界用来计时的工具都既不精确也不可靠。古罗马人有13种日晷，但没有一种能够在阴天或夜里起作用。滴漏（水钟）在古埃及和中国的皇宫中随处可见，但却总是没解决掉保持匀速频率这一难题。

进入13世纪，欧洲发明了机械时钟——没人准确地知道它是在哪儿以及是由谁发明的——这是时间史上最重大的一次革命，且这一事件永远改变了人类的意识。从1330年左右开始，一天被分成了平均的24个时段。随着每小时的钟声响起，一种新型的规律和系统化模式进入了人们的生活。早期的时钟一般只能在修道院中看到，那是为了提示僧侣们什么时候开始做祈祷仪式，比如晚祷和晨祷。14世纪后期，时钟开始在城镇流行。商人们根据当地的时钟开始和结束营业，这也逐渐决定了晚餐的时间以及恋人们秘密约会的时间。1370年，德国科隆市安装了第一座公共时钟。在随后不到四年的时间里，这里又通过了一项新法规，确定了劳动者每天开始和结束工作的时间。然后，噩耗传来，劳动者的午休时间被限定为不超过一小时。这些早期的时钟一般没有将小时划分成更小的时间单位，最精确的情况下他们可以将一小时分成四刻钟。那时的钟表通常也没有刻度盘，因此它们主要是用来听而不是看的——敲钟声在大地上回响时也创造出了一种新的音乐背景。有些钟有表盘，如1410年布拉格建造的天文钟，这座大钟至今仍矗立在老城市政厅的南外墙上。它典型地保留了古代人们对太空的兴趣，描述了太阳、月亮以及黄道带的季节运动。

直到17世纪，在伽利略发明了钟摆后，大多数时钟才有了分针。又过了100年，秒针才出现在了长形钟的刻度盘上。越来越少的时钟还附有天文观测指示器的因素。到18世纪时，人们对月相的兴趣越来越小，而对于将时间分割成越来越小的部分兴趣更大，虽然这种分割对自然世界来说没什么用处。制造业文化对时间的精确要求逐渐占据了我们的思想。19世纪的怀表，在刚开始

《北美洲的美利坚合众国》（1861年），作者：歌川芳员
这幅日本的画作描绘了一名美国男子自豪地向自己的妻子展示怀表。画中的文字描写的是美国人有多爱国及多聪明。

时还是奢侈品，逐渐就变得便宜到即使是普通劳动者也可以把它用链条系绑在衣服上，当作随身携带的时间指示器——不过是谁绑着谁那就不清楚了。腕表直到19世纪80年代才出现，是由德国海军军官们遵从恺撒·威廉一世（Kaiser Wilhelm I，1797—1888年，普鲁士国王，德意志帝国第一任皇帝）的命令制造出来的。终于，自愿的手铐诞生了。

这种对时间越来越精确的计量刚开始是一种正面的发展。人们可以确定自己不会在周五和年老的叔叔共进午餐时迟到，能计划好时间赶上最后一班火车回家，知道杂货铺几点关门以及烤牛肉应该在烤箱里放多长时间，这些不是很有用吗？然而，随着工业革命的深入，更多的负面后果逐渐变得明显：时间演化成了一种社会控制以及经济剥削的形式。

今天，很多欣赏玮致活瓷器精致的手工技艺的古董收藏家们并不清楚英国玮致活皇家瓷器公司的创始人乔舒亚·玮致活（Josiah Wedgwood，1730—1795年）是一位严格的纪律奉行者，他对于贯彻时间统治我们生活的方式负有相当大的责任。玮致活瓷器工厂于1769年在英国北部的斯塔福德郡成立，它不仅是英国首家使用蒸汽动力的工厂，还率先引入了打卡考勤系统。如果制陶工人迟到，他们会被扣除日薪的一部分。工时表很快成为不只是存在于制陶工坊，还存在于纺织厂及其他行业的一个无处不在的特征。查尔斯·狄更斯（Charles Dickens，1812—1870年，19世纪英国最伟大的小说家之一）在其1854年出版的小说《艰难时世》（*Hard Times*）中，通过书中的角色葛莱恩先生批判了这种功利主义的效率文化：葛莱恩的办公室里有"一台死气沉沉的统计时钟，计量每一秒的敲击声都像敲打棺木盖子的声音"。

能够控制时间对生意人来说无疑意味着将大有收获，因此他们尽力采取各种方法控制时间。佚名作者所著的《邓迪工厂里男孩们的生活章节》（*Chapters in the Life of a Dundee Factory Boy*，1850年）记载下来当时这些商人是怎么操控时间的：

> ……事实上，在厂里根本没有正常的工作时间：工厂主和经理们想让我们干多久就有多久。工厂里的时钟常常在早上就被拨提前，然后晚上被拨延后。时钟不再是计量时间的工具，而被他们用作进行欺骗和压迫的遮羞布。尽管大家都知道，却都不敢说出来——一名工人后来不敢再带表来上班——开除一个被认为知道太多计时"科学"的人的情况并不罕见。

一种新的语言进化反映了时间文化的演变。人们开始谈论时间的长度，就像是在讨论布匹的长度一样。时间现在是一种可以像钱一样"节约"和"花掉"的东西。工人们向工厂所有者出售自己的劳动时间，将时间转化为商品。到了19世纪，"时间就是金钱"这一被认为首次由本杰明·富兰克林（Benjamin Franklin，1706—1790年，美国著名政治家、科学家、作家、外交家及发明家）在1740年说出的短语变成了资本主义制度的颂歌。一名理想的工人应该"像时钟一样有规律"。守时被提升为最高美德，而"浪费时间"则成为一种罪恶。

　　到19世纪末期，刚开始以分钟计时的生产线上的工作任务，开始以秒来计算。速度慢的劳动者被解雇。工人们通过"消极怠工"对这种严格控制的工作新形式提出抗议。20世纪早期，工业世界服从于"时间与动作效率"研究。其理论基础源于弗雷德里克·泰勒（Frederick Taylor，1856—1915年，美国著名管理学家、经济学家，被后世称为"科学管理之父"），其于1911年出版的《科学管理原理》（*Scientific Management*）阐述了如何能使工人变得更有效率。他建议通过研究工人们完成每项任务的速度，不断优化任务流程并要求他们完成得更为迅速。两年后，亨利·福特接受泰勒的建议，在他底特律的汽车工厂安装了全世界第一条大规模装配流水线。汽车产量马上翻倍。1920年，吉尔布雷斯夫妇（Frank and Lillian Gilbreth）注意到砌砖工人需要18个独立的步骤才能砌好一块砖。通过观看影片片段，他们发现这些步骤可以简化为五步，这样改进后可以使每天砌砖的数量从1 000块增加到2 700块。狂热的计时拥趸们甚至拍摄自己的孩子洗碗的短片以提高他们的效率。时间与动作效率研究可能确实大大提高了生产力，但对雇员来说他们就必须工作得越来越快。这表现出了一种时钟与资本家之间的危险结合。这样的发展促使美国历史学

亨利·福特的第一条装配流水线于1913年安装，采用了弗雷德里克·泰勒《科学管理原理》中的方法以加快汽车生产的速度。

家、哲学家刘易斯·芒福德（Lewis Mumford，1895—1990年）总结道："时钟，而非蒸汽机，才是现代工业时代的主导机械。"

今天，我们大多数人都不喜欢有一个时间与动作效率专家在我们身后盯着我们工作，或是因为上班迟到就被扣工资。甚至我们可能被允许可以有弹性工作时间，可以偶尔在家工作。但是，控制时间这一文化仍然持续着。我们不能因为今天是一个美好的早晨，所以我决定到外边散散步而晚去办公室。我们被送去参加"时间管理"课程以让我们变得更有效率，同时还被期望能在无数的"最后期限"前完成任务。"最后期限"（deadlines）这一术语最早指的是美国一所军队监狱外的一条线，如果囚犯跨过这条线就会被射杀。

正当你阅读这段文字时，专制的时钟不仅藉由学校教育孩子们服从时间管理的行为，通过连续不断的铃声统治了每所学校，还在发展中国家的血汗工厂中称王称霸。缝制我们所穿衬衣的工厂妇女只有抓紧在一定时间内完工才能保住她们的工作。我们被时间所控制，但我们也和时间串通一气严格管控着其他人。

　　对时间越来越精确的计量，以及其作为一种社会控制形式的出现，随之而来的是第三次历史性发展：对速度的崇拜。我们都正经历着在高速发展的社会中的生活，永远都处在一种快速前进的状态之中。我们匆匆忙忙地上班，我们狼吞虎咽地吃快餐，我们通过速配寻觅恋人，还试着适应"有效睡眠"。我们希望自己花园里的植物快速生长，日志里满是必要的安排——如果有空白的地方就好像是会招人谴责似的错过了生活的证据一样。广告业告诉我们越快越好，迎接更快的电脑、更快的车、快节奏的生活。我们现在不爱说"稳扎稳打的人会成功"。我们现在认为乌龟永远都追不上兔子。

　　对速度的崇拜从3个方面渗透到我们的生活中。首先是交通。说到日常生活的速度，可能没有什么比19世纪30年代蒸汽火车的出现改变得更多的了。这些冒着烟的钢铁巨兽以一种从未有人体验过的速度穿过原野。想象一下吧，一个从未有超过10英里每小时速度的世界突然被抛在一旁，取而代之的是一种可以轻松超越公共马车的快3倍以上速度的机器。19世纪40年代，约瑟夫·马洛德·威廉·透纳（Joseph Mallord William Turner，1775—1851年，英国学院派画家代表人物，西方艺术史上最杰出的风景画家之一）创作了描绘一列火车在烟雨蒙蒙的金色乡村背景中迎面而来的油画作品——《雨，蒸汽和速度》——不仅描绘了工业革命对英国乡村的入侵，而且表达了透纳感觉到未来正向着维多利亚时代的社会飞驰而去。那时，人们害怕蒸汽火车的速度。对大多数观察家来说，蒸汽火车的速度明显是非自然的，甚至是危险的。当时一名著名的科学家就曾担心"铁路交通如此快速是不可能应用的，因为乘客无法呼吸，可能会死于窒息"。但很快社会就变得习惯于这种速度的文化，后来机动车和飞机的发明也进一步滋养了这种文化。今天，我们几乎没人愿意再乘坐马车从伦敦赶到爱丁堡参加商务会议。我们想要更快地到达，当火车晚点或飞机延误时还会感到愤怒。

如果说蒸汽火车只能使我们的身体以前所未有的速度出游，那么电讯技术的发明，特别是电报的发明，则使我们的思想也可以一种更快的速度传播。1844年，第一封公开电报成功发出，塞缪尔·莫尔斯（Samuel Morse， 1791—1872年）从华盛顿向巴尔的摩发出了以下信息："上帝创造了何等的奇迹。"没有比这句话更适合的了，因为这一新技术开始彻底改变社会和经济生活。和150年后互联网所做的相比，电报更彻底地将世界变小。设想一下：如果你生活在1872年前电报还未连通英格兰的澳大利亚，你从悉尼给住在利物浦的妹妹写了一封信，大概需要110天信件才能通过海运抵达英国，最少需要7个月你才能等来她的回信；19世纪50年代，澳大利亚人迫切希望获得关于克里米亚战争的各种新闻（1853—1856年，俄国与英国、法国、土耳其、撒丁王国之间的战争），但是他们在战争发生3个月之后才听说了这一消息；这里的农夫们将自己生产的羊毛出口到欧洲，却完全不知道当前的商品价格趋势。当澳大利亚通过电报与英国联系在一起之后——这一里程碑式的科技壮举花费了数十年才最终得以实现——信息几乎可以即时地通过莫尔斯码传输。正如历史学家亨利·亚当斯（Heary Adams， 1838—1918年，美国历史学家、小说家）于1909年所写的：电报的速度"完胜空间和时间"。

通讯技术的革新，如电报、电话以及网络都不断地在加快日常生活的节奏。给今天的我们带来了什么？24小时持续活跃的金融市场；如果我们在几小时内没有回复邮件，同事们会觉得烦闷；社交网站不断提醒我们刷新；我们指尖的信息不断超载，使我们必须找时间筛选并处理。通过这种潜在的齿轮效应，我们习惯了这些最新科技不断加快的速度，比如我们网络连接或电脑运行的速度，任何一样慢下来都会使我们有挫折感。我们逐渐变得被即时通讯及使其成为现实的计算机科学技术所束缚。结果是：当服务器故障或手机丢失时，我们在电子通信方面和自身存在感上都感到孤立无援，就好像第一批澳大利亚移民在没有电报以前的生活一样。

日常生活中第三个落入速度之神手心的领域是进餐。快餐的创始人是一对兄弟——理查德·麦当劳和莫里斯·麦当劳（Richard and Maurice McDonald）。他们在大萧条期间从美国新罕布什尔州搬到南加利福尼亚州。刚开始他们在哥伦比亚电影制片厂当布景制作师，1937年他们成立了自己的第一家汽车餐馆。这一产业依托于日益繁荣的私家车出行市场。两兄弟以汽车餐馆的女服务生直接通过汽车车窗供应热狗和汉堡的方式发财致富。1948年时，他们想到了一个可以加快服务速度、降低价格、促进销量的新点子——麦当劳快速服务系统。理查德和莫里斯解雇了他们汽车餐馆的服务生，在圣贝纳迪诺（美国加州南部的一个城市）66号公路尽头开了一家新餐厅，顾客需要下车走进餐厅排队点餐。老菜单被删掉了2/3，所有需要刀叉餐具的食物都被删掉了，因此只剩下三明治、汉堡和芝士汉堡。并且每一种汉堡的调味品都一样：洋葱、芥末、番茄酱和两种泡菜。他们还将餐具换成了一次性的纸盘和纸杯。食物都已经在生产线上准备好了，因此剩下给员工要做的只是像铲炒一类的简单的工作。麦当劳兄弟及后来麦当劳的老板雷·克拉克（Ray Kroc, 1902—1984年，美国企业家，于1961年买下麦当劳公司），发现了一种像亨利·福特量产汽车一样可以高效制作食物的方式，从此彻底改变了进餐这件事。今天，麦当劳每天服务超过5 800万名顾客，平均每位顾客的就餐时间，正如前边所提到的，缩短到只有十分钟多一点儿。

不是每个人都屈从于快餐。有一个在20世纪80年代从意大利发起的慢餐运动，现在已有10万会员。慢餐运动由美食评论家卡洛·佩特里尼（Carlo Petrini）发起，初衷是抗议在罗马著名的西班牙广场旁即将开张的一家麦当劳餐厅。慢餐运动与麦当劳及其他快餐店的速食文化相反，倡导与朋友、家人一起轻松享受进餐过程，采用新鲜的、季节性的当地食材，开发可持续性的食品，当然也要享受使用餐具的快乐。慢餐运动的标志是一只蜗牛，它在这个追求快餐和方便食品的世界仍是少数派。但是我们仍应保持希望。正如意大利在文艺复兴时期诞生了新的绘画和雕塑艺术一样，它很有可能在今时今日对进餐艺术作出同样的改变。

我们不再认为时间只是一种自然现象，不再认为它是由一根看不见的线把一个个时刻连接在一起的存在，也不再认为时间是无限宇宙不变法则的一种表达。我们捕获了时间，并将它变成人造的，将它分成一个个小时段，用它来控制其他人类并加快它的速度。时间正如我们现在所知的，是一种社会创造。那么，我们如何与之建立新的关系呢？

有效管理时间，至少是到目前为止最为普遍的解决方式。我们能看到好多书都在讲"如何用好每一秒钟"，我们参加公司课程，用它给你列的满满一清单的方法试着管控时间。现在有许多有用的建议，比如每天只查看一次电子邮箱，学会按优先顺序安排要做的任务并更好地分配工作，等等。但这些技巧很少是足够深入贴切到可以解决我们的难题的。事实上，时间管理这一理念教我们的是如何做事更快和更好，这样我们就可以每天挤出更多的时间。因此它与弗雷德里克·泰勒的"科学管理"理论相似，这样做只是让我们做事更加富有成效。这对我们的困境来说是治标不治本，且几乎不能激励我们从一种全新的角度去思考时间。

我们要做的远不止"管理"时间这一点。历史给予我们的四重观念可以帮助我们抵抗时钟的暴政。这四重观念包括：改变我们谈论时间的方式、每天享受慢生活、从不同的时间文化中学习以及专注于长期前景。

我们赖以生存的隐喻

隐喻帮助我们思考和表达自我，我们常常使用隐喻而不自觉。例如，你可能会说"她攻击我的论点""我推翻了她的观点""你这种说法站不住脚""他固执己见"或"在这个问题上我一定掘壕固守拒不让步"。所有的这些表达都使用了战争术语，其隐喻是"争论是一种战争"。

我们对时间的概念同样也建立在隐喻之上，因此我们要注意隐喻在我们思想中工作的微妙方式。其中一个最普遍的隐喻是——前面已经提过，出现在工业革命时期的——"时间是一种商品"：即花时间、买时间、浪费时间、节约时间、"时间就是金钱""用借米的时间生活"等。另一个源于同一时期的隐喻则是"时间是一种财产"，如"我的时间只属于我""占用一点儿你的时间"。这两个一前一后出现的隐喻，构成了我们对于时间这一难题的心理语言学根源。如果我们的时间像私有财产一样，那么它就变成了不仅是可以任意赋予他人的，而且是可能被他人拥有或以违背我们意愿的不公平的价格被他人占有的。

"时间是一种商品和财产"这一隐喻的其中一个表现体现在当我们谈论工休时。这种表达方式实际上意为我们给了雇主对我们时间的所有权，正如乔舒亚·玮致活所愿。每年公司还给我们一点儿我们自己的时间，通常不会超过几个星期。休假期间通常说的"放假"，是公司给我们的礼物，是日常模式的一个暂时的休止；而开始工作被暗示为"时间开始了"。

但是，让我们想象一下，如果我们认为我们的业余时间是"时间开始"，那这是否会改变我们对待工作的方式呢？数年前，我的搭档就开始这样做了，颠倒已被普遍接受的语言。她想要赋予自己的假期和周末更大的价值，因此开始将假期说成自己的时间开始了。在她看来，她仍然拥有自己的时间，只是每年给她的雇主47周。这种改变有切实的成效。当她因为休假或生病没有工作时，不会再有罪恶感；她也很少再在周末将工作带回家做。为什么要将那么宝贵的"自己的时间"交给雇主呢？此外，她变得更能将自己的热情投入到工作以外的事中，如摄影。这是在以前她休假时很久都没有考虑过的爱好，因为当时休假意味着工作后的短暂休息。当雇主提出给她加薪时，这一新观念促使她要求更多的假期、要求假期调整而非薪资调整。

认识到我们如何使用隐喻并密切关注这些隐喻，实践新的观念，表示我们已经开始培养一种不同的和时间之间的关系。我们要变成发现我们所赖以生存的隐喻的侦探，当我们要使用"休假"或"节约时间"这样的表达方式时加以注意，问问我们自己是否真的认为这样的表达合适。我们说"花时间和朋友待在一起"，还是说"和朋友们待在一起"更能真实地表达我们的心声？当我们增强了自己的隐喻意识，这些19世纪关于时间是商品和财产的观念将不再对我们构成威胁，如此时间才会逐渐变成是我们自己的。

慢生活的艺术

甘地曾说："人生除了匆匆而过还有很多别的活法。"我们大多数人都了解让生活慢下来的好处，比如用更多的时间见见朋友，和孩子们一起玩儿，去看看美丽的日落，吃一顿美味的晚餐或是透彻地思考一种观点。但是，我们发现做起来却异常困难。我们的最后期限、即时通信和快餐等高速文化几乎不可能允许我们这样做。我们甚至发展出了一种不同寻常的习惯——将忙碌与缺少时间和成功等同起来。人们与他人会面时常常不再问候："你好吗？"而是问："你最近忙吗？"而通常的回答是："是的，我忙得团团转。"如果回答是："不，不怎么忙。"多半会被认为是一种自轻自贱或是失败的证据。

慢生活好像变成了富人所特有的奢侈，或是那些居住在墨西哥或印度尼西亚这样的国家的人才有的生活状态。这些国家的生活节奏要慢得多，通常的习惯是午餐就吃上个把钟头，然后优哉游哉地逛到下午3点左右再去睡个午觉。我在危地马拉的一个偏远的丛林村庄住过几个月。当时我惊讶地发现那儿到最近的一个边陲小镇的巴士竟然没有时刻表。巴士要来的时候才会来，等上四五个小时是很稀松平常的事。我以为危地马拉之行已经教会了我耐心，但几个星期以后我回到伦敦，当我听说下一班列车会晚点时，和其他人一样，我也一边抱怨一边不耐烦地用脚拍打地面。在速度文化中，我们无处可逃。

我们为什么会觉得要慢下来是如此之难呢？一部分原因可能是由于我们继承了新教的价值观，这一价值观鼓励我们相信，时间必须要用得富有成效并且有效率。我们认为应该赶快做完事情，将它们从任务清单上勾掉。但恐怕我们中的大多数人都是由恐惧所驱使的。我们很害怕长时间精神涣散的空闲时光，我们力图占据这些时间。我们在多长时间内能有一次安安静静地坐在沙发上半小时的空当？——不打开电视，不挑一本杂志或是不打电话，仅仅只是思考——几分钟以内我们就会发觉自己在不断换台或是同时做着几件不同的事。我们到底在害怕什么？从某种程度上来说我们是害怕无聊。更深层的解释是我们害怕一次较长的停顿会给我们足够的时间让我们意识到我们的生活不如我们所期望的那样有意义和充实。我们沉思的时间会变成恐惧这一恶魔的袭击目标。

让我们日常生活的各个方面慢下来，是在挑战我们的隐喻能力之后，第二种可以和时间培养一种新型关系的方式。而其中最显著的一种途径就是抵抗我们所承继下来的速度文化。不幸的是，我们没有一个专门陈列慢生活代表的博物馆。但如果我们有这样一个博物馆，哪些人能获得这一殊荣呢？在这个博物馆里，至少会展出19世纪法国作家居斯塔夫·福楼拜（Gustave Flaubert, 1821—1880年，19世纪中叶法国伟大的批判现实主义小说家）。福楼拜曾说："任何东西只要你看久了就会觉得有趣。"在这位小说家的眼中，他通过慢慢地理解这个世界，吸收其多重含义。这无疑影响了他本来就要求甚高的写作事业。与他的竞争者爱弥尔·左拉（Émile Zola, 1840—1902年，法国批判现实主义作家，社会活动家）一年写一本书的速度相比，福楼拜花了五年时间才完成了《包法利夫人》（*Madame Bovary*）。但福楼拜相较于奥地利作家罗伯特·穆齐尔（Robert Musil, 1880—1942年，奥地利作家）又算是写得快的。穆齐尔1921年开始写的现实主义巨著《没有个性的人》（*The Man Without Qualities*）直到他1942年去世时都还未完成，尽管他在20余年的时间里几乎每天都在创作。他绝对值得在这个博物馆占有一席之地。

有太多能给予我们灵感的信息了，但我们可以采取什么实际的步骤实现慢下来并找到自己的生活艺术的方式呢？我自己从约15年前开始努力，以不再佩戴手表作为500年来对时间计量的过度狂热的一种象征性的抗议。但是结果却不只是象征性的。当我从童年时代对那块数字显示电子表的迷恋中解放出来后，我发现了忽视和不服从于时间的快乐。我现在很少去看我的手腕从而打断一次交流或思考然后再急匆匆地去做下一项任务。我不再狼吞虎咽地吞下三明治。我开始爱上长时间漫步。与你可能想到的情形相反，我并没有突然开始总是什么事情都有意慢半拍。把你的手表藏在鞋柜里一个星期是一项值得尝试的实验。

手机让慢生活的策略不那么有效，因为在大部分手机屏幕上都有自动显示，我们很容易就能查看时间。当我最终还是给自己买了手机时，第一件事就是关掉了时钟这一功能。但是斗争却没有就这样结束。时钟早已成为了我们家具的一部分，坐在壁炉架上或是统治着走廊，它们邪恶的眼睛看着我们的一举一动。我的反击是将所有这样的时钟从我家放逐出去，除了那些内置在家电里的。后来为了解决这个问题，我做了些小纸片挡住炊具上那些泛着荧光绿的数字时钟。有一个每天清晨自然地就会醒来的孩子让我也不再需要闹钟。

我在时间上的冒险不只是简单地对时钟的反抗，而是想要以一种更为温和的节奏去更近地了解这个世界。当我去参观美术馆时，我尽量每次只看两到三幅画；每天早晨我会走到我的花园中努力寻找有所变化的地方——可能是一个绽放的花蕾，又或者是一张新的蛛网——这样可以在一天开始之际为我带来一份宁静；我试着慢慢吃饭，品味饭菜的滋味；几乎所有人都嘲笑过我那本迷你记事簿，它只给了我每天约半个小手指那么长的空间——因为很容易就填满了，所以能帮助我减少预约会面的数量——自己做的？当然了！这很适合我。我所知的拥有更多时间、不会让人感到匆忙、更充实地享受生活的最好方法就是少安排一些活动。

尽管我做了这些努力，慢生活的艺术仍不断地从许多方面与我擦肩而过。我让自己处于极大的工作压力之下，不断给自己设定密集的工作时限。我两岁大的孩子也不允许我有时间在书店闲逛。我想要仿效19世纪的法国农夫，为了节省食物和保存精力，在整个漫长黑暗的冬季保持有效的休眠状态——总是待在室内睡觉，只是偶尔起身吃一大片面包，喂喂猪，并让炉火保持燃烧。虽然大多数雇主很难允许我们有这么奢侈的冬眠时光，但是我们仍然可以变通地考虑如何能够改变我们整年的生活节奏，以尽可能地和季节的更迭相一致。也许培养一个像温斯顿·丘吉尔（Winston Churchill，1874—1965年，英国政治家、历史学家、演说家、作家、记者）那么典型的生活习惯就很不错。丘吉尔的这一生活习惯甚至在第二次世界大战期间都未被打乱。他说："你在午餐和晚餐中间必须睡上一会儿，没有什么可以折中的办法。脱掉衣服上床睡觉。我一直以来就是这么干的。"

箭头、车轮以及走出时间之外

西方文化中占统治地位的是线型时间概念。时间的箭头从过去，穿过现在，指向未来。站在这样一条时光之路上，我们发现自己常常在担心昨天发生的以及明天将要发生的，对活在当下以及体验现在却明显的无能为力。我们的想象力及交流永恒地处于一种在时间中来回摇摆的状态。然而，也有一些文化为我们提供了具有吸引力的方法，拓展我们的视野让我们能更加接近时间，并开辟出一条通往当下和现在的道路。其中一种文化就是巴厘岛人时间如轮的观点，另一种则是禅宗对于走出当下的实践。

在巴厘岛上，印度教和万物有灵论的独特融合创造出了周而复始的时间观念，自此衍生出的一切从17世纪以来就一直是吸引欧洲游客的好奇心之所在。巴厘岛人用的日历称为Pawukon，它由一系列错综复杂的圆轮组成，主体部分由重复的5天、6天和7天的周期共同组成一个每年210天的大循环。不同的圆轮交汇的部分决定了哪些日子是特殊的，那时就会举行重要的宗教仪式。因此这种日历的主要目的不是要告诉你时间已经过去了多少（例如，自某一重大时间后）或者还有多少时间（例如，将完成某个项目），其目的在于标出周期循环中的位置。这个循环并没有指出具体是什么时间，而是告诉你这是哪一种时间。

这样做的一个结果是巴厘岛人的时间从广义上来说被分成了两种类型：一种是"忙天"，有重要事件发生时，如寺庙的宗教仪式或是当地的集市开放日；另一种是"闲天"，这一天没什么特别的事情会发生。在这个系统中，线型时间的流逝不易察觉，时间是点状的而非西方社会的线性。时间有规律地摆动而非像箭头一样直指前方。当你问一位巴厘岛人他什么时候出生时，他们通常会用诸如"第九个星期四"这样的词句回答你。时间周期中的那个时刻比某一年更为重要。

时间周而复始这样的想法对我们来说并非完全陌生。我们能意识到季节的周而复始，很多女性的身体生理变化与月亮的周期同步。大部分宗教也建立在周期性仪式的基础上，每年有禁食的大斋节和斋月，还有每周的安息日——犹太教的安息日是周六，对大多数基督徒来说则是星期日——这一天应该用于从事宗教活动、不工作也不玩耍。"安息日"（sabbath）就来源于希伯来语"休息"（rest）一词。更为世俗的人们可以考虑采纳常规的安息日或是巴厘岛风格的对"忙日"和"闲日"的划分。自由职业者可以试验加大工作强度忙上几天，然后闲一天，好好放松放松，懒散地待着。或者我们可以尽量不在周末排满活动，主动给自己留下一些空白时间，有意识地或故意地不做什么事。这可能是对我们周日早晨的一种完美状态的表达：躺在床上翻翻报纸，不时打个盹。也许周期性休息的精神已经是我们大家日常生活的一部分了。

关于时间的周期性思考之外的另一种选择是从禅宗里找到的一种方式，即通过放下过去和未来游离于时间之外，切切实实地活在当下。传统的进入这一不同世界的方式是通过冥想。如禅宗僧侣释一行（Thich Nhat Hanh，1926年至今，越南人，现代著名佛教禅宗僧侣、诗人、学者及和平主义者）开玩笑地说："什么都不要做，就是坐在那儿。"典型的冥想技巧包括专注于自己的呼吸或是感知身体特别的部位，以此作为到达现在的一种途径——常常侵扰思想的纷繁的关于过去和将来的各种想法开始沉淀，取而代之的是头脑清明和精神存在的图景——这在英国威尔士郊区的冥想隐修处可能比较容易实现，但在一个每个早晨孩子们都在楼下看电视的家里就困难多了。可能只有那些得道高僧才能在一个周围全是烦躁的同事、响个不停的电话以及一直发出"嗡嗡"声的复印机的办公室中仍然保持冥想时沉静的状态。

尽管有这些挑战，认识到过去的半个世纪以来东方的冥想在西方盛行并且已成为生活艺术史上的一个大事件是非常重要的。从加利福尼亚到加泰罗尼亚的数百万西方人参加可追溯到公元1世纪的印度的佛教冥想修行已足够令人吃惊。英国政府还在医生们的压力下将冥想纳入了英国国民医疗保健制度，用以帮助那些饱受抑郁症困扰的患者。我们应该感谢日本禅宗的先驱人物铃木大拙（Daisetz Teitaro Suzuki，1870—1966年，日本现代著名的禅学思想家）老师。从19世纪90年代直至他1966年去世，铃木大拙时常访问美国，鼓励人们努力克服那些机智的禅宗公案（koan，日语，佛教禅宗用语，意为打坐沉思时以简短不合逻辑的问题使思想脱离理性的范畴），如"一只手鼓掌会发出什么声音"。这些冥思可能会让修行者获得心灵之顿悟或启示。与之具有同等重要性的是富于创造力的欧洲人和北美人将自己在东方的个人的佛学修行中获得的经验传达给不知情的观众的努力，如德国哲学家奥根·赫立格尔（Eugene Herrigel，1884—1955年）。20世纪20年代赫立格尔花了6年时间在东京学习射术和冥想，从这一经验中他写出了自己的经典著作《射艺中的禅》（*Zen in the Art of Archery*）。这本书激起了一股模仿他书名的风格流派，其中影响最大的是20世纪70年代的畅销书《禅与摩托车维修的艺术》（*Zen and the Art of Motorcycle Maintenance*，也被译为《万里任禅游》）。

通过如佛教徒冥想这样的修行，我们有机会逃离线型时间传统和有时趋向狭隘的思想。速度能被静止所取代，忙碌能被存在所代替。我曾遇到过一位来自西藏的僧侣，在我家附近的转角处开了一家冥想中心。我问他："你要怎样做呢？"（How are you doing？）他微笑着的回答让我欣喜，他说："什么也不做。"（Nothing doing.）

时间和责任感

改变我们的隐喻，培养自己慢生活的习惯以及从非西方传统中学习是我们重新规划自己与时间的关系并抵抗时钟"暴君"的所有方式。但还有一种更为深入的方法，它不仅能够影响我们的个人生活，还与整个社会密切相关。那就是将我们从短期思维中解放出来。现代文明产生了一种病态的注意力短暂症状：政客们不会关注下一次选举之后的事；以市场为驱动的经济很少注意长期的结果，如股票市场泡沫和爆发的周期性发作都清楚地说明了这一点。再加上快节奏的日常生活以及科技的日新月异，我们整个文化变得执迷于当下而缺乏远见。时间被压缩，不再向远处延伸。深层时间和地质学时间对我们几乎完全没有意义，我们甚至也很少思考一代或两代人以后的事。

这种缺乏长远思考的无能孕育了一种社会责任感缺失的文化。我们挥霍地球的资源而不考虑对将来后代人类的影响。我们遗留给后代改变了的气候、损害了的生物多样性以及生物脆弱性。我们还没有找到安全的方法处理由核电站产生的放射性废弃物，而这些废弃物在数千年后仍然很危险。我们为基因工程和生物科技的进展而喝彩，但我们真的仔细考虑过克隆人类的发展会给今后的社会带来怎样的影响吗？未来逐渐只存在于科幻小说以及故事片的想象之中。

我们必须在日常生活中找到感知未来存在的方法，在时间和责任感之间形成一个新的统一。我们可以把自己想象成维京战士，他们不仅能感知自己的祖先在瓦尔哈拉殿堂（北欧神话中死亡之神奥丁款待阵亡将士英灵的殿堂）凝视着他们，还能预见后人们会如何根据他们的功绩评价自己。或者，像美洲西南的特瓦族印第安人一样，我们可以说"Pin peyeh obe"（意为"眺望山峰"）——这句话提醒特瓦族人要像站在山顶一样回顾自己的生活，将自己视作在同一片土地上生活了无数个世纪的代代传人中的一员。

另一种针对思维短视的强效解药是重新思考现在的意义。我们对"现在"这一概念的定义实在太狭隘。我们认为现在是今天，或者可能是这个星期，但绝不是一年或是一千年。当有人问我们时间时，你会说四点钟，而不是2012年。但请想象一下，将"现在"这个概念扩展为一个"长长的现在"，这个"现在"包括数千年。

这恰恰是一个具有远见的被称为"更长的现在时钟"项目的目标。这一项目由作家斯图尔特·布兰德（Stuart Brand）和先锋音乐家布莱恩·伊诺（Brian Eno）构思。他们在内华达州沙漠中的石灰岩山上建了一座"缓慢时钟"之后，又建了这座"更长的现在时钟"——每年只滴答一次，这样持续一万年。它象征着对工业革命遗留下来的我们对分钟和秒钟的迷恋的反抗。当他们于1999年制成第一台样机时，因为第二个千年的到来，这台时钟非常缓慢地敲了两次，每一次代表一千年。布兰德说："在这样一个匆忙的世界里，这台时钟是一台耐心的机器。"设计者相信这个沙漠时钟将鼓励长远思考，并以一种更为负责任的态度面对被我们毁坏的环境。他们的期望是一种新的时间神话的产生。在这个神话里，现在不仅是当下，也包括遥远的未来。下一个千年的开始感觉就像下个星期。如果我们开始按"更长的现在时钟"的节奏生活，会发生什么呢？

金钱

自我记事以来的每个周六清晨，我父母都会前往街上一家当地的报刊亭买一张"大单"（Big One）彩票，那是澳大利亚的一种总额数百万美元的全国性乐透抽奖。他们有时候也会给自己买一点儿"刮刮乐"，这是一种马上就能得到现金奖励的彩票，只要你能幸运地在银色刮奖处刮出相应的图案。当我住在沉迷于乐透的西班牙时，几乎每个街角都有一个盲人或一个女人在卖彩票。整个西班牙在12月22日那天人们都会停下来看"胖子乐透"（El Gordo），又被称为"大胖子"（The Fat one）的全世界最大乐透的中奖号码。自从15世纪荷兰发明了公众彩票后，这样的仪式在全世界不断发展传播，进而变成了为建造精神病院或老人院筹集资金的大型公共场合。我们长期以来都生活在希望中，希望古代女神福尔图娜（Fortuna，罗马神话中的命运女神）会转动她的财富之轮青睐于我们。她为我们带来的不是爱、友谊或是工作上的成就感，而是一种可能更为诱人的东西——金钱。

为什么我们会如此在意金钱呢？当然是因为它可以用来满足我们的各项基本需求——食物、衣服、住所。这是一个很少有人能自给自足或是脱离社会生活的时代。但是金钱如此吸引人还因为其特质：被冻结的欲望。它拥有一种千变万化的能力将其转化为无数种欲望和渴求。金钱可以用在任何事物上，从购买古董猎枪到从妓女那里买春；从做腹壁整形术到为自己的孩子投资私人教育。每一张乐透彩票背后的梦想都建立在愿望达成是一种金融事务这样的信仰之上。

尽管金钱是人人梦寐以求的，但它通常也有一个坏名声。亚里士多德坚信追求金钱不是通往幸福生活的正确道路。他在寓言故事《佛里吉亚的迈达斯国王》中阐述了这一点。迈达斯国王被赋予了他所希望的点石成金术。这一故事的一种版本说他在竭力想要吃饭喝水徒劳无功后活活饿死了；另一种版本说他的手指不小心碰触了自己的女儿把她变成了一座雕像。在人与人的关系中，对财富的贪婪确实会带来致命的影响。每一种主流信仰都警告人们远离过度的财富。《圣经》宣称："骆驼穿过针眼，也比富人进入天堂还要容易呢！"尽管这并没有妨碍教皇们住在宫殿里拥有巨额财富同时还是虔诚的信徒。在但丁的《神曲》所描绘的14世纪，高利贷者会被扔到地狱底层和鸡奸者待在一起。不少人认为，今天的银行家也应该有相同的命运。因为对金钱的渴求通常就在当下，所以几乎每一种文化都产生了宗派和运动，反对一切与金钱联系在一起的物质价值，称颂生活得更简单并平等分配财富的美德。

这些关于金钱的持续存在的质疑解释了为什么我们在读到新闻中乐透大奖赢家的生活被他们的财富弄得一团糟时并不吃惊的感受。新闻报道中有的婚姻破裂，有的是恶意的遗产争斗，有的朋友们的眼中突然都写满了钱字，还有的人吸毒成瘾。一个能被承诺享受奢华生活的人，其人生通常的结果是充满压力、无聊或孤独。我们敬佩那些中了彩票大奖但将其所得的意外之财全部捐给慈善机构的人，或是努力保持自己过去的习惯和价值观的中奖者。有一位英国妇女，尽管成为了百万富翁，她仍然继续去每家每户推销日常用品的工作。她说："人们觉得我还在做这份工作简直是疯了。但事实上我爱这份工作。这关系到人，仅仅拥有金钱不会让你感到幸福，而人可以。"

关于金钱的两种截然不同的观念——作为个人成就的一种来源，抑或是通往悲惨和原罪的道路——都提出了关于我们应该与金钱建立一种什么关系这样的问题。我们到底需要多少钱才能活得更理智、更幸福？金钱如何塑造我们的工作方式、伦理道德优先性以及我们到底是谁的意识？我们怎样才能对金钱把控得更好川减少对它的依赖？解开这些问题的答案需要探索关于金钱历史的两个方面的镜像：消费主义如何成为我们这个时代主导的意识形态？通过成为简单生活的专家，我们是否能够依靠节俭而成长？我们探索的起点是一个西方文明中最被高估的发明——购物。

我们是怎样变得对购物如此着迷的

购物在历史上首次变成了一种休闲方式。在英国，购物成为一种仅次于看电视的最受追捧的休闲活动。如果只是沉浸在小小的购物疗法之中听上去实在不像是一种有害的活动，但目前差不多有1/10的西方人购物成瘾。当人们失意或是有压力时，他们就会去自己最喜爱的商店进行购物狂欢，以帮助提振自己的精神和自尊心。虽然我们可能不会觉得星期六下午在购物中心闲逛是一种享受，但大多数人想要这种消费主义的舒适、便利和休闲美学。即使我们已经拥有了一台电视机，可能也会想要升级成一台宽屏电视。我们梦想着送给自己一款最新潮的迷你iGadget（瑞典一家设计公司于2010年发布的一款触摸操作的超轻薄可伸缩的高科技概念电子产品）。工作升职了？也是时候换辆新车了。因为广告里说了，我们值得拥有。每年年末的购物狂欢更会让贪婪的罗马人都印象深刻——我们称之为圣诞节——一个让成年人平均花费500英镑在礼物和娱乐上的商业节日，平均年龄在四岁以下的孩子收到的礼物价值超过120英镑。

在一个消费型社会中，最显著的表现我们是谁的方式就是通过我们所买的东西：我买故我在。为什么来自不同收入阶层的这么多人，拥有超过一打手提包、毛衣或是鞋呢？为什么我们在只需花1/10的钱就能买到一张非常舒适且坚固的二手沙发时，却要花1 000英镑买一个真皮沙发？为什么我们要买新衬衫而不是缝补那件旧的？为什么我们花那么多的钱剪头发？尽管很少有人公开承认这一点，但我们大多数人都希望自己看上去很时尚并且很在乎别人对我们外表、房子以及开的什么车的看法。在所有社会阶层中，人们通过买什么体现自己的身份。我们想融入人群，但有时也想要脱颖而出。在这两种情况下，我们都要通过别人的眼光来评判自己。如果觉得没人会注意我们，我们的消费支出会直线下降，我们在更多的时间里会穿着周末的运动服瞎晃悠。很多人声称他们购物纯粹是反映个人品位，他们才没有被流行牵着鼻子走。但这样的个人偏好，无论是喜欢闪亮的高跟鞋还是禅意十足的住所，通常都与流行时尚惊人的相似。当你像我一样注意到你和你的三个朋友都有一样的爱必居牌（Habitat，英国家居品牌）沙发时，这就变得非常明了了。即使我们避免购买最高档的品牌或是为淘到了便宜货而沾沾自喜，所有的这些都还是会花钱的。

这种消费者文化是从近代开始形成的。购物是一种休闲活动或者治疗方式对前工业化时期的欧洲人来说没有丝毫意义。人们自然而然地购买日常生活中所需的东西，购物本身也没有被认为是个人成就感或自我实现的一种途径。事实上，直到18世纪中期"消费者"一词都还具有贬义，意为浪费者或挥霍者。正如"消费"一词还有"肺痨"的意思，后者是一种会使身体日渐衰弱的疾病。购物历史学家威廉·利奇（William Leach）写道：直至20世纪早期，我们的社会才变得充斥着购物、舒适和身体健康、奢侈品、消费与拥有，以及今年比去年多、明年比今年更多的商品。其结果就是我们把幸福的生活和满是商品的生活弄混了。在西方社会富裕阶层群体中可能没有什么太大的原因导致对生活的不满。但这一切是如何发生的却是研究在历史中我们与金钱的关系的最重要的篇章之一。

购物文化的崛起可以追溯到近代早期，是16—18世纪开始出现的对财富的新的态度。在这一时期以前，大部分人还更专注于避免贫困而非变得富裕。那些追求财富积累的人通常都会被投以怀疑和敌意的眼光。然而，获得财富渐渐地变成了普遍的个人追求。1720年，丹尼尔·笛福（Daniel Defoe，1660—1731年，英国作家、小说家，被誉为欧洲的"小说之父"）访问诺福克（英格兰东部郡名）之后发现，每个人都"在为生活的重要事务而忙碌——那就是挣钱"。

这样文化上的转变的一个原因可能是16世纪新教价值观的出现，这一价值观教导人们从事商业活动是一种极佳的神圣的职业转变。更重要的原因是17世纪经济学思潮的巨大转变。那时越来越多的经济学和哲学作家声称：人类自然而然地追求物质利益最大化，而整个社会通常也会因此获益——因为经济这块蛋糕对每个人而言都变得更大了。一个世纪之后，这些看法成为了资本主义理念的核心，变成了亚当·斯密《国富论》的基石。

这种新的经济人理念模式，获得了利益相关方（如商人）的支持和传播，追求富裕的社会合法化成为了消费者型社会的引擎。当信贷变得越来越触手可及，精英市民阶级的银行账户存款的增长，使他们有闲钱去购买越来越奢华的商品。我们今天所知的购物就诞生了。到1700年前后，传统的城镇集市让位给了如雨后春笋般涌现的商铺。个体零售店有自己的经营场所，每周的大部分时间都营业而不是只在集市的间歇期经营。走进伦敦或巴黎的商店，你会感到茫然不知所措。店里精心陈列着异国情调的来自中国的茶叶、奢华的装有软垫的家具，还有漂亮的带有骨质手柄的玻璃杯。在马德里主广场（Plaza Mayor，又被称为大广场或马约尔广场）附近的街道徜徉，你会在努埃瓦街找到质地精良的布料，马约尔大街上珠宝商人们来去匆匆。到威尼斯旅行时，你会直奔圣马可广场和里亚尔托桥（威尼斯本岛曾经的贸易中心）之间的一条小巷子——马扎利亚街，这里仍是奢侈品零售商如古驰（Gucci）和麦丝玛拉（MaxMara）的驻留之地。

消费者革命甚至对手工艺人、店主和农夫开放，这些人能够负担小的奢侈品，如陶器、针、手套和亚麻制品。他们开始模仿早期的中产阶级将自己的房子分成两部分。一半布满了"前台"物品包括锡质水壶、软垫家具吸引到访者；而"后台"的物品就是日常生活用品。今天一些人仍保留着这种形式，家里有一个独立的客厅仅供客人或特殊场合使用。

历史学家凯斯·托马斯（Keith Thomas）写道：这些变化的结果是产生了一种新的"无尽的欲望"的文化。在这种文化中，成为消费者逐渐被认为是一种生活方式。此外，社会地位也在经历根本的转变。荣誉和声望不再只是基于有贵族血统或者是否为杰出的武士。取而代之的是，地位变得与财富的展示更加紧密。你的消费行为更加引人注目——戴着你时尚的帽子四处炫耀或是用特别的瓷器招待访客——变成是一种能让自己感觉良好的有效方式。然而，尽管这些变化都非常重要，但18世纪末期的消费主义还不像我们今天一样，在文化上占据统治地位。要理解为什么会变成今天这样，我们就必须要探索购物历史的下一个阶段——

百货公司的诞生。

1869年9月9日，阿里斯蒂德·布西科（Aristide Boucicaut, 1810—1877年），一位诺曼底帽商的儿子，正站在巴黎第七区和第八区的交界处。大多数过路人都没有注意到，他弯下腰为后来被誉为世界上最伟大的百货公司——乐蓬马歇百货（Le Bon Marché）放上了基石。布西科这一看似简单的行为开创了一个新纪元，消费主义变成了如此强大的社会力量，彻底改变了我们对于美好生活的概念。

19世纪百货商场的发明转化了购物形式。通过在前工业化时期所没有的各种复杂的市场技巧的运用，购物成为了一种我们今天所熟知的包罗万象的全方位娱乐体验。在一栋大型建筑中有形形色色的商品，百货商场远离肮脏的街道，创造了一个梦幻乐园。在这个乐园中，无尽的欲望这一原始文化可以恣意驰骋。乐蓬马歇百货是所有百货商场中最大也最出色的。它比美国的梅西百货（Macy's）和沃纳梅克百货（Wanamake's）更大，让英国的怀特利百货（Whiteleys）和哈罗德百货（Harrods）小巫见大巫。当爱弥尔·左拉决定写一部关于这一零售业的杰出新形式来代表被他讽刺地称为"现代活动的诗篇"的小说时，他的故事就选择了乐蓬马歇作为背景。

乐蓬马歇百货的创始人布西科生于1810年。经历过在巴黎的多个零售店一级一级往上升迁的锻炼后，1863年他成了左岸一家不起眼的名为乐蓬马歇的商店店主。乐蓬马歇简单翻译过来就是"好交易"。但是他很快意识到自己不断发展的生意需要一个新的经营场所。因此，1869年布西科委托设计了一栋宏伟的建筑，其庞大的结构由即将崭露头角的年轻工程师古斯塔夫·埃菲尔（Gustave Eiffel）设计规划。20年后，埃菲尔为1889年的世界博览会设计了巴黎的地标——铁塔。

是什么让乐蓬马歇百货取得了如此非凡的成就，并成为西方历史上最具创造力的资本主义企业之一？和其他19世纪的百货商店一样，它的目标是使奢侈品大众化。利用批量采购的优势和大规模生产使价格保持"平易近人"，这样那些原本只是精英阶层才负担得起的消费项目就扩展到了中产阶级。布西科的聪明才智体现在运用了机智的销售技巧和市场营销手段使购物活动变得不仅非常便利，而且还成为了一种令人愉悦的形式。

据研究乐蓬马歇百货的历史学家迈克尔·米勒（Michael Miller）所言，这家百货公司"一部分是歌剧院，一部分是戏剧院，还有一部分是博物馆"。购物体验从建筑游览开始。客人们会惊叹于埃菲尔设计的华丽的铁柱和巨大的玻璃镶板。乐蓬马歇百货里宽敞的楼梯会引领你走向露台，在那里你可以变成一名观众，俯瞰设在下面的舞台，观赏在华美的灯光下正向整个世界展示的那些奢华的商品。来自东方的丝绸如瀑布般从墙上垂落下来，土耳其地毯搭在栏杆上。顾客们一进门就被特价品柜台吸引过去。通过让客人们挤在狭窄的走廊中，布西科营造了一种疯狂的人潮涌动抢购他的商品的假象。成千上万的顾客为二月初著名的床上用品大减价（White Sale，指床单、枕套等白色织物的甩卖销售活动）蜂拥而来，那时，白色的床单、毛巾、窗帘和鲜花布满了整个展区。和四月的夏日时尚大减价以及每年九月的家具大减价一起，乐蓬马歇百货为巴黎人定义了新的日历，就如同革命政府在1793年给每个月拟定的新名字一样，例如，雾月（法国共和历第二个月）、芽月（法国共和历第七个月）和热月（法国共和历第十一个月）。如果你曾经参与过商场一月的清仓大减价，你得感谢布西科先生创办了这样的活动。

乐蓬马歇百货不只是一家商场，它还是一个休闲中心。百货公司里有一间阅读室，在那里你可以读到最新的报纸杂志。楼堂大厅有免费的艺术展览，古典音乐会场最多能容纳7 000人来看这个城市的歌剧明星。还有一个热闹非凡的大餐厅，服务生全穿着统一的制服。人们参观商场、买东西、吃吃喝喝、见见朋友，一天就过去了。对许多中产阶级妇女来说，乐蓬马歇百货成为了她们的社交生活中心，一个可以暂时逃离家务的地方。购物从未如此轻松或令人愉快。和巴黎其他小商店里你得竭力讨价还价不同，乐蓬马歇百货的商品是定价。你可以在富丽堂皇的大厅里随意闲逛，售货员不会再时不时地贸然招呼你。为了帮助人们了解百货公司商品的丰富，每天下午3点还会有专人带领人们游览整个商场。为了充分展示乐蓬马歇百货是一个像巴黎圣母院和卢浮宫一样的公共地标，管理部门还分发特别印制的一种法国地图——在这份地图上，巴黎所在之处由百货公司的一幅图片代替了。

乐蓬马歇百货被其顾客描述为一栋"迷人的宫殿"，但它同时也是精明的商家。它在这个消费时代的最终目标上取得了成功，那就是制造出了一种新型的欲望——让人们购买他们从未想过自己会需要的东西。通过这样的运作，他们设立了新的资产阶级社会地位的标准。浏览商店的邮购商品目录，你会发现女性在各种不同场合不能只穿同一件外套——你得有一件是专为见朋友穿，一件旅行时穿，一件去剧院时穿，参加舞会时穿的又是另外一件；一个体面的家里应该有不同用途的各种叉子——吃肉的、吃鱼的、吃生蚝的，还有吃橄榄和草莓的，当然也别忘了喝汤、吃甜点、放糖、盐和芥末都该有专用的勺子；你的家里应该有充裕的床单，带有图案的窗帘以及一个独立的饭厅；饭厅里则应在铺好桌布的餐桌上摆放一整套漂亮的餐具，放上与之相配的亚麻餐巾；去海边度假和打网球都需要新的服装；孩子们也应该有多套水手服以供外出换用。目录以及其他形式的广告将这些时尚和品位意识传播到白领阶层和其他省份，其结果是在法国社会产生了同化效果。今天仍然存在的乐蓬马歇百货——尽管在某种程度上已经不如之前宏伟——不仅影响了中产阶级消费者文化，还是创造这种文化的推手。很快全球各地就有模仿者试图缔造他们自己的欲望王国。

我们是19世纪所有那些涌入乐蓬马歇大门的顾客的直系后代。至今，我们的购物中心所拥有的零售店、小餐馆、电影院和儿童游乐区，都忠实于乐蓬马歇百货的传统，将购物和生活方式融为一体。这一融合从三个方面彻底地转化了生活的艺术：提升消费者价值、深化身份焦虑以及剥夺我们的人身自由。

1880年左右的乐蓬马歇百货公司主楼梯。这一百货商店一部分是歌剧院，一部分是戏剧院，还有一部分是博物馆。

我们必须认识到：首先，我们的消费习惯远非如我们所想象的是自己选择的结果。社会历史学家威廉·利奇认为："消费资本主义文化可能是所有人类创造的公共文化中最非我们本人意愿的了。"他和其他研究购物的历史学家探究了从乐蓬马歇到可口可乐这样的公司零售商在过去的150年间是如何逐渐将这种文化植入的。后者采用的重要手段之一就是广告。那些早期的乐蓬马歇百货目录变成了吸引人的图片，发起连续不断的"猛攻"让我们花钱。无论是电视上、杂志上、广告牌上或是网上，我们都遭受着"持续的进攻"。看了太多的俊男靓女轻松惬意地待在宽敞的家中——家里布置着时髦的斯堪的纳维亚风格家具，配上时尚的笔记本电脑、极简主义的灯具，穿着自然的有机服饰——的宣传画面。如此一来，最后我们不得不相信这样的世界才是有价值并且是我们应该追求的。我们想要变成他们那样。约翰·伯格（John Berger，1926年至今，英国艺术史家、小说家、画家）在其专著《观看之道》（*Ways of Seeing*）中就描述了一个世代以前消费者广告的力量。

> 广告不仅仅是竞争形象的集合，它本身既是一种语言，同时也常常被用来展现一致的系统的建议。在广告展示中，给了我们这种奶油或是那种奶油、这辆车或是那辆车的选择项。但其实，广告作为一个系统，只提出了一种单一的建议：它建议我们每个人通过购买更多的东西来改变自己或是改变我们的生活。这多出的一点东西，据广告说，将使我们在某种程度上更富有——尽管实际上我们会因为花钱购买这些东西而变得更穷。

我们的精神生活也变得更加贫瘠。消费主义鼓励我们将自由定义为在各种品牌之间作出选择。它让我们通过产品的语言来表达自己，与此同时还将我们认为什么最重要的理想塑造为拥有。

美好的生活变成了一件满足消费欲望的事，遮蔽了我们的其他选择，如与家人共度时光、享受我们的工作或合乎道德地生活。我们的价值观变成了物质价值观。这一历史遗赠是我们很少有人能逃避且没人能够忽视的。每当我们购买了一件超出我们基本需求范围的商品时，我们应该问问自己是如何产生这一欲望的。我们能发自内心地说这是出于自由选择吗？抑或我们会承认市场商人耐克、盖璞（GAP）、欧莱雅或福特跟这有千丝万缕的关系？如果后者是真的，那我们是否满足于接受这些商人们为我们制造的美好生活的假象？

购物的出现还制造了第二个难题——身份焦虑。这一术语因作家阿兰·德波顿（Alain de Botton，1969年至今，英国作家）而流行。最迟自18世纪起，我们的自我价值感和立足于社会的存在感变得与我们的收入以及我们如何花钱密切联系在一起。金钱被赋予了道德品质。德波顿写道："因此，富裕的人生标志着价值，而拥有破破烂烂的老爷车或是破旧的房子可能会引发道德缺失式的怀疑。"如果我们不能展现我们经济上的成功，穿着合时的衣服或开着上档次的汽车，我们就感到自己会从世人瞩目的眼光中消失，沦为一个二等公民。而这一点对我们大多数人来说都非常重要。

为了避免身份焦虑，享受消费型生活方式的舒适和愉悦，我们开始追求物质财产和奢华体验的积累，正如阿里斯蒂德·布西科所建议的那样。但是心理学对过去20年的研究显示这并不是一条能让大多数人有成就感的道路，除了收入最低的人群。幸福专家告诉我们：一旦国民收入达到人均12 500英镑，继续增加的收入并不会带来更高的生活满意度。换句话说，买更多的消费品从长期来看并不能增加个人幸福感水平。在送了自己一辆跑车后，幸福感会迅速升高，但随后就会回到之前的水平。这一变化形式与吸毒成瘾有相似之处。购买一辆簇新的轿车，或是在法国南部买一栋度假别墅，又或者是一套杜嘉班纳（Dolce & Gabbana）西服，不会对大多数人的幸福感产生太大的影响。

一部分问题是随着我们变得越来越富有，金钱开始使我们误解我们"想要"和"需要"的之间的关系。我们开始相信我们"需要"一个在阳光下度过的寒假或是一间更大的厨房，但我们很少为我们得到的感到满足。这也是为什么这一数字如此让人震惊：40%的收入超过5万英镑的英国人（也就是说收入在前5%的人）感到他们无法负担他们真正需要的所有东西。然后，我们发现：自己工作越来越努力，去挣钱满足我们的消费欲望，并在这个过程中逐渐调高个人负债水平，但却并没有获得相应的我们所想象的好处。这可能还给我们留下了想要更多奢侈品的不满足的向往，将我们留在单调的工作中，最终滋生焦虑和抑郁。亚当·斯密在18世纪就认识到了消费主义的危险性。他说，财富带来的喜悦"对身体的舒适产生的影响微不足道"，但却会将人们暴露在"焦虑、恐惧和悲伤，还有疾病、危险甚至死亡"之中。耐克告诉我们"想做就做"，但当我们购物时，我们应该理智地问问自己："为什么这样做？"

即使你有不同于常人的钢铁般的意志，对广告业的影响以及身份焦虑这些难题产生免疫，购物历史留给我们的第三个难题对榨干我们的人身自由仍然具有破坏性的潜力。自然主义者亨利·戴维·梭罗（Henry David Thoreau，1817—1862年，美国作家、哲学家、博物学家）在19世纪50年代认识到了这一点。他写道："一个东西的成本，在我看来，是立即或是在一个更长的时间里，要求用你生活的一部分所交换的数量。"在梭罗看来，你买的那件新的皮夹克的成本并不是标签上写的价格，而是需要花掉你3天的工作时间去购买它。买一张沙发可能花掉的是20天，一辆车要花掉300天。我们并不是用我们的钱包付钱，而是花费了我们生命中宝贵的日子。

可能你非常热爱你的工作，不介意格外努力以满足你的购物愿望清单的经济需要。但只有少数人能发自内心地说出这样的话。大部分人会说，如果可以，更愿意少工作一会儿。当我们给自己买最新款的iPod，外出参加一个重要的晚会或是贷了一笔数额巨大的贷款时，我们应该本能地计算为了付这个账单，我们必须工作的小时数或工作日数。这一数字将是惊人的。消费者文化潜移默化地让我们以自己生命中的宝贵时间成为其中一员的代价。但是我们每一次浮士德式的购物交易真的值得吗？

梭罗的答案显然是"不"。他相信体验充实且富有激情的生活并非基于购物上，只有放弃购物才行。在探索非物质生活方式的愉悦过程中会获得丰富的自由时光。正如我们下文将会看到的，对于创造一种有别于沉迷在消费主义中的另一种选择，并帮助人们将简单的生活变成一种艺术形式，他是一个先驱。

简单、简单、再简单

如果我们认为自己富有，那我们就错了。美国人类学家马歇尔·萨林斯（Marshall Sahlins，1930年至今），曾在20世纪70年代提出，真正富裕的社会是狩猎—采集社会。我们对消费品的欲望推动我们花大部分清醒着的时间工作以支付那些产品，给我们留下了很少的自由时间获取给家庭、朋友和理想的快乐。但是澳大利亚北部的土著居民和博茨瓦纳的！Kung族人每天只工作三到四个小时养活自己。萨林斯还指出："不是持续而艰苦的劳动，对事物的需求是间歇性的，有大量的休闲时光，人均每年在白天的睡眠时间远远超过其他任何社会形态。"

这可以说是一种过于乐观的描述，其实际情况是艰难而且不稳定的。食物远不到丰富的程度，饥荒从未远离。对贫穷没有丝毫可羡慕的。然而，萨林斯的观点仍然是中肯的。一旦我们达到了生存所需，如果我们生活得更简单、花更少的钱，也许会更加幸福。这一论点在这个工作时间持续增加，很多人感到工作在掠夺他们生活其他部分的时间的时代尤为重要。我们现在的困境很奇怪，因为维多利亚时期人们相信工作时间会随着产量的增加而逐渐减少，因此对未来一代而言——也就是我们——最大的困扰是如何消磨我们的休闲时间。经济学家约翰·梅纳德·凯恩斯（John Maynard Keynes， 1883—1946年，现代西方经济学最有影响力的经济学家之一）在其一篇乐观的论文《我们后代的经济前景》中写道，未来人类面临的主要挑战是"如何在紧迫的经济环境中运用自有时间，如何占据自己的休闲时间以及怎样才能科学地让人们过上理智、愉快且幸福的生活"。

从某种程度上而言，他的观点是正确的。大约从1900年至20世纪80年代，欧洲和北美洲的工作时间确实下降了。但在过去的20年间这一趋势开始逆转。1997年，美国超过日本成为工业世界中工作时间最长的国家，每星期平均工作47小时。整个西欧的工作时间也在上升，尤其是英国。一名欧盟的全职雇员的标准工作时间是每周40小时，而在英国，这一数字是44小时。英国雇员更有可能比瑞典、法国和丹麦的雇员工作超过每周50小时。这些数字还没有将比过去多得多的我们带回家的工作计算在内。凯恩斯对我们现在过周末总是拿出手机查看有没有紧急的工作信息毫不知情。尽管西方人现在比19世纪以及发展中国家工厂的劳动者工作的时间要少得多，但调查始终显示许多人感到他们工作太辛苦，工作时间太长。这一部分是由于他们注意到自己的工作时间在相对短的周期内持续延长，同时还由于压力增高——雇员们被要求在越来越紧的期限内完成越来越多的事情。有1/3的加拿大人就将自己形容成工作狂。

获得一种更简单、成本更低的生活方式可能是将我们从过度工作的文化中解脱出来的最有效的方式，同时也能解决我们身份焦虑的困境和购物成瘾的问题。但如果我们想要戒除消费主义并将自己培养成一名简单生活的专家，我们应该怎么做呢？我们能从过去获得什么灵感呢？怎么做才能让简单的生活不是节俭吝啬，而是一种让我们生活得更美好、更有意义的途径呢？

简单生活几乎在每一种主要文明中都有一段珍贵的历史。苏格拉底相信金钱会腐蚀我们的思想和道德，我们应该追求一种适度的物质生活而非将自己浸泡在香水中或依靠在交际花的怀里。当赤脚的圣人询问他简朴的生活方式时，他回答说自己喜欢去市场"逛逛并看看所有我很高兴没有拥有的东西"。他的学生，犬儒学派哲学家第欧根尼（Diogenes）——一个富有的银行家的儿子——也持有相同的观点。第欧根尼住在一个陈旧的红酒桶里依靠施舍维持生活。耶稣一直警告我们"不要受财富蒙骗"。虔诚的基督徒于是很快就认识到通往天堂最快的路径就是模仿耶稣那种简单的生活。许多人追随圣安东尼（St Anthony）的脚步。圣安东尼在公元3世纪时散尽了自己的家族财产，前往埃及沙漠，在那儿过了几十年的隐修生活，在当时引领了沙漠隐居修道生活的风潮。

毫无疑问，有些人在通往简单生活的道路上有一种离奇而有趣的感情。玛丽·安托瓦内特（Marie Antoinette，法国路易十六世皇后）在凡尔赛宫建造了一座玩具庄园。在那里她可以暂时逃避奢华的宫廷生活，穿着农妇的服装，在一座风景如画的水磨房旁边给香喷喷的奶牛挤奶。这样的伪装与简单生活的忠实执行者如圣雄甘地可不一样。甘地在农村生活了几十年，自给自足。自己做衣服、种菜，与此同时还试图推翻大英帝国的统治。19世纪，巴黎的一位波西米亚画家和作家亨利·穆尔格（Henri Murger，1822—1861年，法国小说家、诗人）写了一本自传体小说——这本小说也是普契尼（Puccini）的歌剧《波西米亚人》的基础——认为艺术的自由的价值高于一份理智稳定的工作，他在腹如雷鸣时靠廉价的咖啡和会谈交际为生。对所有这些个人范例来说，简单地生活是一种物质服从于理想的愿望驱动下的个人选择。无论这一理想是基于道德、宗教、政治还是艺术。他们都相信拥抱金钱以外的某种东西能使生命更加充实、更有意义。

如果你想要找到一个有厚重的简单生活传统的地方，最不可能的就是物质过度、崇拜玛门（Mammon，圣经里是财宝和贪婪的恶魔）的美国。尽管他们有一个地方进行激进的简单生活试验已经超过了400年。追求消费资本主义以外的选择，以及吸收更简单地生活的理念，都在这一段被隐藏的历史之中。

殖民地时期的美国是一个宗教激进分子们远离欧洲、逃避迫害的避难所，他们试图在新世界建立一种圣洁的生活方式。最广为人知的就是虔诚的清教徒宣扬简单生活，禁止在家里播放音乐、玩投机类游戏或是进行其他不道德的活动。但是真正的激进分子是贵格会，正式名称为教友派，是新教徒的一个分支。其信徒于17世纪定居在特拉华河谷。作为和平主义者和社会活动家，他们相信财富和物质财产会使自己在与上帝建立个人联系时分心。早期的贵格会教徒热衷于他们称之为"简朴"的信条。很容易就能在人群中找出他们。贵格会教徒穿着朴素的未经任何装饰的黑衣服，没有口袋、扣子、蕾丝或是刺绣。禁止奢侈的方针于1695年颁布，命令"不能穿带有花边的长袖或外套侧面有独特的款式的衣服，不能有多余的扣子、宽丝带的帽子、长而卷的假发……以及其他没用的多余的东西。"简朴也体现在他们的言语中。他们拒绝以尊称称呼他人，使用更为常见的"你"而非表示尊敬的"您"。他们甚至反对使用每个月份和星期中的每天的专用名称，因为他们命名所参照的是古罗马或挪威的神灵，如Mars（三月，英文为March）以及Thor（星期四，英文为Thursday）。因此一月变成了"第一个月"，二月为"第二个月"，而星期天是"第一天"，星期二是"第二天"，以此类推。

对简单生活的推崇并没有持续多长时间。许多贵格会教徒和清教徒发现这片土地上的诱惑实在是太多了。他们开创了成功的商业并沉湎于教规所拒绝的那些奢侈品。在这些人中最"杰出"的教徒是威廉·佩恩（William Penn，1644—1718年，英国房地产企业家、哲学家），他是宾夕法尼亚英属殖民地的创始人。佩恩在22岁时开始信仰并加入贵格会。尽管他声称"我不需要自足以外的财富"，但他在随后的50年都生活得像一位贵族，直到1718

在一次贵格会聚会中简朴、单一的服装的展示（约1640年）。该会宗教方针禁止穿着精致的带有蕾丝、丝带或是扣子的衣服。贵格会教徒今天仍遵循着这一传统精神，拒绝穿着带有任何公司设计师标签的衣服。

年去世。佩恩可不只有一顶假发，他有四顶。他还拥有一幢豪华庄园，有一个传统风格的大花园和一群纯种马。庄园里有五个园丁、二十个奴隶和一个法国葡萄园管理人。这对正统的贵格会教徒来说实在不是一个好榜样。正统的贵格会成员不只拒绝物质上的财富，同时也反对奴隶制。

18世纪40年代，一群很有决心的教徒发起了一场运动，以重建贵格会的精神和道德根源，即简朴和虔诚。其领导人物是一位农夫的儿子，名叫约翰·伍尔曼（John Woolman）。虽然今天已经被很多人遗忘，但他被描述为"美国前无古人的简单生活最高尚的榜样"。伍尔曼没有超凡的智慧或是良好的演说技巧。他所传达的信息的力量来自于一个事实，即他是一个谦虚而高尚的完全按照自己的信仰生活的人。他所做的远不止像第一代到美国的贵格会教徒那样，穿戴传统的未经染色的衣服和帽子。在1743年定居下来成为一名裁缝和布商以保证自己基本的生存后，他很快就面临了一个困境：他的生意太成功了。他觉得自己赚了太多钱。因此他做出了一个现在所有的商学院都不会建议的举动：将自己的经营目标设定为减少收益，比如试图劝说他的顾客少买一点儿或买便宜点儿的商品。但这个行为没有成效。因此，为了进一步减少自己的收入，他完全放弃了自己的零售业务，靠做一点裁缝活儿和照料一个苹果园养家糊口。

伍尔曼是一个很有原则的人。在他旅行途中，无论什么时候获得奴隶主的盛情款待，他都会坚持直接付给奴隶们一块银币以感谢他到来时所享受到的舒适。他说，奴隶制是由于"对安逸和利益的喜爱"所驱动的，没有一样奢侈品不是由他人受苦而创造的。在前面提到的一个道德消费和公平交易的例子中，伍尔曼抵制棉制品，因为它们都是由被奴役的工人生产的。如果在今天，可以肯定他也会拒绝购买亚洲血汗工厂生产的廉价衣服。在经历数年作为反奴隶制的先驱活动家后，1771年，在得知英国的圈地运动引发了贫困后，他决定作为传教士到英国旅行。但是当他一登上船，伍尔曼就对自己船舱里过分华丽的木制品感到困扰，因此接下来的六个星期他都和水手们一起睡在统舱里，"水手们袒露、穿着湿漉漉的衣衫，住宿条件恶劣，他们的湿衣服常常被踩在脚下"。抵达伦敦后，他觉得必须要去约克郡拜访一下那里的人们，因为听说约克郡的社会情况最严峻。然而，当他发现旅途中驿站马车的马所遭受的痛苦后，伍尔曼作出了符合他个性特点的决定——步行。这一段路程超过200英里。在开始这段令人筋疲力尽的旅途不久后，他感染了天花并很快死于这一疾病。伍尔曼被葬在约克，裹在一张廉价的法兰绒毯里，然后被放在一个简朴的白蜡木棺材中。

今时今日，约翰·伍尔曼的行为看起来有些古怪，有人甚至说他的行为有勇无谋。但他的故事却具有一定的教育性。它告诉我们，简单地生活从来不是生活中一个容易的选择。如果你还没有准备好牺牲一些舒适和物质享受，如坐马车旅行，那么简单的生活很可能不适合你。如果是由一些比个人利益要宏大的东西驱动会更有帮助，比如伍尔曼，他是由自己的宗教伦理道德所驱动。一些信仰的框架，如社会正义或低碳生活，这些可以召唤、引导我们并保护我们不受引诱吗？可能最好的经验来自于一名历史学家的结论："伍尔曼简化了他的生活是为了享受做好事这一奢侈。"对伍尔曼来说，享受不是睡在柔软的床垫上，而是有时间和精力致力于社会活动，如与奴隶制作斗争。这是他获得个人成就感的方式。所以，简单的生活不是放弃享受，而是在新的地方发现另一种享受。

19世纪的美国见证了关于简单地生活的乌托邦试验的繁荣。那时很多试验都有着社会主义根源，比如在印第安纳州短暂存在的公社"新和谐",由罗伯特·欧文(Robert Owen,1771—1858年,英国空想社会主义者)于1825年建立。欧文是一名来自威尔士的社会改革家,同时也是英国合作社运动的创始人。其他一些实验者则是受先验主义哲学家、诗人、评论家拉尔夫·沃尔多·爱默生的启发。爱默生宣扬简单是通往精神真理、自我发现以及人与自然合而为一的最佳途径。当贵格会教徒通过充满规章制度的宗教团体实践自己的理想时,先验主义者们更大程度上是个人主义的信徒。其中最为著名的并被全世界简单生活家们奉为偶像的人是一个敏感易怒、喜欢劣质双关语和非暴力反抗的人——亨利·戴维·梭罗(Henry David Thoreau,1817—1862年,美国作家、哲学家)。

1837年,在完成哈佛大学的学业后,梭罗拒绝了传统的职业选择,如从商或去教堂工作。他当过教师、木匠、泥瓦匠、园丁及测量员。他蔑视新英格兰的商业主义浪潮。当他试图购买一个空白的笔记本记录自己的诗歌灵感时,他被激怒了,因为他只能找到一种画了线的账簿。金钱观念在当时美国人的思想中根深蒂固。梭罗的回应是变成一名"简单、简单、再简单"生活的倡导者。1845年,他的生活出现了巨大的转机。爱默生提供给梭罗马萨诸塞州康科德瓦尔登湖畔的一部分土地供他使用,在那里他可以试验自己的理想。

在两年多的时间里,梭罗一个人住在10英尺宽、15英尺长,由他自己搭建的林间小木屋中,只花了28.12美元——比他在哈佛大学时付的 年的房租还要少。小木屋里只有一张床、一张桌子、几把椅子和一些他最爱的书本。梭罗在《瓦尔登湖》中写道:"我到林中去,因为我希望谨慎地生活……我要生活得深深地把生命的精髓都吸到,要生活得稳稳当当,生活得如斯巴达式似的,以便根除一切非生活的东西,画出一块刈割的面积来,细细地刈割或修剪,把生活压缩到一个角隅里去,把它缩小到最低的条件中。"(参见徐迟的《瓦尔登湖》译本,上海译文出版社)作为自给自足试验的一部分,梭罗自己种咖啡豆、土豆、豌豆和甜玉米,这些几乎可以满足他大部分的膳食需要。卖掉多余的部分挣的钱足以让他买一些日常用品,如黑麦、玉米粉和盐,这样他可以自己做未经发酵的面包。有时他会为自己的晚餐捉一条鱼,又有一次他烤了一只毁坏他田地的淘气的土拨鼠。

除了漫长而寒冷、万物萧条的冬季,梭罗一直享受着自己的试验,花时间写作、阅读、观察自然。他的每一天都是从精力充沛且有助于健康的跃入湖中游泳开始,然后沉浸在四周的野生动植物中:

> 有时候,在一个夏天的早晨里,照常洗过澡之后,我坐在阳光下的门前,从日出坐到正午,坐在松树、山核桃树和黄栌树中间,在没有打扰的寂寞与宁静之中,凝神沉思,那时鸟雀在四周唱歌,或默不做声地疾飞而过我的屋子……我在这样的季节中生长,好像玉米生长在夜间一样。(参见徐迟的《瓦尔登湖》译本,上海译文出版社)

在享受这些安静的早晨以及试着自给自足以外,梭罗简单生活的哲学也不断发展。他写道:"根据我的信仰和经验,我已经确信,一个人要在世间谋生,如果生活得比较单纯而且明智,那并不是件苦差事,相反还是一种消遣。""一个人的富有,与其能舍弃之数量成正比。"当贵格会教徒提倡勤俭节制时,梭罗的创新告诉人们简单地生活可以如何令人振奋,并因为简单生活之美而欣喜万分。

梭罗的冒险经历现在看上去就是一个乌托邦式的梦:我们不可能就这样离开到野外去建造一个小木屋,特别是在一个朋友的土地上。但梭罗从不认为简单的生活就是放弃文明社会。事实上，他的小木屋离康科德城只有一英里，即使他公开宣布自己住在瓦尔登湖，每隔几天他就会到康科德去听听当地的闲言碎语、读读报纸。梭罗是一个实用主义者，他相信我们能不管货币经济，仍可以生活在日常社会之中。我们真正的任务是避免受到商业主义的诱惑，并投入到低成本生活的乐趣之中，如看日落、和有趣的人谈天说地、阅读古典著作以及思考。

　　从梭罗这里能学到的最重要的一课与工作相关。他应该被称作北美最精通悠闲生活的大师。他在瓦尔登湖畔居住期间积极于精神上的诉求，努力于学习靠尽可能少的钱生活，这样可以减少他的劳动时间，使自己的休闲时间最大化。在这个方面他是成功的。而在重返康科德生活后，他成为一名兼职测量员。这给了他足够的时间在大自然中漫步、书写和阅读。他说，六周的工作就能挣足够一整年生活的钱。今天，他的这一精神的继承者们并不多是那些孤身住在野外的人，而是那些住在城镇又能克制自己、降低生活成本，因此可以一周只需工作3～4天的人。像梭罗一样，他们发现简单生活是一种获得的途径，所获得的正是在过度工作的西方社会富足和财富中最有价值的一种形式，那就是时间本身。

　　在美国，简单生活的历史并没有在梭罗这里完结。还有出现在20世纪60年的嬉皮士社区，伴随着生态环保意识的提升，20世纪70年代的反商业主义运动从"宝典"——如修马克（E.F. Schumacher）的《小即是美》（1973年出版）——得到启发，提出我们的目标应该是"以最少的消费获得最大限度的幸福"。许多这一目标的信徒变成"自愿简朴"运动的倡导者。这一理念的推广凭良心消费而非炫耀性消费，并倡导"外在简朴、内在丰富"的生活。但我们生活在21世纪，我们总是要问："为了过这样的生活，我们可以采取哪些步骤？"我们真的能深入生活吸取所有生活的精髓而不必不时地拿出我们的钱包吗？

最实际的出发点是追随梭罗，并削减日常消费性开支。如果梭罗今天还活着，我相信他的大部分衣服会从慈善商店买二手的。我能在跳蚤市场、庭院市场和汽车后备箱市场（这是英国人的一种特殊集市，人们售卖各自用过的家庭商品，从宝宝的衣服到自行车都有，放在汽车后备箱中以最低价出售）看到他淘厨房用具。他会在自己的园子里栽种大部分蔬菜，支持当地的农民集市，很少到餐馆吃饭，更愿意在自家的餐桌上款待朋友。他家会有一种淳朴之美，里边的家具都是他自己亲手用附近废料桶找来的再生木所制成。不能自己做的，梭罗会到如"全球捐赠网"（Freecycle）这一类互助的网站上去找，在这一类的互助网站上人们会捐赠自己不再需要的东西。我想象他会住在平底船上或所租的公共房屋中，而不是市郊时尚的大房子里，以避免巨大的房贷负担。梭罗可能会用一台太阳能的笔记本电脑，用免费的开放性软件资源，如OpenOffice（OpenOffice 是一套跨平台的办公软件套件，能在 Windows、Linux、MacOS X等操作系统上运行。它与各个主要的办公软件套件兼容。OpenOffice是开源的自由软件，任何人都可以免费下载、使用及推广它），而不是要付给微软钱才能书写自己的文字。他会骑自行车或是采用公共交通工具出行——父母作为大学毕业礼物送给他的车早就被卖掉了。他在假期会乘火车到国家公园里远足，而不是飞去斯里兰卡的阳光沙滩海岸。他会郑重宣告每周工作绝不超过24小时。他的一生中主要的财务问题不会是"我希望能挣多少钱？"而是"我最少需要多少钱就能够生活？"

在一个社会地位与财富的展示联系如此紧密的社会，在这种倾向于享受消费奢侈品的文化中，许多人对转向更为节俭的生活方式迟疑不决是可以理解的。我们希望自己的孩子穿崭新的衣服，担心在慈善商店买来的会显得破旧和有异味。我们想要自己的朋友和同事称赞我们的家有品位，也会在别人评价我们时髦的发型时感到高兴。对我们大多数人来说，身份焦虑是一种会模糊、干扰我们作出简单生活选择的阴影。我们对此很难去做点儿什么，只想要攀比，无论他们是邻居、工作上的伙伴、学校时的搭档或是一些由广告产业或电视创造出来的潜伏在我们思想中的理想家庭。放荡不羁的作家昆汀·克里斯（Quentin Crisp, 1908—1999年，英国作家）在其一生的大部分时间都住在租来的小套间中，他提出了一种解决方法："永远不要试图攀比。把他们拉到你的阶层来。这样容易得多。"但现实是我们可能无法将他们拉到我们的阶层。如此我们还能做些什么呢？——跟人们比较，但不是和那些与我们地位相同的人。

我们所拥有的一种强大的自由之一是通过自己的社会价值观选择我们和谁比较。拿我自己的一个例子来说吧，当我妻子和我告诉大家我们有了一对双胞胎时，一些更加富有的朋友说："你们应该要搬家了，现在的房子太小了。"但另一些住在我家附近的朋友们说："太好了，真幸运你们住在这么大的房子里。"我们会采纳哪一种观点呢？我们可以选择自己的朋友圈子。最后，我们选择从房子并不比我们大但家庭兴旺的朋友那里汲取灵感。没有人命令我们应该选择谁当朋友。我们甚至有恣意想象与过去的简单生活者（如梭罗、伍尔曼和甘地）做朋友的自由。我不认为如果你用不搭配的盘子盛装他们的膳食这些人会有任何不安。

简单的生活更大程度上是在于削减你的日常开支，并重新思考你关于社会比较的观点。然而，简单的生活也与社区生活相关。人类的繁荣使我们很难孤身一人。消费主义理念其中一个毁灭性的结果就是鼓励了占有性个人主义这一极端文化。在这种文化中，我们首先关注自己的利益并想要成为头号人物。这也是大富翁游戏成为西方最流行的棋盘类游戏的原因——大富翁游戏的唯一目标就是积累个人财富和财产。30岁以下55%的美国人认为自己最终都能变得富有。比尔·麦吉本（Bill McKibben, 1960年至今，自由撰稿人）写道："如果你将会变得富有，那么你还需要其他人做什么呢？"这一利己主义迷思遮蔽了我们的双眼，使我们忽视了社区在创造社会联系以及增益我们的幸福感上所起的重大作用。我们应当记得亚里士多德告诉我们的话："我们都是社会性动物，像蜜蜂一样喜欢群居。"问题是，一些包括城市郊区化、长时间工作、电视以及消费者驱动本身等各种力量的联盟侵蚀了整个西方世界的公民生活。我们很少了解自己的邻居，在没有个性的大卖场购物，不再有时间参加本地的唱诗班活动。如果要将失败留给消费者物质主义习性，提升我们的个人幸福感水平，那么重新回到社区生活是一个明智的转变。

许多人没有注意到的是，这样做其实异常便利。事实上，这样做也能帮助你省钱。因为你不再需要从昂贵的购物活动中获得那么多的存在感。一些我想到的社区活动在某种程度上就是被设计成省钱的，比如加入临时替人照看婴儿的小群体、拼车俱乐部或是以时间易物的网站（如本地易物交换计划）。其他的一些活动本来花费就少，如，和朋友一起在你的起居室玩音乐，在自己的花园里和来自不同文化的人们见面会谈，去附近一家收容所当志愿者或是当女童子军剧团的负责人。这样，我们的周围开始有一张人际关系的网，能使我们至少有一个周末远离豪华的酒店。我很奇怪梭罗为什么没有提到社区对汲取生活所有精华的重要性，也许是因为他从未感到社区生活的缺乏。住在一个离小镇不远的地方，当他走在镇上主街时大部分居民都认识。但是如果他观察到我们今天的这种孤立且高度个人主义的生活，我相信他会建议给我们一剂健康的融入社区的良药，给予我们深入生活的观点而不需要遵从一板一眼的固有规则。

　　这样我们就能按比例缩减我们在奢侈品上的开支，避免与地位相同的人进行比较，并重新发掘我们社区的潜力。但为了追求简单生活的艺术，我们从金钱的历史中还要学习最后一课：在我们的生活中扩展免费的、不费钱的空间。想象画一幅画，将所有能让你的人生有成就感、有目标并感到喜悦的东西都画进去。这幅画可能包括友情、亲情、坠入爱河、工作成绩、参观博物馆、做手工、政治活动、运动、玩音乐、当志愿者、旅行以及观察人。大部分最有价值的东西几乎都花费很少甚至是免费的。和你的孩子一起表演木偶剧或是和你最亲近的朋友沿着河岸散步都花不了多少钱。幽默作家阿尔特·巴克沃德（Art Buchwald，1925—2007年，美国幽默家）很好地表达了这一点："生活中最好的东西并不是东西。"梭罗和其他简单生活爱好者可能都会建议我们应该年复一年的致力于扩大我们生活版图中简单和免费的区域，让它们占据曾一度被昂贵的国外假日旅行和我们衣柜中的奢侈物品所填充的空间。

　　降低金钱在我们生活中的重要性、摆脱对它的依赖并不意味着我们的享受被剥夺了。"奢侈品"（luxury）这个词来源于拉丁语的"丰富"（abundance）。我们被引导将奢侈品想成是一个物质名词——好酒、跑车、豪华的旅行。但其实我们也能拥有丰富而亲密的人际关系、有意义的工作、对事业的投入、难以抑制的大笑以及与自己相处的宁静时光。没有商店贩售这样的"奢侈品"，也没有人能从乐透彩票中赢得这些。因此，这些"奢侈品"，才是最终对我们最重要的，构成了我们的隐形财富。

第三部分

探索世界

感觉

　　我们非常喜爱能让人觉得惊叹讶异的各种感觉。如触感的神奇：接受了定期按摩的早产儿比那些没有做按摩的婴儿增长体重的速度要快50%；嗅觉的奇异：紫罗兰浓烈的香味很快就消逝了，因为这种花包含一种紫罗兰酮，会使我们的嗅觉暂时短路—— 一两分钟以后，香味又会回来；或是对通感的好奇，这一神经学上的情况创造了各种感官体验之间的联系：对里姆斯基·柯萨科夫（Rimsky-Korsakov，1844—1908年，俄国作曲家、音乐家）来说，C大调是白色的，而对艾灵顿公爵（Duke Ellington，1899—1974年，美国著名作曲家、钢琴家）来说，D大调让他想到的是深蓝色的麻袋。

　　这些都是你在关于感官知觉的科学书籍上能找到的例子，都着重于感官之于身体和生物学的方面。但是我们的感觉体验同时也是文化和历史的产物。我们所生活的社会教导我们如何使用我们的眼睛、耳朵和其他感觉器官，从而形成了我们通往认知大门的路径。不同文化以自己的方式创造自己的感官世界。如果你到孟加拉湾的安达曼群岛，在那里遇到一个当地的昂格妇女。她会对你说："你的鼻子好吗？"而不是问你："你好吗？"如果在谈话中间她要谈到自己的时候，她也会指着自己的鼻子。这是因为对昂格人来说，嗅觉是最重要的感觉，气味被认为是将宇宙凝聚在一起的重要力量。相比较而言，在西方文化中，视觉占据着重要地位。这也是为什么我们的很多常用的表达都基于视觉感受，如"我明白你的意思"（I see what you mean）、"这是我的观点"（that's my perspective）、"心灵之眼"（the mind's eye）、"你的世界观"（your wordview）、"所见即所得"（what you see is what you get）、"很高兴见到你"（great to see you），等等。对新同事衷心地说一句"很高兴闻闻你"是不大可能被人接受的。

感觉的历史揭示了一个令人不安的事实：我们许多人都生活在一种敏锐感觉被剥夺的状态之中，这种感觉贫乏的隐藏形式还在西方世界蔓延。除非我们刚好是一名听觉敏锐的音乐家或是嗅觉灵敏的调香师，否则就很可能疏于培养我们感觉的全方位能力。你真的能保证自己所有的感觉都高度协调吗？你常常培养自己的感觉并给予它们应有的关注吗？当你一边吃早餐一边走路上班时，你对周围的声音、味道、材质和气味有多敏锐呢？

疏于培养我们的感觉不仅会使我们在欣赏日常生活的微妙与美好的体验中分心，同时还会从我们生活中剥去有意义的一个层面。然而，要治愈我们的感觉怠惰并不是如你想象的那样依靠沉湎于奢侈品中，如：吃松露大餐或是将自己关在黑暗的房间中以最大音量听贝多芬的交响乐。这样做可能确实也能让人兴奋。但我们真正需要治愈的是对不同的感觉如何形成、渗透甚至是歪曲我们与世界的互动获得更深入的理解——当中自然也包括弄清楚文化是如何形成我们的感觉体验的。

关于我们感知的方式，过去能告诉我们什么呢？首先，我们需要挑战古代所认为的人类仅有五种感觉的迷思，将我们从这种神话式的局限中解放出来，并认识到我们所拥有的其他几种感觉能力。随后，我们应该探索视觉是如何在过去的500年中在传统的感觉体验中占据统治地位，特别是眼睛是如何向耳朵和鼻子施加暴政的。届时，我们还准备从历史中选择感觉最敏锐的两个人寻求灵感：一个是弃儿，整个青年时代几乎都被独身锁在黑暗的地牢中；另一个是才华横溢的作家，却既聋又哑。他们掌握了解开我们潜在感觉力量的钥匙。

五种感觉的迷思

如果你也同意人类仅有五种感觉——视觉、听觉、触觉、嗅觉和味觉——这一普遍认同的观点，那就是时候该重新思考一下了。五种感觉是一个迷思，一个在2 000多年来将我们引入歧途的历史发明，它使我们对认知世界的方式持有格外狭隘的观念。五种感觉这一迷思是如何成为被广泛接受的知识的？谁应对此负责？为什么这个问题如此重要呢？

感觉最先在古希腊成为持续讨论的主题，那时对于感觉是什么以及我们有多少种感觉还没有形成共识。柏拉图相信我们的感觉不仅包括视觉、听觉和嗅觉，还有对温度、恐惧和欲望的感觉，味觉甚至不在他所列的清单上。公元1世纪时，亚历山大城的斐洛（Philo，约公元前20年—公元40年，犹太哲学家和政治家）则认为有七种感觉，其中之一是演说。这一观点现在对我们来说可能很奇怪，因为我们认为感觉都是数据的被动接收。然而在古典时代，感觉扮演着更为活跃的角色，被认为差不多等同于交流媒介。例如，眼睛被认为是发出光线接触到所感知的物体，和词语是从我们的嘴里所说出的差不多。

而应该对五种感觉学说负责的是亚里士多德。作为古希腊人迷恋规则和对称的一种反映，他宣称感觉和基本元素之间一定有一种完美的关联。因为有五种元素——土、气、水、火以及神秘的被称为以太的第五元素，因此也一定有五种感觉。他反驳了柏拉图关于恐惧感和欲望感的建议，将对温度、湿度和硬度等几种不同的感觉浓缩到单一的触感中。加上视觉、听觉、嗅觉和味觉，就形成了他所需要的神奇数字五。亚里士多德强大的学术权威意味着这一认为有五种生理感觉的武断理论成为中世纪的标准且长期保持着文化的强势，至今仍有小学生被教授这一论见。

此外，在中世纪时，一种关于感觉的更为广泛的新理论也开始流行，这种理论现在几乎没有学生听说过。这是在经亚里士多德认可的五种"外在感觉"之外增加的五种"内在感觉"。这些内在感觉现在已经被遗忘了，但是在直至17世纪前的数百年间，它们被认为是一种科学真理。这一理论最著名的支持者是阿维森纳（Avicenna，公元980—1037年，阿拉伯哲学家、自然科学家），一位11世纪的波斯物理学家和哲学家。阿维森纳吸收了解剖学家克劳狄斯·盖伦（Claudius Galen，公元129—200年，古罗马医学家、哲学家）的理论，认为我们感觉器官的基本组成部分是大脑脑室中3个充满流体的腔体。

前庭过去被认为是最重要的"共通感"（sensus communis）之所在，这一器官就像是一个加工厂，将从外在感觉（如视觉和味觉）通过神经获得的信息组织起来。共通感可以用作，例如，区别白色和甜度这两种感觉。尽管这在解剖学上是胡言乱语，我们今天可能会认为共通感这一观点很可笑，但当时即使是最前沿的文艺复兴思想家如列奥纳多·达·芬奇也对此深信不疑。他写道："共通感是一种通过获得其他感觉来进行判断的感知能力。"紧紧依附在共通感之后，在前庭中，还有被称为想象力的第二种内在感觉，在这里，从外部接收到的图像被储存起来。大脑中室还包括一种通常被称为幻想的感官，它能使我们把从未见过的东西具体化，比如显现金山或是独角兽。在幻想的旁边是本能，据阿维森纳的说法，它的功能是当我们看到一只狼时敦促着使我们逃开。后脑室包含的内在感觉则是记忆。

当英国学者罗伯特·波顿（Robert Burton，1577—1640年，英国作家、教士）在其1621年出版的著作《忧郁的解剖》（*The Anatomy of Melancholy*）中讨论内在感觉时，他专门警告读者关于幻想的危害。他认为尽管幻想可以激发诗人和画家的灵感，但在睡眠过程中，"这一功能是自由的，频繁孕育出奇怪、惊人且荒谬的形状"。他还指出，尤其对于忧郁症患者来说，这种内在感觉"是最强有力的，能产生许多怪异且惊人的东西"。

内在感觉的学说并没有延续到启蒙运动时期。它首先被16世纪的科学发现削弱了其基础。这些科学发现揭示出脑室和任何感觉神经之间无论如何都没有直接的联系。一个世纪之后，笛卡尔

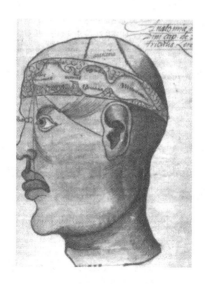

三个脑室以及内在感觉的位置，摘自《哲学珍宝》（*Margarita philosophica*，1503年）。这是一本在16世纪的德国作为大学教科书广泛使用的配有插图的百科全书。书中展示了听觉、视觉、味觉和嗅觉这些外在感觉是如何在大脑前庭汇合成共通感的。

区分了身体和心灵，并认为思考可以不需要感觉信息的输入而纯粹只在思想中进行。在此之后，内在感觉学说变得更加过时。通过笛卡尔著名的"绝对怀疑"的方法，他得出了一个结论并争辩说，一个恶魔可以有意识地创造自己所有的感觉体验，这些体验都表现为幻象，但有且只有唯一一个他能确信的，就是那个正在思考的他自身。结论就是："我思故我在。"这一结论在心灵状态和我们的感觉世界之间划下了清晰的界限。

然而，我们不能过于轻视内在感觉这一观点。当代的神经学研究显示我们大脑的某一特殊的部位或是其中的神经联系，确实影响着记忆力或想象力的容量。因此中世纪的物理学家可能也没有错得那么离谱。我们许多人都经历过那些不可思议的时刻——普鲁斯特（Proust, 1871—1922年，法国意识流作家，著有《追忆逝水年华》）就曾赞美过这一点——一种意想不到的气味或味道会突然勾起我们一段遗失了很长时间的记忆，也许是童年时的一段假期或是祖母的厨房。这种我们外在世界和内心世界的密切联系绝不会让阿维森纳吃惊。更重要的是，几个世纪以来人们确信我们大约拥有十种感觉，这对我们意识到五种感觉的观念可能过于狭隘是一个提示，可能还有比我们之前想象的更多的感觉可能性。这只是共通感。

事实上，当代科学的共识是我们拥有超过十种感觉。这些感觉一起创造了我们的知觉体验。这一"感觉"被定义为一种物理机制，信息从外部世界进入我们的中枢神经系统。除了传统的亚里士多德所提出的五种感觉，在过去的几个世纪又有五种感觉被鉴别区分出来。"热觉感受"是一种生理上区别于触觉的感觉，能使我们侦测到温度的变化——正如柏拉图所建议的。现在闭上你的眼睛，缓慢地移动你的指尖去碰触自己的鼻子。如果你不能正确触碰到自己的鼻子，那你的"本体感受"就是歪的。这种感觉有时也被称为运动感觉。本体感受是你对自己身体各部分关系的意识以及觉察它们在空间中移动时的感觉。如果叫人捏捏你，你将体会到"伤害感受"，即你的痛感。当练习杂耍用一只脚站立时，你能培养自己的"平衡感受"，即平衡感。影响平衡感的主要器官是大脑前庭复杂的系统，可以在我们的耳朵内部找到。最后，人类可能还有一种很微弱的方向感——"磁感知"。在我们眼睛和鼻子间的筛骨中有一个小小的"水晶磁石"，其功用就好像指南针一样在地球磁场中指引我们方向。动物中如家鸽、蝙蝠、蜜蜂、迁徙鱼类鲑鱼和海豚都有这种磁性物质。没有人真正了解它是怎么运作的，但如果你是那种新到一个城市瞎逛却好像从不迷路的人，那么你的磁感知这一感觉就处于理想的工作状态。

亚里士多德可能拥有全古希腊最聪明的头脑，但是他关于五种感觉的想法实在不能算是他智慧的最好的体现。放下五种感觉的迷思是一种感觉的解放，也是在人类体验上新的探索的开始。例如，我们可以开始培养我们的平衡感。我很努力地做瑜伽的原因之一就是想要提高我在网球场上的平衡感，特别是当我在击打落地球快要踩空时。我们还可以努力发展我们的运动感觉，这对任何长时间坐在电脑前的人都很有用。这很常见，许多人最终都会在键盘前弯腰驼背，因为他们的肩部在打字时会逐渐往前倾。但是如果你的运动感觉意识到你肩部的位置影响到你的上身和臀部，就可能会在前倾时提醒你，这样你就能纠正你的姿势。如果你追求以一种更为戏剧化的方式培养自己的新感觉，你可以像阿拉伯的劳伦斯那样做。他显然创造了一种测试自己痛感的习惯——看自己能捏着一根燃烧的火柴在其烧成灰烬前能坚持多长时间。但在做得太过火之前，我们需要先探讨一下那段可叹的插曲。那就是在西方文化中，视觉是如何凌驾于其他感觉之上的？

眼睛的暴政

过去的500年间，我们认知世界的方式经历了一场巨变。视觉普遍被认为是我们生理上占统治地位的一种感觉。视觉皮层是我们大脑的感觉中枢中最大的部分。不过，它在我们生活中的重要性被过分夸大了。我们延伸了视觉的影响，这比视觉本质所打算的要深入得多。我们的其他感觉，特别是听觉和嗅觉，逐渐退居幕后，正经历着文化历史学家所提出的"感觉退化"。曾经有过一段时期，各种感觉之间的关系是更为平衡的。人们也更能意识到自己所听和所闻的。但现在，我们很少能听到鸟儿在歌唱，因为我们总是匆匆赶去工作。我们一口喝下咖啡而根本没有在意飘荡在空气中的香味，这是昂格人绝对不会犯的罪过。眼睛变成了感觉世界的暴君，在我们能够培养其他感觉功能时使我们分心。正如感觉研究方面杰出的人类学家大卫·霍威斯（David Howes）所言："我们必须将自己从视觉长时间以来施加在我们的文化生活、知性生活和美学生活上的霸权中解放出来。"

有一些人生来就对声音和气味特别敏感。这一压倒性的证据证明我们生活在一个以视觉为首的文化中。超市售卖的番茄看上去鲜红多汁，但常常淡而无味。广告更多地依赖画面，如电视、广告牌、网站，而非其他感觉输入。我们在视觉上展示自己的财富和地位，如拥有高雅的房子或是开新款汽车。我们通常通过人们的外表判断这个人是否有吸引力：他们的面部特征、身材以及所穿的服装。这也是为什么我们说"一见钟情"而不是"一闻定情"，虽然我们常常也能注意到有些人的香水或体味。少女们渴望成为超模，羡慕她们的亮丽外表而非思想。我们学习和获得知识的主要方式不是听或是做，而是读和看——看视觉世界中的书、白板上的内容和电脑屏幕。没有哪一个假期不是以一系列随时能在我们手机中翻出来看的照片结束的，原本的听觉设备现在被增强了其视觉特性。如果和盲人谈话，你会意识到英语这种语言其实充满了视觉习语：赏心悦目、在开始做以前先看看、情人眼里出西施等。我们常说："眼见为实"（seeing is believing），却从未意识到17世纪这一说法原本的表达方式是"眼见可为信事，感受得到的才是真理"（seeing is believing, but feeling's the truth）。感受现在已经过时了，只有眼睛看到的才是重要的。我们逐渐习惯了身处一个只重视表面状况的世界。

我们真的能改变自己感知世界的方式，与被忽视的感觉的关系变得更加和谐吗？——诸如被视觉文化侵蚀已久的听觉和嗅觉。我们能重新获得儿时曾拥有过的那些感觉好奇心吗？——不断地品尝各种食物、东闻闻西嗅嗅、东摸摸西碰碰。这就是历史能发挥作用的地方了。我们需要回到18世纪视觉统治其他感觉之前的时光，回到我们对声音和气味敏锐的洞察力能够给予日常生活深度和复杂性的时候。如果我们希望发展出一种对所有感觉都更为平衡的生活方式，我们就必须要了解眼睛是如何对耳朵和鼻子施加其统治力的。

当我们想象古代文明时，我们的脑海中可能会浮现出这样的画面：穿着宽袍大袖的哲学家、血腥的战争和被剥削的奴隶。但古代社会闻起来是什么样的呢？我们毫无例外地会对当时香料如此广泛地使用感到惊讶。如果我们今天晚上外出玩乐，只会薄薄地喷一点儿香水或古龙水。而一名富有的雅典人可能会用好几种不同的香味：头上抹点儿马郁兰精油、手臂上涂点儿清甜的薄荷精油、脖子上搽的是百里香。如果陪同他去参加一个时尚的晚宴，会给你戴上玫瑰花冠，在你头顶上，涂着香水的鸽子挥舞着翅膀，香味在空中飘散。当叙利亚国王安条克·伊皮法尼（Antiochus Epiphanes）在公元前2世纪举办公众运动会时，每个进入运动场的人都会被涂上诸如用藏红花、肉桂或甘松香等炼制的精油，离开的时候他们会获得满是乳香和没药香味的花冠。罗马人不仅让他们的食物和家充满香味，还包括他们的家养动物。暴君尼禄的宫殿撒满了玫瑰花瓣。熏香和香料被广泛用在宗教仪式上，人们相信它们可以促使人神合一。气味不仅仅是个人品位的问题，而且也是一种公共生活的特征。

对香味的欣赏在中世纪时因十字军战士而进一步扩大，他们将异国香料和香水从东方带回了欧洲。香料盒成为中世纪厨房的一个基本特点，准备食物不只是为了刺激味蕾，而且也要提供嗅觉上的愉悦。亨利八世所住的汉普顿王宫有一个香料贮藏所，那间特别的房间是香料被研磨成粉的地方。几个世纪以来，国际香料贸易连接了亚洲、非洲和欧洲，这不仅是由于商业利益欲望的驱动，而且也是为了满足我们日益精妙的感觉体验。

广泛使用的香料、香水和香袋（一种通常戴在脖子上的小香包或香盒），直到18世纪在欧洲都非常流行。这些都促成了一种高级的香味文化的发展，其中有着复杂的闻香方式，但它在今天已经消失了。以前巴黎人散步时，他们在看到路边景色的同时也会注意到气味的变化。这被一名历史学家称为"对各种气味高灵敏度的集合能力"。玄学派诗人约翰·邓恩（John Donne，1572—1631年，17世纪英国著名诗人）就像迷恋情人的美貌一样，迷恋她们的味道："如那沉静的玫瑰香汗/如摩擦麝猫毛孔时的颤音/如那早期来自东方的万能的香膏/如那情人胸口的汗滴。"

然而，香味并不仅仅只是一种感官上的嗜好。它也是一种需要，一种堵塞不断向我们鼻腔袭来的恶臭气味和阻隔引起瘟疫的有害气味的工具。看看帕特里克·聚斯金德（Patrick Süskind，1949年至今，德国作家）在其小说《香水》（*Perfume*，1985年出版）中对一个18世纪城市的描写吧。

……各个城市里始终弥漫着我们现代人难以想象的臭气。街道散发出粪便的臭气，屋子后院散发着尿臭，楼梯间散发出腐朽的木材和老鼠的臭气，厨房弥漫着烂菜和羊油的臭味；不通风的房间散发着霉臭的尘土气味，卧室沾满油脂的床单……人们的身上散发出汗酸臭气和未洗的衣服的臭味，他们的嘴里呵出腐臭的牙齿的气味，他们的胃里嗝出洋葱汁的臭味；倘若这些人已不年轻，那么他们的身上还会散发出陈年干酪、酸牛奶和肿瘤的臭味。河水、市场和教堂一样臭气熏天，桥下和宫殿里也是臭不可闻。

　　今天，在我们这个臭味被消除掉的社会，很难想象过去的那种恶臭的气味。但是同样的，我们也不容易想象当时对香水和其他好闻的气味的迷恋。我们失去了祖先们曾经拥有的嗅觉灵敏度。自从19世纪个人卫生和公共健康的观念和行动逐渐兴起并不断完善，我们不再认为气味是件非常重要的事，嗅觉在我们感觉的排名中被降了级。当我们为床下不再有散发臭味的夜壶而感到高兴时，在西方出现的气味真空也是一种生活艺术的缺失。正如文化人类学家爱德华·霍尔（Edward Hall，1914—2009年，美国人类学家）所指出的：除臭剂的广泛使用以及在公共场合对气味的抑制，使得嗅觉所感受到的这片土地总是温和且千篇一律的，让人在世界上任何地方都难以复制出其不同之处。这种温和导致空间毫无差别，剥夺了我们生活中的丰富性和多样性。历史呼吁我们重新去发现以前嗅觉的敏锐，使我们周围的气味景观变得更加鲜活。

　　只是嗅觉的衰退还不能解释为什么视觉会鹤立鸡群，成为今天的统治者，支配着其他非视觉的感觉。我们现在必须要转向四个更为深入的历史进程，这些进程改变了感觉之间的平衡状态，使之倾向于视觉。第一个历史进程是15世纪发生的听觉文化逐渐向视觉文化的过渡。

20世纪人类学的一个主要成就即是发现在许多无文字记录的社会中口头语言的活力。说故事通常是社团生活和知识传授的中心，无论是关于宗教、狩猎还是育儿，都经由口头传播。在西非，这种口语传统仍然得以在民间艺人（如民间诗人、说书人）身上体现。民间艺人就像是行走的文化百科全书，与当地的历史、诗歌中的民间传说紧密相连，他们可能也是一名内行的讽刺作家以及音乐家。在中世纪的英国和凯尔特社会，这一角色由吟游诗人担当。这些职业诗人的诗歌和传说在书写得到大范围应用之前的时期是家族历史和战争历史的储藏室。那时，除贵族阶层和神职人员以外很少有人知道如何读写。中世纪时人们不会阅读圣经，他们听上帝高声说出的话语。他们也没有通讯簿和日记，更不会从培训手册上学习如何贸易。言语是人类知识的最佳媒介，记忆则是支撑这一媒介的艺术。

后来，约翰内斯·古腾堡（Johannes Gutenberg, 1400—1468年，德国发明家）出现了。15世纪30年代，他发明的金属活字印刷术是历史上最重要的大事件之一。根据文化评论家马歇尔·麦克卢汉（Marshall McLuhan, 1911—1980年）所言，这一发明创造了一个"扭曲整个感觉中枢的万花筒"，导致的媒体革命使得"视觉加快速度发展而听觉逐渐沉寂"。印刷术的广泛应用不仅使获得知识的过程变得触手可及，而且更加私人化和可视化。信息和观点日益在纸张上传播，而口头传播的传统逐渐消失。吟游诗人的工作被书本所取代。随着出版业和公共教育在随后几个世纪的发展，我们逐渐习惯埋首于书本、报纸和杂志。古腾堡所推动的印刷文化占领了我们的生活。我们的近代祖先如果看到现在大部分人每天要花费大量时间在电子显示屏上阅读或书写、浏览邮件、数字以及图像，一定会非常震惊。如果只有一个解释我们逐渐偏向于视觉的原因，那无疑就是印刷术。

第二股使我们的感官倾向于视觉的力量是16世纪到17世纪发生的新宗教改革运动。基督教思想一直就不怎么相信感觉。中世纪时，托马斯·阿奎那（Thomas Aquinas，1225—1274年，中世纪经院哲学的代表性哲学家和神学家）认为"人因为肉体和感官的欢愉远离了接近上帝的方式"。贞洁和纯洁的典范明确反对触觉。13世纪又出现了自我鞭笞，这一过程中身体上的痛苦是为了模仿基督所遭受的苦难而由自己施加的，是一种对感觉的处罚，尽管偶尔虔诚的信徒在鞭打自己时会接近一种性高潮的状态。但极端的新教改革者对感觉的压抑采取了一种更为系统的方法。他们禁止在自己的教堂中焚烧任何香料，这是对嗅觉广泛攻击的一部分。在1583年出版的《剖析暴力》（*The Anatomy of Abuses*）中，英国清教徒菲利普·斯塔布斯（PhilliP Stubbes）警告妇女们，当她们的大限之日到来时"不但没有香盒、麝香、麝猫香、香树脂、甜香和香水，她们还会在地狱的最底层忍受恶臭和恐惧"。刺激味蕾也是遭到反对的行为：食物应该要简单，奢侈的大餐会面临无数怀疑的目光。而眼睛通常在清教徒的感觉酷刑的驱动力下免于被责难，因为要允许人们观赏上帝创造的宏伟壮丽。

视觉在18世纪经历了实质性的飞跃。在启蒙运动时期，感官历史学家康斯坦斯·克拉森（Constance Classen）认为："视觉变得与日益发展的科学领域紧密相连"。显微镜是新兴领域中（如生物学）的可视化工具，望远镜使我们探索天文成为可能，化学实验记录下气体混合在一起时的观测结果。宇宙的经验真理是通过看而非听或其他感觉所发现的。科学知识经由视觉辅助保存，例如地图、图标和图解。看见的被转化成为相信，视觉的被转化成为理解。启蒙运动是一个视觉时代，它的光芒帮助我们更好地看见了现实的架构。科学的方法自然而然地运借助了眼睛的帮助，而科学在公共文化中日益增强的重要性促使感觉之间的不平等进一步深化。

　　同样出现在18世纪的第四种力量，是在欧洲资产阶级间财富和财产的视觉展示。资产阶级文化给予了眼睛以特权。穿着优质外套、乘坐精致的马车或是住在一所大房子里的目的不仅是为了自己的享受，同时也是为了其他人能在视觉上羡慕他们。这一眼睛与财富和社会地位之间的联结在风景画的发展中尤为明显。看看庚斯博罗（Gainsborough，1727—1788年，英国画家）的一幅著名画作《安德鲁斯夫妇》（*Mr. and Mrs. Andrews*，1750年）吧，它现在仍存放在英国国家美术馆中。画面中最有意思的一点不是云层外那出神入化的笔触，而是那对幸运的夫妇明显希望全世界都能看到他们广袤的田产在身后延伸向远方这一事实。艺术评论家约翰·伯格写道："安德鲁斯夫妇的画像给予他们的快乐之一

托马斯·庚斯博罗，《安德鲁斯夫妇》（1750年）。这对夫妇的财产在萨福克郡乡间延伸至目之所及的远方。这一景象不只是自然美景，也是物质财富。

是，看到自己被描画成土地的主人，这种愉悦又通过油画技法所渲染出的他们土地的全部价值而得以强化。"[1]你能闻到金钱的气味吗？不能，但是你毫无疑问能看到钱。

过去留下来的遗产并不总是轻易能在日常生活中找到。我们真的变得像感觉历史所认为的那样如此沉溺于视觉体验吗？那些在上下班路上热爱听播客（podcasts）的人或那些无法拒绝培根的香味的人以及从事芳香疗法的人很可能会说他们的耳朵和鼻子状态非常好，他们并没有屈服于眼睛的暴政。那么我们就来看看郊区一个典型的花园吧。

园艺在许多西方国家都是最流行的消遣之一，在英国有超过两千万的爱好者。虽然一些人将他们的花园视为微型的野生动植物避难所或是菜地，然而园艺的主要方法是视觉美学的运用。最为重要的是花园映入眼帘的景色印象。植物交汇处的色彩、高矮和形状是否是一个令人赏心悦目的组合？是否有足够的冬季植物，在整年都保持着足够的吸引力？草坪是否像一块整齐古朴的地毯？是充满生机的多年生植物，还是一片五颜六色的花坛植物？重瓣的山茶花是否要种在花坛前列？然后是一列引人注目的紫丁香，后面是在墙上攀爬的铁线莲？我在做园艺工作时，很明显地感觉到当代园艺设计的目的就是为了创造一种赏心悦目的图画。

然而，很多园丁并没有意识到，1700年以前园艺上对视觉之美并不像今天这么重视。以玫瑰培育的历史为例。直到现在，玫瑰的种植主要还是为了其香味，而不是外形。在公元1世纪老普林尼（Pliny the Elder，公元23—79年，古罗马作家、博物学者）在书写其著作《自然史》（*Natural History*）时，对什么气候条件下种植玫瑰气味最为芬芳以及如何采摘玫瑰以保持其香味有着

---

[1] 此句参考《观看之道》译文，戴行钺译，广西师范大学出版社。——译者注

详细的描述。玫瑰在中世纪和文艺复兴时期的花园中起着重要作用，尤其是其芬芳的气味，正好解释了为什么莎士比亚宣称"玫瑰不管叫什么名字，都依然芬芳如故"而不是"都依然那么美丽"。在17世纪最流行的一本园艺著作中，大马士革玫瑰因其散发富含"最为甜蜜且令人愉悦的香味"而排名第一。但是，与在西方对气味的要求普遍消亡相同的是，约在18世纪，对玫瑰香气属性的要求也消失了。新种植品种的培育方向逐渐转向重视花朵大小和颜色，对气味的关注非常少。19世纪90年代，一位园艺学历史学家受此现象触动写下这样的语句："现在的玫瑰花坛会使中世纪的花园主人感到震惊，如此丰富的形状和颜色可能会迷惑住他们，然而我们现在所认为的一些最好看的玫瑰之中他们仍会怀念过去，对他们来说，玫瑰最为基本的特征就是其甜香。"现在的花园中那些没有香气的玫瑰就是我们的眼睛束缚了其他感官的一个标志。

相同的情况也出现在园艺设计的演变上。最早的花园不仅仅被创造成美丽且令人愉悦的，同时也要表达一定的象征意义，通过寓意和隐喻刺激思维。走进一座古代波斯的"天堂花园"，你先得穿过水渠，这代表着天堂里的四条河流；一旦进入花园，你会发现大量的果树，这象征着上帝创造的地球上的果实。中国园林也蕴含着大量的寓意。基督诞生的100年前，汉武帝设计了一座包括人工湖和人工岛在内的公园，象征着古老神话中神仙的居所。中世纪的欧洲，植物通常都因其象征意义而得以培植，主要是依据圣经传统或古代的民间风俗。如百合花的寓意为圣母玛利亚的纯洁，紫罗兰寓意为谦逊和耐心，迷迭香象征着怀念，而桃金娘和玫瑰是爱情的象征。这一传统后来借助于维多利亚时代的花语文化而有所恢复，但只是大体上的。

正如玫瑰失去了其芬芳的特质，园林的设计也失去了其象征意义而偏向于视觉上的享受。这一潮流开始于法国文艺复兴时期庄重的几何形种植方式的应用以及灌木栽种与修剪的兴起，这也反映了对视觉上的秩序和对称的典型热情。18世纪时，对园林景观的狂热追求由园艺师布朗引领，以创造优美的田园般的远景为主。尽管如此，最重要的一个转变却是19世纪开始日益流行的英国乡间花园风格——由私家花园转变成为覆盖着协调色彩的视觉画布。这一运动的杰出引领者是格特鲁德·杰基尔（Gertrude Jekyll，1843—1932年，英国著名园林设计师），她在过去的200年间仍然是最具影响力的园林设计师之一。杰基尔写道："花园的作用是通过花草植物如画般美丽的呈现，给予人们幸福感以及精神上的小憩。"园丁对色彩的处理应该像对待"艺术家的调色盘"一样，设计从根本上来说是色彩构图的运用。杰基尔一直想成为一名画家，因此对待花园就像是对待一幅印象派画家的水彩画一样，其首要关心的是传达一种精致的视觉图像。

一些当代的园艺师对嗅觉和质感这些感官刺激变得更有兴趣是事实。偶尔也有一些象征图案的尝试，如查尔斯·詹克斯（Charles Jencks，1939年至今，美国建筑评论家）在苏格兰的私家花园——宇宙思考花园，就是基于DNA的结构设计的。但是今天的园艺在很大程度上仍然停留在19世纪的绘画模式阶段。过度重视满足视觉的需要使感觉的复杂性以及在过去的园林中渗透着的多层次含义和自我表达渐渐枯竭，取而代之的是园艺杂志上所赞赏的"五彩缤纷的展示"。一位植物象征意义方面的历史学家总结道："在我们这个世纪，花儿逐渐变得平凡。"

我们现在正处在一个超视觉社会中，视觉逐渐成为我们感官体验的默认过滤器，我们的听觉和嗅觉可能比西方历史上的任何时候都要迟钝。味觉也无法与视觉竞争，尽管在过去的半个世纪我们在吃的方面更敢于冒险，尝试了诸如塔布勒沙拉（一种阿拉伯菜）和川式大虾之类的菜。结果是，我们大部分人不仅在生物处理能力上疏于发展自己的感官复杂性，而且也变得习惯于接受复杂事实的表面印象。我们喜欢看3D特效的电影，尽管故事情节和表演很糟糕；又或者会欣赏一个偶然在电视上看到的政治家，尽管他的政策缺乏实质内容。

然而，有一种方法可以让我们走出感觉的缺失，这一方法能全方位重振我们的感官。我们需要与那些在感觉认知上发展到极致的人换位思考，他们对日常生活有着更为细致入微的体验。让我们来看看两个个体的例子吧，他们能给培养我们被忽视的感觉带来灵感，并扩展人类意识本身。

黑暗的可能性

1828年5月26日，星期一的下午，一名鞋匠在德国纽伦堡的街头注意到一个穿着农夫服装、神情迷惘的年轻人在无助地徘徊，他只能低声含糊地说出很少且不连贯的词语。他身上带着的一封信声称他出生于1812年，是一名已故骑兵军官的儿子。他除了自己的名字"卡斯帕·豪兹尔"（Kaspar Hauser，1812—1833年）以外什么也不会写。

他被当作流浪汉在一间当地监狱拘留了数周后，卡斯帕被格奥尔格·弗里德里希·道梅尔大夫（Dr Georg Friedrich Daumer）带回了自己的寓所。道梅尔是一名教授，也是一位哲学家，他慢慢教会了卡斯帕说话。卡斯帕最终吐露了他那让人难以置信的逸闻。从他记事以来，就一直被关在一个没有光亮、长2米宽1米的屋子里。每天都有一个人给他拿来面包和水，但他从未见过那个人。他睡在稻草铺成的床上，唯一的财产是一个木刻的马。就是这个身世不明、只有4英尺9英寸高的陌生的弃儿，在绘画上却显示出了非凡的才华。他可能是巴登王朝的王位继承人吗？被那些不择手段的王位竞争者绑架并囚禁以阻止其继位？围绕着这个少年的迷雾在1829年他被一个不明刺客袭击后进一步加深。1833年，他又一次被袭击了，他声称凶手是一个陌生人，在他左胸上留下了刺伤。几天后卡斯帕一命呜呼。有些人认为他是政治阴谋的受害者，另一些人则认为他在一次意外中害死了自己。卡斯帕·豪兹尔之谜到现在从未被解开。

撇下所有的不确定因素，我们知道的是卡斯帕具有异于常人的感官能力。这些都被受人尊敬并对卡斯帕这一个案非常感兴趣的法学家安塞尔姆·梵·法尔巴赫（Anselm von Feuerbach）一丝不苟地记录了下来。法尔巴赫注意到"卡斯帕在感官感知上那不可思议的敏锐与强烈"，这很可能是通过被囚禁在黑暗中数年、必须在最大限度上利用可获取的极少的刺激这一过程中发展出来的。细致的实验和观察结果表明卡斯帕具有非凡的视力，几乎能在黑暗中视物。黄昏来临大部分人只能找出很少几颗星星时，他已经能在各种各样的星座中看到上百颗星星。60步开外他能在一丛接骨木莓中分辨出独立的浆果，并能与近旁的黑加仑区分开来。他的听觉高度发达，能轻易从脚步声中认出来者。他的嗅觉能力也非常出名。卡斯帕能在距离很远的地方通过嗅闻树叶的味道分辨出苹果树、梨树和梅子树。但是嗅觉对他来说也是一个巨大的不幸。法尔巴赫记录道："最清淡并令人愉悦的花香，如玫瑰的芬芳，对卡斯帕来说却是一种无法让他忍受的恶臭，强烈地影响他的神经。"他甚至能闻出埋在地下的尸体的气味，这会使他陷入一种疯狂的状态。由于长期生活在地牢的温度中，他对热和冷都异常敏感。第一次触碰到雪时，卡斯帕痛苦得大声尖叫。

卡斯帕所有感觉中最杰出的是对磁场的感觉。当一个磁体的北极指向他时，他能感到被其吸引，就好像一阵风从他身边吹过。而南极呢，据他所说，也像有一阵风吹向他。两名对此表示怀疑的教授进行了若干专门设计来欺骗他的试验，发现卡斯帕确实具有一种可以确定的强大的磁感，也就是前文提到过的五种感觉之外被当代科学家们确认的一种感觉。

从卡斯帕·豪兹尔的感官传奇中我们能收获什么呢？可以肯定的是环境能改变我们的感觉能力，使它们达到出人意料的高度敏锐状态。卡斯帕的嗅觉和在其他野孩子身上所发现的情况一样，根据康斯坦斯·克拉森（Constance Classen）的看法，"这种感觉可能天生对人类来说就有极高的重要性，只有在被文化所压抑时才会失去其重要性"。因此，如果我们持续努力锻炼，也可能嗅出果树的树叶清香，或是能分辨不同品种苹果气味之间细微的差异。卡斯帕那超人的感官能力消退之快也非常显著。在逃出地牢几个月后，他就适应了自然光和人造光，其夜视能力开始退化：他仍能在黑暗中走路，但不再能够在黑暗中阅读或是辨别物体。他的味觉也适应得非常迅速。刚开始他厌恶除面包之外的任何食物——那是数年来他的主要食物，但他很快就开始吃大部分肉类。卡斯帕还抱怨自己敏锐的听觉在融入社会后退化了。文化和环境看来一直在和感官做游戏，转变它们之间的平衡关系，鼓励某些感觉在某一段时期兴盛，而有些时候又消退。所以，在我们加入这个游戏之前，我们应当借机搜寻一下那些能帮助我们扩展感官能力的方式。

和卡斯帕·豪兹尔一道，还有另一个让人无法忘记的感觉偶像：海伦·凯勒（Helen Keller）。海伦1880年出生于阿拉巴马州北部一个富裕的家庭，过着普通的童年生活，直到18个月大时生了一场大病——很可能是脑膜炎——使她丧失了视力和听力。在随后的几年中，海伦变成了一个任性顽固、具有攻击性的孩子。她会将毫不知情的家人锁在他们的房间里，并把钥匙藏起来；当人们没有按她的方式做事或是由于自己无法表达而受挫时就会大发脾气。但是海伦7岁那年，她的生活彻底改变了。海伦的父亲寻求了亚历山大·格拉汉姆·贝尔（Alexander Graham Bell, 1847—1922年）医生的帮助。贝尔不仅是电话的发明者，也是知名的聋哑专家。他建议海伦家从波士顿的帕金斯盲人学院请一位家庭教师。数月后，安妮·曼斯菲尔德·莎莉文（Anne Mansfield Sullivan）来到阿拉巴马和这个家庭一起生活。

安妮教海伦交流的方式是在她的手上写字，用一系列代表字母表中字母的手势语表达，就像一种用手指触摸的莫尔斯码。起初，海伦无法将拼写在手上的词"洋娃娃"与另一只手上拿着的自己的洋娃娃建立任何联系。但很快就发生了在感觉历史上最为改变人生的一刻——当安妮强拉着学生的手放在水龙头下时，正如海伦在她的自传中所记录的：

> 当一股清冽的水流喷涌到我的一只手上时，她就在我的另一只手上拼写"水"这个词，起初是慢慢地，后来变得飞快。我静静地站着，所有的注意力都集中在她手指的动作上。蓦然间，我感觉到一种被遗忘了的朦胧的意识，或者说，是一种沉睡意识的回归和觉醒；神秘的语言世界展现在我面前。于是我知道了"水"的意思是从我手上流过的奇妙而凉爽的东西。这个具有生命力的词语唤醒了我的灵魂，它带给我光明、希望、欢乐，将我置于一个无限自由的空间！

海伦明白了宇宙万物都有自己的名称，而手语字母是打开知识大门的钥匙。"当我们回到屋子里，我碰到的每一件东西都好像在有生命地颤抖一样。"几小时后，她就在自己的词库里增加了30多个词语。很快，她就能阅读盲文了。在水给予的启示的3个月后，海伦写出了她的第一封信。尽管被笼罩在黑暗、无声的世界中，海伦的才智却日益成熟。1900年，她进入拉德克里夫学院学习，四年后成为首位从高等学府毕业的聋盲人。大学毕业后，海伦成为了一名作家和讲师，一名为聋盲人积极奔走的热心支持者以及一名社会活动家。她声名远播，见到了在她的时代最伟大的人，从马克·吐温到肯尼迪总统。安妮·莎莉文通常都陪在她的身边，在她的手上为她翻译。她的自传《我的生活》（*The Story of my Life*）售出了数百万本，并被改编成奥斯卡获奖影片《奇迹创造者》（*The Miracle Worker*，又名《海伦·凯勒》）。这部电影在她生前就已拍摄完成，但她自己却永远也看不到。

　　海伦的生活经历通常都被认为是克服极端生理逆境取得个人成功的一个鼓舞人心的故事。但其对于如何发展感官能力而言，也同样能给予我们灵感。和卡斯帕·豪兹尔一样，海伦拥有极其敏锐的感觉能力。但和卡斯帕不一样的是，她醉心于自己感

海伦·凯勒与大自然进行感觉交流，1907年前后。

觉的快乐中，并且能将自己的感知体验以诗一般优美的笔触表达出来。她的文字带我们走进可以想象到的最崇高而复杂的感觉世界。海伦拥有一只被她称为"可以看的手"：

> 思想组成了我们生活的这个世界，我们对世界的印象提供给思想养料。我的世界是建立在触觉之上的，缺乏物理意义上的色彩和声音。但是，即使没有色彩和声音，我的这个世界也与生命一起呼吸和悸动。……水仙在成长开花时的凉爽和夏日晚风的凉意不同，与渗入正在生长的植物深处滋润它们生命和身体的雨水的凉爽也不一样；丝绒般的攻瑰和成熟的蜜桃的触感不同，和婴儿那带酒窝的柔嫩脸颊又不一样；石头的坚硬之于木头的硬度，男人低沉的声音之于女人低声说话的声音也都不同。我发现我称之为美的事物都是这些特质的一个集合，在很大程度上取决于碰触每个事物时的直线和曲线……请记住，当你依赖于自己的视觉时，你不会意识到有多少事物是可以触碰感知的。

海伦通过振动聆听古典音乐，她能通过陌生人走路时在地板上的共振判断他的年龄和性别。一天，当她在最喜欢的一片树林散步时，她突然从自己身侧感到一阵意料之外的气流，于是知道附近那几棵自己喜欢的树一定是最近被伐倒了。她甚至声称能通过类比能力领会颜色。"我明白为什么绯红色与深红色不同，因为我知道橙子和葡萄柚闻起来的味道差别。"但是，海伦也意识到了自己知识的局限性，她自己永远无法感知一个房间或是雕塑的整体，只能依靠在某一时刻用自己的手指一小片小一片拼凑出世界的一小部分。

海伦·凯勒的故事跟生活艺术有什么关系呢？"我曾和双目健全的人一起散步，但他们的眼里却看不到树林、海洋或天空，他们的眼里不管是城市的街道上还是书里都是一片空白。这是多么愚蠢而虚假的视觉呀！……当他们看到什么东西时，他们的手仍旧放在自己的口袋里。毫无疑问，这是他们的知识通常如此模糊、不准确且无价值的原因之一。"因此，我们的目标应该是将手从口袋里拿出来，培养我们的各种感觉。这样既能滋养我们的思想，并且最终也能深化我们的生活体验。

拉扎勒斯的膝盖

感觉在日常生活的方方面面都可能是一种挑战。有些人觉得自己是感觉袭击的受害者——持续不断的图片"轰炸"以及刺耳的噪声迫使他们去寻求平静和安宁，闭塞自己的各种感觉。另一些人则过着忙忙碌碌的生活，他们没有时间欣赏感觉的宇宙。然而，如果我们每天将海伦·凯勒当作一个同伴，我们可能更能意识到感觉是上天的礼物，能由此激励自己将感觉培养作为个人要务。我们如何能促使自己打开自己的各项感官而不是关上它们呢？

我曾请一位盲人朋友设计一份游览牛津的感官旅游路线图。她认为起点一定要是牛津大学新学院的礼拜堂。那里有一座由雅各布·爱普斯坦（Jacob Epstein，1880—1959年，著名雕塑家）所塑的拉扎勒斯（Lazarus）的雕像。我问她为什么，她回答道："摸摸看，他有全世界最漂亮的膝盖。"从这一起点，接着去牛津帐篷市场，你会沉醉在空气中飘散着的熏鱼、屠夫的锯木屑、野生蘑菇以及补鞋匠的皮革那种中世纪的混合气味中。随后蒙上眼睛沿着泰晤士河的纤道散步。我又一次感到好奇。她解释说："这样做不只是要感受河面上吹来的凉爽的微风或是听加拿大雁扑腾翅膀的声音。纤道上有一段路崎岖不平，你会有一种随时都会一脚踏空然后摔倒的感觉。这使你的精神必须全神贯注地集中在脚趾上。"旅程的终点是阿什莫林博物馆（世界上最古老的博物馆之一）。这位盲人朋友告诉我："曾有一位艺术史学家向我展示博物馆里他最喜欢的一幅肖像画。我请他描述给我听。他就开始告诉我绘画中运用的笔法以及画面的结构这一类的废话。我问他：'那这位画家是如何让他作品中的脸看起来有人性的呢？'他无法回答这个问题。因为他从来没有真正地好好看过他最爱的画。"如果我的这位朋友是位导游，一定会请游客们向她描述这些画作，这样他们就能学会以一种全新的眼光去看这些画了。

我们其实可以将自己看作感觉旅行者。在本地开始一段旅程，以发掘其隐藏的深度和美丽。你能拟定一份旅行指南来探索你的周边，甚至是你自己家吗？或者我们可以决定简单地将精力集中在每晚所吃食物的气味和口感上，寻找确切而正确的词语描述我们的用餐体验——成熟的李子表面闻起来是什么味道？在我们嘴里的口感如何？同样的，我们也可以磨炼自己的非传统感觉，如做瑜伽或是体验亚历山大疗法（旨在纠正不良姿势、保持身体平衡性的互补性疗法）以发展我们在运动和平衡上的运动感觉。我们还应该感谢自己的感觉可以成为一种潜在的能给予我们安慰的力量源泉。我曾通过沿威尔士海岸徒步行走的方式，加之每天只专注于各种不同的感觉——嗅觉、听觉、视觉，最终治愈了自己破碎的心。这不仅转移了我对个人痛苦的注意力，并且使我更积极地沉浸在现在，很像是一种冥想。

感觉是我们认知世界、认识自己的一种非常宝贵的方式。我们大部分人都还没开始利用这一潜在的力量。打开我们的感官是一种我们天生拥有却被忘却的自由，能为我们的生活增添全新的意义和体验。是时候放开自己，去拥抱一直等待着我们的所有喜悦、惊讶、好奇心和记忆了！

旅行

"旅行可以驱散传说的迷雾，消除自婴儿时期就被灌输的偏见，促使人类相互理解、达成一致的完美。"这是托马斯·库克（Thomas Cook, 1808—1892年，近代旅游业先驱）的信条，他是跟团旅游的发明者，19世纪最成功的旅行公司的创始人。今天，这家公司仍使用这个名字开展大量的旅行活动，如特价海滨度假之旅、豪华游轮假期以及周末摆脱日常忙碌的浪漫城市之旅。但旅行刚开始时是出于一种完全不同的使命。19世纪40年代早期，库克作为一名世俗的浸信会传教士，同时也是英格兰中部地区禁酒运动的积极成员，突然有了一个绝妙的想法。他为贫穷的劳动者组织了一次火车旅行，从莱斯特到附近的城镇拉夫堡去参加一次禁酒大会。在拉夫堡有一些虔诚的牧师会号召他们远离酒这一恶魔，从而走上一条更接近上帝的道路。

尽管这可能不是你所认为的一次完美假日游的好点子，但在1841年7月5日，超过500人登上了库克专门租用的火车，完成了到拉夫堡的22英里的旅程。随行的还有一支铜管乐队和大家挤在一起。这些"度假者"每人为这次旅行付了一先令，听着支持禁酒的那些鼓舞人心的言论，享受了一次野外午餐，在摸瞎子游戏、集体舞和板球比赛的欢乐中结束了一天的活动。库克在这一开拓性事件之后又继续组织了前往欧洲和圣地的大规模跟团旅游活动，始终保持低价，并促使海外旅行对普通劳动者和办公室职员开放，而不只是属于资产阶级和上层社会的专利。1861年，1 000名游客，其中包括来自布拉德福特纺织厂的200名工人，一起到巴黎旅行，往返费用仅为1英镑。库克相信他组织的旅行不仅能为工人们提供日常工作以外的休闲机会，而且还能通过与新文化的接触给他们提供开阔视野的机会。他声称："旅行能创造世界大同。"

带着这一愿景，库克于1892年抱憾而终，享年83岁。那时，他的公司家喻户晓，是世界上首批在全球都被认可的品牌之一。但是自19世纪70年代，当他的儿子约翰·梅森·库克（John Mason Cook）接管后，公司的发展目标日益变得商业化。它开始培养富有的客户，包括欧洲皇室和印度王公，并且只推广最有利可图的旅游线路。比起组织精神之旅或是促进多元文化之间的相互理解，现在发售他们新的旅行支票成为最重要的事。托马斯最终被他那雄心勃勃的儿子迫使退出了公司的运营。于是，旅行历史失去了其最伟大的传教士。

托马斯·库克父子公司的故事对今天来说就像一个寓言，促使我们考虑如何旅行以及我们希望旅行在生活中扮演什么角色。将我们的假期用于躺在太阳下，旁边放一杯鸡尾酒或是在租住的乡间别墅附近漫步是否就够了？或者我们是否应该像托马斯·库克那样，将旅行视作一种可以改变我们自己的方式？为什么我们都欣然排长队只为了看一眼《蒙娜丽莎》或是只为在泰姬陵前照张相？我们如何能在旅途中与其他文化建立友好的关系？什么样的旅程最能启迪并转变我们通往生活艺术的方式？

你在当地旅行社的顾问是不太可能告诉你这些问题的答案

的。我相信，最见多识广的顾问，是那些历史中的旅行者。他们能激励我们采用一种托马斯·库克会赞赏的旅行方式，并留意古罗马诗人贺拉斯（Horace）的警告——贺拉斯曾写下这样的诗句："那些匆忙渡海的人呀，他们改变的是自己所处的气候，而非灵魂。"有四种历史人物角色我们可以试图仿效，每一种都代表了一种不同的旅行风格：朝圣者、旅游者、流浪者和探险者。你可能会认同他们中的一类或几类。这些角色会引领我们踏上深化我们灵魂而非只是徒增皮肤颜色的旅程。

朝圣者

每年有超过50万人前往位于田纳西州孟菲斯的埃尔维斯·普雷斯利（Elvis Presley，1935—1977年，又被称为"猫王"，美国摇滚巨星）故居的优雅园（Graceland）"朝圣"。他们到猫王墓前致敬，心怀敬意地列队参观纪念展品，其中包括他那著名的闪光亮片装饰的连体裤这样的精选展品。最后在临走前还要买一件埃尔维斯T恤。但是，用"朝圣"这样的词来描述参观优雅园的举动正确吗？传统意义上的宗教朝圣对世界上大多数的主流信仰都是极为重要的。信徒们前往罗马亲吻已经磨损的圣彼得雕像的脚趾，环游卡巴天房或是沐浴在神圣的恒河水中。这些朝圣都有两大重要组成成分：一个有意义的终点以及一个艰难但可能会改变一生的旅程。一些猫王的粉丝会到他的墓前致意，但很少有人会历经艰难抵达优雅园。他们很多人都是飞到孟菲斯或是参加游览车之旅。这完全不能与古罗马君士坦丁大帝的母亲圣海伦娜（St Helena）的探险之旅相比。圣海伦娜在其70岁时和随从一起经由陆地穿越拜占庭和安纳托利亚，在60个不同的地方过夜，在公元327年完成了第一次前往耶路撒冷的基督朝圣之旅。与伊本·白图泰（Ibn Battuta，1304—1377年，摩洛哥人，大旅行家）

就更没有什么相似之处了。白图泰是穆斯林中的马可·波罗，他在14世纪花了差不多30年时间从他的出生地丹吉尔经过75 000英里的艰苦旅程四次到麦加朝觐，相当于从印度北端到斯里兰卡那么远。

朝圣在今天仍然非常重要，因为在我们现在这个更为世俗化的时代，它启发了一种正在消失的旅行方式。历史上的朝圣和休闲的假期没多大关系。他们是真正的旅行家，保持了旅行一词的原意。"travel"（旅行）一词源于"travail"（艰辛），意味着要承受苦难和跋涉。他们的旅行通常标志着人生重要阶段的挑战，能给他们的生活带来目标感，并能拓展自己的生活体验和想象力。以下案例绝对是两种最为原始的朝圣：一位是17世纪的日本诗人；另一位是为和平而行动的朝圣者，他从德里步行到华盛顿，以此进行政治抗议。

松尾芭蕉（Matsuo Bashō，1644—1694年，日本俳谐师），出生于一个武士家庭，在青年时就作为17字音俳句形式的杰出诗人脱颖而出。在跟随一名佛教和尚学习参禅后，他成为一名隐士，在江户（现在的东京）郊外的小屋中作诗。然而，在他生命中的最后10年，芭蕉毅然出行，在日本进行了数次朝圣之旅，仅带着他的笔墨纸砚和外套。在解释自己旅行的目的时，他写道：

> 追随先贤的榜样，先贤曾说行万里路，不求万全准备，不要在乎自己的预先规划，只愿在纯洁的月光下达到一种忘我的状态。我于1684年8月下旬在秋风的悲号中离开了自己在隅田川破旧的家。

松尾芭蕉之行属于日本传统的佛教朝圣，旅行本身被看作通往成佛之路的个人修行，或者起到像今天的心理自助书籍之类的作用，旅行的过程比终点更重要。但激励松尾芭蕉真正的动力并不仅仅是去佛教圣地叩拜，同时也是在旅途中获得能发展自我醒悟的体验。他更追求心路历程而非外在的旅程。记录在《奥州小道》（*The Narrow Road to the Deep North*）中的最著名的一次旅程中，芭蕉变卖了自己的房子，花了两年时间在本州岛北部各省流浪，有时候一个人，有时候和同伴一起。自然，他拜访了佛教圣地，如山中的寺庙，但其旅程中的独特之处还包括到非宗教性的地方"朝圣"，比如一些对他而言包含有重要个人意义的地方。他去了教他冥想的导师佛顶禅师（master Bucchō）那与世隔绝的隐修处，拜访了老朋友及其家人，他还向俳句前辈作品中所吟咏过的著名的柳树和松树致意。松尾芭蕉情绪上的敏感与其敏锐的感性认知相互匹配。这位年老的诗人会停下来倾听蝉声，或是品味微风拂面的感觉：

> 可赞啊！
>
> *南谷熏风荡，*
>
> *灵山残雪香。*[1]

松尾芭蕉意识到成就一次内在心灵之旅的最佳方式是徒步，尽管这会使旅行变得更加需要充沛的体力。穿着他的芒鞋行走，而不是坐在马背上驰骋，给了他时间注视樱花树的美丽、与途中其他旅行者聊天、赞美秋月或是尽情欣赏周围的自然风光。有规律的脚步节奏会将他带入一种冥想般宁静的状态，使他的思想"获得一种确定的平衡和宁静，不再是烦恼焦虑的俘虏"。他还具有一种冒险特质，好像十分陶醉于临时改变旅行计划或是迷路亦或突然发现一个不期而遇的村子的不定状态之中。松尾芭蕉绝不会将自己的脸埋在地图中，同时他也是第一个将漫游转变为一种艺术形式的人。

大部分朝圣之旅都由上天所激励，而20世纪最为极端的一

---

[1]译文参照闫小妹、陈力卫所译《奥州小道》，陕西人民出版社。——译者注

松尾芭蕉，一身香客装扮，在漫游途中停下来与两名农夫共度中秋。

次朝圣却是由一位无神论哲学家鼓舞的。1961年，萨提斯·库玛（Satish Kumar，1936年至今，印度社会活动家、和平朝圣者），曾经的一名耆那教（Jain，印度传统宗教之一）僧侣，他在班加罗尔一家咖啡馆里读到伯兰特·罗素（Bertrand Russell，1872—1970年，20世纪英国哲学家，20世纪西方最著名、影响最大的学者和和平主义社会活动家之一）因在伦敦举行反核示威活动而被逮捕的消息，他转向朋友普拉巴卡尔·梅农（Prabhakar Menon）说："有一位90岁的老人因为参加非暴力反抗运动进了监狱。我们能做点儿什么呢？"

这个问题促成了一个想法：他们决定进行和平朝圣，从印度步行到莫斯科、巴黎、伦敦和华盛顿这四大核武力量中心，抗议使用核弹。如果你认为这是个疯狂的计划，这也确实是，但更疯狂的是他们决定在整个旅程中不花一分钱，并将此作为原则。他们认为金钱会成为真正的人与人之间交流的障碍。没有钱，他们就必须要和他人交流，请求他人的款待，而这样做就更能传播他们的政治观点。

1962年，他们从德里甘地的墓前出发，在两年的时间里走了超过8 000英里的路程，几乎全是步行。无论他们走到哪里，都能找到他们这项事业的支持者慷慨地给他们提供食物和住处。在喀布尔款待他们的人给了他们每人一顶皮帽作为礼物，为穿过赫拉特山区的艰苦跋涉作准备。在伊朗，有人看见他们穿的鞋已经是破破烂烂的了，因此给他们每人买了一双替换。一位亚美尼亚母亲给了他们四袋茶叶请他们带给世界上的四位领导人，也请他们转告这四位领导人：如果他们生气打算按下核武器按钮时，他们应该先停下来喝一杯茶冷静一下。这位母亲说："那样可以给他们一个机会考虑一下世界上的普通人想要的是面包而非炸弹，想要活着而不是死去。"

尽管库玛和梅农最终抵达了四个核武器国家的首都，那些总统或首相却都拒绝接见他们。他们在苏联政府试图将他们驱逐出境时离开了莫斯科，在风雪中步行了45天到达波兰边境。在巴黎，他们因为在总统官邸外抗议使用核武器而被投进了一座肮脏的监狱。他们的"和平朝圣"获得了全世界和平运动积极分子的关注。无论走到哪儿，他们都是媒体上的名人。他们和他们心目中的英雄伯兰特·罗素一起在他偏远的威尔士的小屋中一起喝了下午茶。在美国时，马丁·路德·金邀请了他们去自己家做客。

从某种程度上来说，他们的"朝圣"失败了。"我们在路上没有见过一个人不想要和平，但是没有人看起来知道应该怎么做以达到这一目标。"库玛在他的自传中写道。不过，这次旅程能让他在精神层面获得慰藉。"在流浪途中，我感到自己与整个天空、无垠的大地和海洋之间联系在了一起……就好像通过行走，我和大地本身结合了一样。"在他们一文不名只仰仗陌生人帮助的旅途中，他们发现全世界有无数善意和团结。"一种共同人性浮现出来——无论我们躺在舒适的床上，还是谷仓里，或树下的地上，那都是来自他人的礼物。"

在如今进行一次朝圣意味着什么呢？从松尾芭蕉和萨提斯·库玛的旅程中学到的第一课，是我们应该选择一个对自己有意义的终点，包括寻根之旅或是追寻一些重要事物的来源，如家族历史，当然也可能是你的政治理想。你可以回到爱尔兰你祖母出生的地方，拜访她的陵墓和她孩提时玩耍嬉闹的街道。假如你是一名护士，你可以到历史上对你职业有启发的地方朝圣，比如土耳其的乌斯库达军队营区，弗洛伦斯·南丁格尔（Florence Nightingale，1820—1910年，英国人，现代护理事业先驱）曾在那里为在克里米亚战争中受伤的士兵治疗。

第二课是这段旅程应该具有挑战性，理想的情况下应当包括徒步。飞到你朝圣的终点然后乘出租车前往五星级酒店的做法不会让松尾芭蕉有丝毫感动。我们应该把时间花在旅行上，给自己足够的空间沉思，以足够慢的步伐去欣赏风景的美丽与哀愁，无论是山林还是城市中心的贫民区。忘掉汽车吧！穿上草鞋，在广阔的天空下步行。我们还需要面对旅程中的逆境，这样旅行就成了探索自己的过程。并不用苛求自己像萨提斯·库玛一样身无分文地离开家、每天都需要乞讨晚餐。我所要表达的是，放弃我们日常舒适的生活也是一种有益的体验。我们逼着自己去达成一个目标。我曾和爱人一起从我们在牛津郡的家几经周折到德国拜访我的父母。旅程从乘五路公交车到火车站开始，然后进行了多次火车旅行：首先是到伦敦，随后乘坐欧洲之星到布鲁塞尔，再乘坐火车穿过边境到摩泽尔河谷。从那儿开始，我们乘船往下游走，然后又转而背着我们的帆布背包沿着河岸走了几天，在山毛榉森林中宿营。整个过程很辛苦，背包几乎压垮了我们，脚也受伤了。有一天晚上我们的帐篷还差点儿被一头活泼的野猪撞翻。但这正如他们所说的，是一种品格塑造。当我们最终抵达父母家门前，迫切需要一次淋浴时，我突然觉得花费如此大的力气来见生活中对我最重要的两个人是很应该的。

最后一课，同时也是我们应该感谢松尾芭蕉的是，我们应该将自己培养成为一名漫游者。很多人希望越快捷地抵达自己的度假目的地越好，并将抵达自己海边公寓或滑雪小木屋的旅程视为真正的假期开始前一个必须忍受的不可避免的痛苦过程。但"朝圣"的传统建议我们不应该沉迷于目的地。我们可以给自己设定一个目标，但最终是否到达并不重要。只要这段旅程能教会我们一些关于生活艺术的东西即可，我们甚至应该避免确立最终的目的地。松尾芭蕉建议我们不要太仔细地计划旅行线路。如果我们足够勇敢，甚至应该扔掉地图和卫星导航。他一定会说："要允许自己迷路，那是找寻自我的最佳方式。"当你在旅程中徒步穿过一座大城市时，就让太阳成为你的向导吧！或是循着奇怪的味道，或是不同寻常的声响，让你的感觉成为指南针！在到达你的目的地前，在一个名字吸引你的火车站下车，或是一个没有任何人下车的地方，将你的希望交给命运！作为一名朝圣者，你将发现旅行并不意味着抵达终点的方式，它本身就是一个终点。正如康斯坦丁·卡瓦菲（Constantine Cavafy，1863—1933年，希腊诗人）在他的诗歌《伊萨卡》（Ithaka，1911年）中所意识到的：

> 永远把伊萨卡牢记心间，
> 到达那里是你一直的心愿。

但请不要匆匆忙忙地赶时间，

最好旅途能持续多年，

这样到达岛屿时你已经年长，

拥有了一路上丰富的体验，

不会再期望伊萨卡使你富有完全。

旅游者

我14岁那年，父母带我离开了悉尼的学校，用三个月的时间到欧洲各地旅行。我们参观了12个国家并去了所有的景点，特别是意大利之旅。我登上了比萨斜塔，排队参观了佛罗伦萨乌菲齐美术馆中文艺复兴时期的艺术作品，在威尼斯乘坐体验贡多拉，在罗马圣彼得大教堂中漫步并凝望西斯廷礼拜堂的穹顶。我沿途给朋友和家人寄了这些地方的明信片，购买我所看到的景观的精巧复制品以资纪念。我由衷赞叹所看到的美丽景色，并站在雕像和教堂前以自己为主角拍了数百张照片。

为什么呢？

为什么我们要参观这么多美术馆？我和父亲对艺术都没什么兴趣，很快就在满屋子古代大师们的画作以及古罗马雕塑前昏昏欲睡。为什么我们虔诚地走进那么多教堂，而没有一个人是真正的信徒？为什么要乘坐昂贵的只有半小时的贡多拉，尽管我们清楚地知道这是一种宰客行为？为什么要拍下我在但丁的故居前吃冰淇淋的样子？那时的我甚至还不知道他是谁。

原因当然是这是一名游客游览一座城市的方式。参观著名的艺术品、历史建筑古迹以及壮丽的景色已成为数百万旅行者们标准旅行日程的组成部分。但我们如何解释这样做的原因呢？为什么我们第一次抵达巴黎就迫不及待地参观卢浮宫、登上埃菲尔铁塔，然后去凡尔赛宫呢？解开这一历史谜题能让我们了解成为一名游客的更原始的方式并探索不同的文化。

　　欧洲的旅游业出现在17世纪，当贵族们，特别是英国的贵族开始游历欧洲大陆时，这一活动被称为"壮游"（Grand Tour，过去的英国贵族子女遍游欧洲的教育旅行）。在仆人、家庭教师和向导等随行人员的陪伴下，富有的青年男子，有时候也可能是青年女子，踏上历时数年的文化旅程。通常，随行人员会带他们经过法国、荷兰、德国、瑞士，最后抵达最终的目的地意大利——在那里，他们不仅能找到最精美的文艺复兴时期的杰作，而且还有古罗马雕塑和其他在他们的古典教育中教导他们要尊崇的文物。正如塞缪尔·约翰逊（Samuel Johnson，1709—1784年，英国文学评论家、诗人）在1776年所观察到的那样："没有到过意大利的人，往往会因为不能见识公认的一个人所应该见识的东西而感到自卑。"这些享有特权的游客和除本地社会精英之外的当地居民鲜有接触，他们只将旅行视为一段走进过去的艺术而非遭遇人类现在的旅程。

　　旅游业在19世纪经历了一场迅猛的扩张。逐渐成长壮大的中产阶级发现他们有足够的收入和休闲时间去旅行，并且还能利用最新的铁路网络。但是他们应该去哪儿呢？一位德国出版商卡尔·贝德克尔（Karl Baedeker，1801—1859年）为他们给出了明确的答案。自1839年起，贝德克尔开始出版一系列畅销且形象的旅行指南，并很快占领了国际市场。在接近一个世纪的时间里，贝德克尔为欧洲、北美及许多亚洲和非洲的资产阶级旅行者们设定行程，很少有人在出发时包里没有他的那本令人信任的最新版指南——红色的书封面上标注着自己旅行的目的地。正如贝德克尔本身是个名人签名的收藏家一样，他的旅行者们变成了国家的"收藏家"——在他的帮助下将一个个国家在自己头脑中的清单上划掉——逐渐积累对世界地理的了解，就像现在许多人的书架上必不可少地仍放着《观光指南》（*Rough Guides*）和《孤独星球》（*Lonely Planets*）这样的旅行指南。

贝德克尔的主要原则是他的旅行手册能帮助人们完全独立地旅行。这样人们就不用依赖于"壮游"中的贵族们所必须雇用的向导或仆人，能从像托马斯·库克那样团体操作的放牧一般的旅行安排中解放出来。翻开贝德克尔的旅行指南，你能找到巨细靡遗的关于交通、旅馆、用餐、小费和购物的信息，以及几十张折叠的地图插页。但是每一本指南还都包括最为重要的看什么和怎么看的推荐。这是贝德克尔试图打造的一种旅游业持久意识形态的精神王国，而我们无疑是这一意识形态的继承者。

他的指南很大程度上模仿并推广了"壮游"中的新兴资产阶级的品位和行程安排。旅行的重点在于那些被欧洲上层社会视为恰当地体现了文化教育内容的真正的艺术品和建筑杰作。美术馆、博物馆、教堂和宫殿充斥着页面，因此旅行变成了等同于观览"高端艺术"的事，尽管他也留了一些空间给到阿尔卑斯山脉远足或是参观当地的市集。比如，到意大利中部的旅行指南就注解道："既要参观建筑古迹，也要审视造型艺术作品，建议旅行者让自己完全沉浸在历史上最伟大和最杰出的作品影响之中。"那你怎么知道哪些是最伟大和最杰出的呢？这可以从贝德克尔著名的星级评定系统中找到参考。这一创新受启发于其竞争对手——英国旅行出版商约翰·默里（John Murray）——两星给予那些不可错过的观光胜地，而其他的是一星或无星。

贝德克尔一直以自己旅游指南近乎偏执的准确和细节而自豪。典型的如对两星好评的锡耶纳大教堂的描述，用小字体写了整整三页。书中告诉我们教堂长97.5码，宽27码，十字形袖廊长56码。为什么了解这些细节如此重要，我们并不清楚。他在书中

埃莉诺·罗斯福（Eleanor Roosevelt，1884—1962年，美国第32任总统富兰克林·罗斯福的妻子）于1905年在威尼斯度蜜月时乘坐贡多拉。青年时期她就参考贝德克尔指南游历过欧洲。该指南建议第一次到威尼斯的游客应该体验一次二星级的"贡多拉探索之旅"——参观大运河河畔的60颗建筑明珠。

还展示了大理石的讲道坛由9根花岗岩柱子支撑，尽管任何想要数清楚这一数目的人自己无疑都可以做到。贝德克尔列举了教堂中94件值得关注的艺术品——大多是壁画和雕塑——这对任何想要粗略欣赏的人来说都太多了。我发现这些艺术品中只有一件真正吸引我的东西：一件银质骨灰盒，由弗朗西斯科·安东尼奥（Francesco di Antonio）于1466年制作，里面放着施洗者圣约翰的胳膊。

除了星级评定系统以外，贝德克尔的指南还因其详尽而确定的旅程线路而闻名。它告诉旅行者具体应该参观什么，可以按照什么顺序以及需要多长时间。根据1909年出版的手册，你能在两天中参观完锡耶纳所有的景点。比如，第一天早晨你应该参观加富尔街，随后是田野广场和锡耶纳市政厅，然后应该去圣乔凡尼教区教堂，最后是锡耶纳大教堂博物馆。下午要留足时间给游览教堂本身和其著名的图书馆，然后是14世纪的哥特式宫殿。贝德克尔的旅行者们显而易见会在景点之间疲于奔命，眼睛锁定在街区地图上，匆忙地在脑中灌输教堂建筑的相关数据。

贝德克尔指南变成被人嘲弄的笑柄完全不会使人吃惊。1985年，爱德华·摩根·福斯特（E.M. Forster，1879—1970年，英国著名小说家）的小说《看得见风景的房间》（*A Room with a View*，1908年）改编成电影，女主角露西·霍尼彻奇（Lucy Honeychurch）在佛罗伦萨与圣公会教堂的牧师有以下一番对话：

伊格牧师：那么，霍尼彻奇小姐，你这次是以一名艺术学生的身份旅行吗？

露西：不，不是的。

伊格牧师：那像我一样，是一名想体验人性本质的学习者？

露西：我只是这里的一名普通游客。

伊格牧师：真的吗？我们这些本地人有时候觉得你们这些游客很可怜。就像一群鸭子被人赶来赶去，从威尼斯到佛罗伦萨再到罗马，除了贝德克尔旅游指南以外，不知道任何事情，总是急于看完一个地方再去别的地方。所以我最讨厌旅游指南了。我会把它们都扔进亚诺河里。

伊格牧师在今天很可能会继续坚持这样的观点。游客的旅行指南自20世纪30年代贝德克尔公司结束营业以来并没有多大的进步。（贝德克尔公司在当时变得具有纳粹色彩，甚至在1943年出版了一本占领波兰的手册，完全是在为德国侵略波兰辩护。）很多当代的旅行指南仍然将我们送去参观同样的美术馆、教堂和景点，尽管它们又增加了一些休闲海滩、流行夜店和廉价住宿选择的信息。如果你曾背包游欧洲，你可能会注意到你总是在自己旅行线路上的不同城市的博物馆和青年旅社看到同样的人，因为每个人用的都是同样模式的指南。具有讽刺意味的是，在21世纪的今天，我们仍在很大程度上追寻着壮游时代贵族们喜爱的旅行线路。尽管卡尔·贝德克尔曾希望培养我们旅行的独立性，但是他的遗产却阻碍了游客自己思考、遵循自己的好奇心和本能。也许指南只应该成为我们旅行过程中的临时伴侣，只在紧急情况下使用。

最重要的是，贝德克尔和他的模仿者们极力让我们相信教堂正面比城市的其他方面（如蔬菜市场、街头集市、咖啡馆、涂鸦墙、社区中心或儿童游乐场）更有意思。我们同样还被引导着去赞叹教堂立面的几何结构而非静心思考用他们的生命建造这些建筑物的工人们。游客指南认为旅行就是参观历史建筑和其他人造的物体而非探索创造当代人文景观的那些活生生的人们。

我相信真正不朽的值得一见的是人，这是旅行真正的魅力所在。20世纪30年代在苏丹经历了自身的早期旅行后，英国探险家威尔弗雷德·塞西格（Wilfred Thesiger，1910—2003年）写道："自从我来到达尔富尔北部之后，一直是人——而不是地方或是狩猎，甚至不是探险——对我来说最有意义。"我想他是对的。如果你想一想自己的假期体验，通常记忆最深刻的往往是那些在小村庄中对你友善的酒吧招待或是人力车司机邀请你去他家见他的家人的经历。这样的体验使我们得以洞察陌生的世界。我们必须要重新创造旅游业，使其超越贝德克尔和壮游时期的高雅文化的遗留。我们的目标应该是设定我们为观察者，甚至是参与者，参与到其他人的日常生活方式之中。将我们的游览方向引导到体验不同国家和文化的社会实践上，这样不仅能在我们如何生活上给予新的可能性的启发，而且还能向我们展示自己的生活方式有多奇怪。

比如，当我第一次到西班牙旅行时，我注意到酒吧里有一些不寻常的事。这里的父母带着自己的孩子一起，常常在夜里待到很晚。在英国你很难在星期六晚上发现夜店里有孩子的身影，他们通常都被禁止进入夜店。还有一个区别就是饮酒文化。在西班牙，啤酒杯或红酒杯都很小，人们在喝酒时还吃各种小吃。而英国人会自己一个人拿着一品脱的啤酒坐在那里，胃里空空如也，不可避免的结果就是烂醉如泥。当我住在西班牙后，我开始着迷于他们的购物习惯，包括每天清晨到数个小而独立的小店购买食物，这使我能遇到周围居住的人们，给我带来一种以前从没享受过的社区意识。有些生活习惯在离开西班牙后仍跟随着我，如我仍然每天到当地的小店买东西，在家用小小的西班牙酒杯喝酒。这些小触动较之在普拉多博物馆（世界第四大博物馆）的长廊中漫步给我带来了更多形式的迥异灵感。

不过，现如今参观其他国家已变成了一种过时的旅行方式。在气候变化影响如此巨大的时期，在周末小长假乘坐高碳排放的飞机飞行逐渐被视作一种社会尴尬和伦理上的不利处境。同时，日益增长的移民意味着在你的国家可能有比过去任何时候都更多的活生生的异国文化实例。这些转变向我们建议了一种作为旅行者的更有创造性的方式，即在家门口探索这个世界的陌生人，就在你生活的地方。我就住在一个人口超过十万的城市，但是只和其中很少一部分人有过真正的交流。当我参加一户穆斯林邻居的婚宴时，我爱人和我在数百名从未谋面的亚裔英国人中是仅有的两个白人。在牛津住了接近十年，我仍处在这一探索的初级阶段。

我们应该试着将自己看作后院的人类学家，探究我们每天路过的各种未知的思想——比如在邻居家的婚礼上探索其他人脑中的智慧——并搭建相互理解的桥梁。你可以和在自行车店工作的妇女展开一段对话，然后发现她竟然是巴哈派教徒（一种伊斯兰教的新兴派别）；你可以到当地的难民服务中心当志愿者，然后第一次见到来自刚果的医生；或是变成一位说另一种语言的留学生的寄宿家庭主人，这样异域世界会向你扑面而来；也许你还可以在每个周六的早晨去光顾不同的廉价小吃店，以期接触到很多第二代意大利和塞浦路斯移民。你在诸如此类的"旅程"中不需要以德克尔的旅游指南，也不需要在机场排队或是在宾馆住宿上花费不菲。

生活在开放的社会中，我们应该思考更多创造这些可能性的方法。试着想象一下：如果宾馆里有一个公立的托儿所，对所有外国游客和本地人开放，不仅允许孩子们在一起玩儿，他们的父母也能在那里见面聊天；又或如，公园定期举办交流性的野餐活动，游客可以和本地退休的人坐在一起谈论他们对生活的不同看法；……丹麦的一座城镇就发起了"真人图书馆"运动（由丹麦5位年轻人于2000年创立，这个图书馆借的不是书，而是"借"一个活生生的人与你交谈，其宗旨就是反暴力、鼓励对话、消除偏见）。你可以"借"一名酒馆的厨师、寻求庇护者、曾经药物成瘾的人或其他志愿者进行一个小时的交流。"真人图书馆"运动现在在超过20个国家得到推广。这是一种创新，力求将旅游业带入一个更具冒险精神的未来。

流浪者

"我们的生命力存在于运动之中，绝对的静止就是死亡。"17世纪法国思想家布莱士·帕斯卡（Blaise Pascal, 1623—

1662年）如是写道。我第一次看到这句话的引述是在《歌之版图》（*The Songlines*，布鲁斯·查特文著，1987年出版）中。布鲁斯·查特文（Bruce Chatwin，1940—1989年）对流浪生活的推崇让20多岁时的我着迷。书中提出了一种浪漫的想法，认为人类本质上都是流浪者，只有在持续不断地像贝都因人（阿拉伯的一个游牧民族）一样骑着骆驼经历在沙漠中从一个绿洲到另一个绿洲的流浪旅程才能感到生命的完整。在查特文的描述中，人类在此前的数百万年中都一直践行着不变的旅行者生活模式。狩猎族群和采集族群都跟随着野牛迁徙的路线或是随着季节挪动自己的营地，只在约1万年前随着农业的兴起才逐渐定居下来。根据查特文的说法，我们在本质上就是停不下来的，"定下来"的愿望以及有一个固定的家并在家里填满个人物品的行为在历史上是一件新鲜事，最终也会败给我们内心向往流浪的渴望。

　　我后来在20多岁到30岁出头时花了大部分时间旅行，参观和居住在不同的国家。租房子、合租、住青年旅馆，尽最大的努力不在一个地方落地生根。我从英国到澳大利亚，然后从西班牙到美国，又多次长时间待在危地马拉。我的生活的简单印证就是一个行李箱和一些盒子、总在变化的地址和护照上的各式签章。这种显而易见的流浪的生活方式不仅满足了我内心的不安分，同时也给了我逃离现代文明的自由。我没有贷款的负担，因此就没有把我拴在一份日常工作上或一个固定城市的东西。我试着过最简单的生活，不积攒任何生活杂物，如沙发、床、电视、桌子、衣物等，这些在消费者社会都被认为是定居下来所必需的。我同意14世纪伊斯兰哲学家伊本·卡尔敦（Ibn Khaldun，1332—1406年，中世纪阿拉伯著名哲学家、历史学家、政治活动家）所写的，流浪者"比起定居者更远离那些污染心灵的不良习惯"。如果我想学西班牙语，我可以搬到西班牙去；如果我恋爱了，我可以跟着我的爱人到世界上的任何一个地方漫游。那时，我允许自己沉浸在流浪的神话中，放任自己忘记很多流浪者的旅行是出于经济需要而不是一种生活方式的选择——他们通常循着一条设定好的路线，而不是从一个地方漫游到另一个地方；他们通常是和家庭或部落一起而非独自一人，并不像我通常所想象的流浪中的自己。

随着时间的流逝，我感到一种渴望安定的愿望逐渐萌发，就像很多人在变老的过程中所发生的一样。在30多岁时，我开始厌倦自认为的流浪生活。我渴望有一个自己的房间，可以放我盒子里的那些书，希望将墙壁涂成我想要的颜色并且有时间可以成为社区的一员。十年后的现在，我有了房子、有了一个家，我知道自己以前心里的那种不安分并没有完全离开我。我的脚有时还会蠢蠢欲动，一部分的我还暗自羡慕印度教的传统——当一个男人年过四十，一旦完成家庭责任后，就可以永远离开家，当一个漫游的苦行僧，又被称为托钵僧。

我们在今天的现代世界如何能像流浪者一样旅行呢？一个方法是不要过定居的生活，就像我在自己的"全球流浪者"时期一样。这对许多没有永久性住宅的人来说是一条可行之道，不管是流浪汉、流动的外来务工人员，还是基于人道主义信仰受聘于联合国的职员，抑或以教授英语为业、每年从一个国家迁到另一个国家的英语教师。然而，我想象中真正的流浪者，是伊朗巴赫蒂亚里族（伊朗西部的一个游牧民族）的牧人或是哥伦比亚亚马孙雨林努卡克（南美丛林的原始部落）部落的狩猎—采集者。我们很难看到自己的生活方式投射在那些例子上：大部分流浪者不会乘飞机出国，不会居住在城市中，更不会领每日的出差津贴或是将自己的书籍珍藏起来。

一个看起来更合理的探索流浪体验的方法是一种人们要么热

爱至极要么痛恨至深的旅行方式——宿营。流浪的人们是世界上最早的露营者，住在临时搭建的简易住所里，如披屋（斜棚）、圆锥帐篷或是圆顶帐篷；生命中的大部分时光都作为小社团的一部分居住在大自然中，依赖火源温暖自己和做饭。宿营不仅抓住了流浪的核心精神，同时也是我们能够轻易复制的事。它要求的只是和朋友或家人在苍翠繁茂的山谷中或能俯瞰大海的悬崖上一起搭起一个帐篷，将自己沉浸在简单的生活方式中。

　　然而，宿营的快乐却并不直接源于游牧文化。它于17世纪在各种社会力量的共同影响下出现。首先，浪漫主义运动鼓励人们与大自然之美融合，同时美化了反抗有序社会的亡命之徒和孤独的异乡人的生活。根据宿营方面的历史专家柯林·沃德（Colin Ward）和丹尼斯·哈代（Dennis Hardy）的研究，弗里德里希·席勒（Friedrich Schiller，1759—1805年，德国18世纪著名诗人、哲学家、历史学家和剧作家，德国启蒙文学的代表人物之一）的作品《强盗》（*The Robbers*，1781年）和乔治·博罗（George Borrow，1803—1881年，英国作家）于19世纪所写的吉卜赛传说就已"将强盗和吉卜赛人的营地理想化，这些无忧无虑的住客在星空下过着一种简单又英雄化的生活，看不起定居者自命不凡却无趣的舒适"。第二种影响是在帝国时代。欧洲强国都忙着经过艰苦跋涉深入非洲和亚洲腹地，支起他们的锥形帐篷，建造营房，因为他们想要在土著人的土地上扩大自己的控制力。宿营对殖民扩张非常必要，它不仅成为一种军队的生活方式，同时也是那些要么在前方领路、要么紧随其后的戴着太阳帽的探险家和传教士的生活方式。最后一个因素来自于移民的兴起。19世纪，成百上千人逃离欧洲到澳大拉西亚（泛指澳大利亚、新西兰、马来群岛以及附近南太平洋诸岛）、美国、加拿大和南非去开创新生活，有人成为猎兽者，有人做伐木工，还有人到农场当工人，又或者受到那闪闪发光的淘金潮的吸引。一些特殊的工业也顺势发展起来以满足这些人的需求：帐篷、行军床、火炉、水壶、宿营火柴和咖啡。他们艰苦的冒险传说很快在家乡的媒体流传，宿营成为了文化想象的一部分。

20世纪早期，宿营作为一种消遣方式一跃而成大众娱乐的一种形式。如少年军（Boys' Brigade）和教堂童军团（Church Lads' Brigade），这些领导者组织了这个时期的青年运动，带领大部分工薪阶层的男孩们参加宿营探险活动。其中，最知名的是童军运动。1907年夏天，罗伯特·贝登堡（Robert Baden-Powell，1857—1941年），一位英国陆军中将，发起了第一次实验性的童子军宿营。在多塞特郡近岸的一个岛屿上，20名男孩在帆布帐篷里住了一周。贝登堡于次年出版《童军警探》（*Scouting for Boys*）后，全英国对这种年轻人的新型集体消遣方式热情高涨，在还未有任何中央组织成立前就开始组织自己的团体。到20世纪30年代，有超过100万英国儿童是男童子军或女童子军成员，绝大多数人都参加过宿营。另一种不那么带军事色彩的选择也出现了，比如森林知识团（Woodcraft Folk），它强调国际和平、友谊和社会合作。宿营地的别样风景是使这些青年运动对那一代年轻人如此有吸引力的部分原因。我在20世纪80年代参加悉尼郊外英国圣公会男童社团的唯一原因也是缘于他们提供丛林宿营之旅，宗教是最没放在心上的事。

今天的宿营有好几种形式，并不是所有的都切近模仿流浪体验。现在的休旅车设备齐全，配有电视和其他奢侈品，和住在自己家没什么两样。配套的旅行车停车场通常提供综合娱乐设施，包括迷你高尔夫、游泳池和电影屏幕，这和贝都因人的营地简直有天壤之别。你可能还有幸参观过新时代的环保帐篷，住在太阳能帐篷中，每天的活动安排更常见的是冥想课程而不是像游牧民族那样去牧羊。还有一种被澳大利亚人称为"灰色游牧者"的选择，其专指退休人士花整年大部分时间在移动房车或娱乐车（recreational vehicles，RVs，设有床位、厨房等旅行用装备的休闲车）上，从一个地方开到另一个地方宿营，将静止不动的退休生活转变为巡游的自由。

但是，如果你的目标是触碰我们悠久历史中那些流浪的旅行家们看到的东西，你最好回到原点。这意味着在背包里放上一顶帐篷，与朋友或圈子里的其他成员到荒野或与世隔绝的地方远足，宿营一周。你不需要带着你的iPod 或吹风机，要像100年前早期的年轻宿营者们那样只带上生活必需品：一些食物、火柴、一把刀和雨天装备。宿营的美妙和自由就在于它的简单。正是简单最终明确了这种流浪的另一选项。黄昏降临时，你所需要做的只是生上火，坐在星空下，望着闪烁而迷人的火焰，像以前所有的流浪者所做的一样。

探险者

你暗中在模仿哪一种旅行者呢？如果不是朝圣者、旅游者或流浪者，你可能会将自己视作一名探险者。学校的教科书中描述的探险者通常都带有英雄式的光环——如克里斯托弗·哥伦布（Christopher Columbus，1451—1506年）、费迪南德·麦哲伦（Ferdinand Magellan，1480—1521年）和弗朗西斯·德雷克（Francis Drake，1540—1596年）——称赞他们是探险家和发现者，冒着生命危险填补了我们地图上的空白，扩展了世界的地理想象。然而，在所有这些浪漫的想象之外，探险也有要被揭露的黑暗面。那就是，探险的历史与种族歧视的历史密不可分。从西班牙到美洲的征服者，再到19世纪到非洲的殖民远征，探险家们统一形成了一种广泛的信念，那就是所遇到的异域文化比自己所在的文化要低一等。查尔斯·达尔文（Charles Darwin）就是一个例子。1834年，当他随海军调查船"小猎犬号"抵达火地岛时，这位27岁的博物学家声称当地居民是"最低等的野蛮人"，并记录下他们"肮脏油腻"的皮肤和"丑陋的涂了白色的脸"，他在自己的日志上写道：

> 看到那样的人，我们很难让自己相信他们是住在同一个世界上的我们的同类。一个常见的猜想命题是一些低级动物的生活中有什么乐趣可享。至于这些野蛮人，问他们同样的问题再合理不过了！

与此相较，也就是玛丽·金斯利（Mary Kingsley，1862—1900年，英国女探险家）显得如此与众不同的地方了。金斯利1862年在伦敦出生，没有接受任何正规教育。然而，通过饱览父亲图书馆的书籍，她教会了自己化学、力学和人种学知识，她还时常泡在探险家们的回忆录中。1893年，满怀着到国外旅行的热情，金斯利踏上了第一次到西非的旅程。她在这个男人的世界中是罕见的女性，大部分时间独自旅行，她登上了大喀麦隆山的顶峰，并乘独木舟沿着奥果韦河行进。她还是一位著名的鱼类学家，发现了3类小鱼，这些鱼在被她发现之后才得以命名。同时，她也是早期最勇敢的女性探险家之一，无惧于直视猎豹的眼睛。拉迪亚德·吉卜林（Rudyard Kipling，1865—1936年，英国小说家、诗人）写到她时说："作为人类，她一定有害怕的东西。但没人知道她怕什么。"然而，真正使她卓尔不凡的却不是这些，而是她对待被称为"非洲种族"的态度。

1895年，金斯利写给《旁观者》报的一封著名的信中，开篇用的是维多利亚时代认同的看法："非洲种族低于英国、法国、德国和拉丁种族。"但在这一论断后，她打破了自己时代的禁忌，争辩说非洲土著远不是没有道德的野蛮人。"我和他们一起生活，并试图了解这些非洲人。"她解释道，在精神上和道德上，这些非洲人"既有公平感也有荣誉感"，而且"他们擅长言辞，他们的好脾气和耐心与其他人类相比毫不逊色"。非洲人并不比其他种族残忍。尽管他们的丧葬习俗看起来有些奇怪，但他们和那些古希腊人没多大差别。金斯利超越时代地意识到并没有什么"黑鬼"，她注意到"英加尔瓦（Ingalwa）族人和布比族人（Bubi of Fernando Po）之间的生活方式区别与伦敦人和拉普兰人（Laplander，生活在芬兰、挪威北部的人）之间的差异没什么两样。自然地，一些《旁观者》报的男性读者认为金斯利的观点是对野蛮人和食人族的无耻辩护。她在比较非洲人和新教徒传教士时更引发了轩然大波。金斯利认为"土著"的良好本质"在传教过程中很容易被消除"。

玛丽·金斯利的例子告诉我们，应该重新思考成为一名探险家的意义。最伟大的探险家不应该是那些在殖民版图上不断扩张的人，而应该是那些在旅行中越过自己的偏见和臆断的人——无论这些偏见和臆断是基于种族、阶级、性别，还是宗教。一次成功的探险可以挑战并改变我们的世界观，将我们从狭隘且根深蒂固的旧有信念中解放出来。这些信念通常是无意识地从我们的文化、教育和家庭中继承的。玛丽·金斯利的旅行经验正是如此，其在维多利亚时代的客厅引爆了关于非洲种族歧视的"炸弹"。当一个探险家从旅途中归来时，他们将不再只是因为山间清新的空气或沙漠的美景而兴致勃勃，而是因为发现了观察世界的一个新奇的视角，甚至是可能发现自己获得了从事某一政治活动的灵感，进而质疑自己现在的特权或是摒弃一些关于上帝或人类本性的曾经珍视的信仰。我们也应该回头再看看托马斯·库克的智慧，他相信旅行的最终目的是清除我们思想中的偏见。

我们必须要重写旅行的历史，将旅行历史上的伟人祠换上新的具有世界观的探险家。忘记哥伦布或皮萨罗（Pizarro，1475—1541年，西班牙冒险家，秘鲁印加帝国的征服者）吧，他们的探险为持续数个世纪对美洲的掠夺铺平了道路——被西班牙人奴役的当地土著在安第斯山脉的波托西银矿（位于今天的玻利维亚）深处劳作，成百上千的当地人在殖民时期死去或是落下残疾。玛丽·金斯利才是我们应该钦佩的人。除她之外，还有另外两位旅行家的旅程可以为我们将来的探险提供可资借鉴的模式。其中一人就是兼具农夫、记者和政治家三重身份的威廉·科贝特（William Cobbett，1763—1835年）。

像一个世纪之后的乔治·奥威尔一样，科贝特敢于深入自己国家腹地，在英格兰各省间旅行，试图了解工业社会的崛起是如何影响农村人口的。他于19世纪20年代在马背上旅行，通常带着自己的一个儿子或一名男性家仆一起。他走访了众多小城镇和小村庄，在马蹄声中穿过田野，和在路上跋涉的劳动者交谈，沿途将所见所闻的心得体会写成文章发表在他自己主编的激进周刊《政治纪闻》（*The Political Register*）上，并在1830年出版了旅行著作《骑马乡行记》（*Rural Rides*）。

科贝特被他所遇到的农业工人们的贫穷和那不足解决温饱的工资所震惊。在《骑马乡行记》中，他对农业革命和19世纪资本主义给农村人民生活带来的浩劫加入了充满感情的描述。在看到威尔特郡埃文河谷产出的丰富充沛的食物时，他感叹道：

> 这是一个多么不平等的地狱般的体制呀！——让那些养活这个体制的人瘦骨嶙峋、赤身露体，而食物、饮品和羊毛几乎全堆在了债券持有人、领退休金的人、士兵、"死胖子"和其他一群群的税收蛀虫面前！如果这样的体制不能最终消除，那么魔鬼本身一定就是一个圣人。

科贝特经常让自己在旅途中停下来和人们交谈，并住在当地的旅舍。他还在旅行中自行禁食，将省下来的食物送给遇到的贫穷的劳动者。然而，他最值得钦佩的地方是改变自己思想的能力。科贝特是一个固执且有偏见的男人，他所列出的讨厌者名单有一长串，包括圣公会牧师、银行家、苏格兰人和贵格会信徒。但是值得称赞的是，他愿意根据旅途中的体验修正自己的看法。例如，尽管他对英格兰北部地区的人民表达过蔑视之情，但在旅行后他改变了自己的这一观点。他不仅开始欣赏他们的耕种技能，而且也包括他们的独立思想。同样的，1816年他曾公开批评卢德分子们（Luddites，害怕或厌恶技术的人）对机器的敌意。但当他自己亲眼看到机器是如何毁掉那些梳理和纺织羊毛以制作绒面呢的妇女赖以糊口的工作时，他承认"机械发明给这个国家造成了巨大的灾难"。旅行对科贝特而言，是矫正自己世界观狭隘部分的一种方法。

威廉·科贝特的旅行向我们建议了一种探险家式的旅行方式，它能拓展我们世界观的范围，那就是踏上"社会型项目"之旅。就像科贝特选择探索乡村的贫困情况一样，我们可以选择以一种能给予我们全新体验的方式来旅行，挑战我们习惯的思考和生活方式。准确地来说，这就是很多（虽然不是全部的）学生在间隔年（gap-year，高中毕业后进大学前的一年，源自英国，指学生离开学校一段时间，经历一些学习以外的事情）做的事。他们可以选择花六个月时间在波哥大（哥伦比亚首都）做收留街头流浪儿童的工作，或者在罗马尼亚的孤儿院当志愿者。在一个夏天，我曾到危地马拉当志愿者，在一个玛雅人冲突的难民村做人权监察工作。这引发了另一段旅程，我有一周时间都是和戴滑雪面罩的萨帕塔主义叛军和国际活动家待在墨西哥丛林，讨论反对新自由主义的策略。这些经历从根本上改变了我对政治、金钱、友谊和我应该做什么工作的态度。正如威廉·科贝特意识到的那样，这一类旅行能就近发生。你可以到精神病院做志愿者，或是加入修复缺失的灌木篱墙的组织工作。每年我们应该花一周的假期投入到类似的基于某个项目的旅行。尽管只有一周，也能对我们的生活产生重要的影响。

科贝特曾经到过的一个城镇是斯特劳德，在格罗斯特郡的科茨沃尔德山下。在那大约100年后，这里诞生了一位诗人、作家——劳里·李（Laurie Lee，1914—1997年）。他作为一名探险家的方式与"社会型项目"有所不同。和科贝特一样，他希望拓展自己的世界观，但是作为一名年轻人，他的旅程没有什么方向，更在于探索机会和可能性。我认为李是一名"存在主义探险家"，一个有意识想要逃离有限生活经验的藩篱和社会成规限制的人，却没有丝毫清晰的想法去扩展自己的眼界，只是感觉需要享受在路上的自由。因此，在1934年一个夏天的清晨，年仅19岁的李离开了还在沉睡中的村庄和自己的家，正如他所写的"离开是为了探索这个世界"。像流浪的朝圣者松尾芭蕉一样，他随身携带着很少的东西——一顶帐篷、一把小提琴、一些饼干和奶酪——就徒步出发了。他自由了，但他同时也感到必须"面对自由"——在生活中走自己的路，对新的自由和责任有一种负担的感觉。为什么李要离开自己自幼生长的地方，离开自己的母亲和兄弟姐妹，丢下他在斯特劳德办公室的稳定的职员工作？

> 我一直被已将数代人送上那条路的传统力量推搡着。这个围绕着小村庄的闭塞的山谷，那长满苔藓的令人窒息的空气，还有那如同铁娘子的胳膊般窄小细长的小村庄的墙……本地的女孩子们在窃窃私语："结婚吧，安定下来。"

李徒步100英里到达伦敦，在那儿作为一名劳动者工作了几个月。随后，他继续自己的旅程到了海边，跳上了一艘开往西班牙的船。接下来的一年，他步行穿越了西班牙，靠拉小提琴在街头卖艺维持生活，夜晚睡在户外或是寄宿于满是跳蚤的家庭旅馆。读关于李这些旅行经历的回忆录《当我在一个仲夏的清晨离开》（*As I Walked Out One Midsummer Morning*，1969年），你会意识到他的眼界和思想通过途中遇到的农夫、吉卜赛人、作家和士兵而逐渐变得开阔。当他在西班牙的土地上漫游时，李注意到逐渐加剧的政治紧张局面，而当他终于抵达南部海岸时，他被爆发的西班牙内战困住。所幸的是，他和其他旅行者及侨民一起得到了英国海军的救援，他最终回到了家乡。

然而他并没有留下来，而是前往了离家很远的科茨沃尔德。"我离开了两年，但并没有因此变得聪敏一些。"他写道，"我已经22岁了，还糊里糊涂的，在所有事情上还很幼稚。但我能意识到我回来得太早了。"李又回到了西班牙。但是这一次，他不是作为街头艺人，而是一名士兵。他的旅行在潜移默化中给了他一种政治教育，让他感到自己必须要加入反法西斯的共和斗争。"我并不是有意选择这项事业的，但它就这样偶然地发生了，并且恰好就在那里。"因此他再次从英国出发，这次是前往法国的比利牛斯山。在那里，通过一些无政府主义的村民的帮助，李经过充满戏剧性且非常危险的旅程穿过山脉到达西班牙。之后，他在那儿参加了国际纵队，其随后的人生一直在其分支工作。

和威廉·科贝特不同的是，劳里·李在第一次离开家时无法说出他要走的路。但他知道自己必须离开，尽管不确定要去哪儿。存在主义探险的力量在于这是一种确定和不确定的奇怪混合物。你感到必须要走出过去，但是却不知道你确切的目标。所以，保持一种开放的态度拥抱你可能会遇到的不同生活和思想方式吧，它们就在超出你想象力的地方等着你。

旅行在今天常常是作为一种逃离当下的方式。我们渴望一个可以暂时离开的假期，使我们可以从紧张的工作和家庭生活的压力中获得暂时的轻松。我们想要放松，暂时封闭自己，不要困在上下班的交通或每天为孩子做饭的循规蹈矩之中。我们梦想躺在安静的海滩上或是请自己住几晚顶级酒店。像这样的假期通常只是我们认为在逼自己回到日常生活之前，让精神复原所需要做的。这样的旅行就像是一种生存机制的调节形式。

乍看之下，我所讨论过的旅行方式——作为一名朝圣者、旅游者、流浪者和探险者——可能看上去要花太多精力。这对于只是想要逃避一阵、希望跷着二郎腿放松放松的人而言，可能真是那样。但你真的会因为开始一次漫游的朝圣之旅或到你的社区进行一次交流之旅而感到厌烦吗？兴许，我们可能也还记得踏上一次实验性的旅程可以被看作"时间开始"，是我们生活不可分割的部分，而不是"时间休止"。我们有充分的理由回到一种改变的状态去探索世界，一个不是地图上的、也不是在旅游指南上的世界。

大自然

　　《赤身裸体进入森林，独居荒野两个月》，1913年8月，《波士顿邮报》在头条报道了一名业余插画家和前狩猎向导约瑟夫·诺尔斯（Joseph Knowles）在一群记者面前脱得一丝不挂之后走进缅因州的荒野、进行一场轰动的"人对抗自然"的实验的事件。他想要仅依靠土地过日子，就"像亚当一样生活"。诺尔斯随身没带任何工具：没有刀、食物、衣服和地图。他说自己的目标是"证明人尽管因文明习惯而变得有缺陷，在身体条件上和先祖仍然等同"。

　　在冒险过程中，诺尔斯变成了一位名人。每隔数日，他都会用木炭在桦树皮上写一篇日志，然后将其当作稿件放在一个秘密地点以供邮报的记者收集并公之于众。热切的公众通过报纸知道了这个44岁的男人穿着灯芯草做的"时尚"鞋子，像穴居人一样钻木取火，以浆果、鲑鱼甚至鹿肉为食，他还徒手勒死了一只鹿。8月24日，人们更震惊地知晓了他竟然将一只熊诱进了一个陷阱并用棍子把它打死，之后用熊皮做了一件外套。当健康的诺尔斯身披熊皮回到文明世界时，成千上万人在他的汽车队伍穿过波士顿时向他致敬。诺尔斯谈到简单的原始生活的好处时宣

约瑟夫·诺尔斯，1913年准备进入缅因州森林前的瞬间。

称这是他的一次精神之旅。他说："我的上帝在荒野中。大自然这一伟大的书卷就是我的信仰。我的教堂就是森林的教堂。"诺尔斯随后写了畅销书《独居荒野》（*Alone in the Wilderness*，1914年），并带着他那戏剧性的故事跟着歌舞杂耍马戏团做巡回演出。指责他的冒险经历造假既没有影响他的知名度，也没有让缅因州政府免于对他开出在非狩猎季节杀死一头熊的205美元的罚金。

约瑟夫·诺尔斯的迅速成名反映了一个世纪前在美国还不存在的一种新的源自于荒野的对公众的吸引力。当亨利·戴维·梭罗于1849年出版他第一本关于自然旅行的书时，仅售出了几百本，虽然只是购书，但这也显示了美国人有多么脱离大自然。很多人生活在大城市或是小城镇，而不是像先驱者一样住在树林里或大草原上。诺尔斯之所以能脱颖而出，正是因为他是既有规则的一个例外，既被当作怪人，也被当作英雄：现实中还有哪个了不起的泰山能将熊打倒在地？

对诺尔斯事件的反响映射出人与自然世界的复杂关系。今天，我们大多数人和100年前波士顿报纸的读者没什么不同。我们渴望自然，梦想逃离城市，在乡野中漫步或是在山林中徒步。然而，我们也同样极度远离大自然。我们通常只在电视上，从野生动物纪录片和野外生存节目中，或是乏味的城市花园里管中窥豹。极少数人还保持有睡在星空下或独自住在森林中的习惯。

因此，我们应该如何与自然建立联系呢？大自然应该在我们的生活中扮演什么样的角色？为什么我们要把"自然"说成是"它"？难道我们不是自然世界的一部分吗？我们接近自然的方式在过去的世纪中发生了彻底的变化，已与我们选择的生活方式的根本含义等同。这些变化主要发生在三个领域：自然作为一种具有美感的客体、作为一种精神幸福感的源泉以及作为一种经济资源。

森林和山脉如何变得美丽

森林在人类社会中总是占有一席之地。它们曾是建筑木材和柴火的来源，是野味和食物（如蘑菇）的出处；同时也是精神崇拜的圣地，特别是在多神教传统中。然而，它们也并不是一直被认为是美丽的地方。中世纪时期，特别是在北欧，它们所树立的声名是充满黑暗和恐惧的地方，是幽灵、巨人和野兽出没之地。在德国就流传说你可能会被狼人或半人半兽人攻击，还有一种覆盖着粗糙毛发的食人魔会吃小孩和强抢少女。盎格鲁-撒克逊民间传说中，如18世纪的《贝奥武夫》，通常也将场景设定在险恶的森林中。托尔金（Tolkein，1892—1973年，英国著名作家）的小说同样继承了这一点：友好的霍比特人在想到必须要穿过幽灵出没的法贡森林或幽暗的黑森林时表情瞬间"石化"。从

画面描绘了一个德国野人挥舞着被连根拔起的树干。此画由小汉斯·霍尔拜因（Hans Holbein the Younger，1497—1543年，德国画家）创作于1528年。中世纪后，这些男人的形象逐渐变得毛发少一些也更具侵略性一些。很多德国城镇仍然在每年一月庆祝一种中世纪的节日：当地居民打扮成野人的样子，一边围着圆圈跳舞，一边挥舞树枝。

中世纪视角中走出来，再看看我们的词"野蛮人"（savage），它就源自单词"silva"，意为森林里的树木。这和源自古希腊语的"panic"（惊恐）的词源因由差不多：古希腊人害怕撞见潘（Pan）——一种半人半羊的森林之神。

这种对野外山水，特别是对密林和山脉警惕而负面的态度，开始渗透到文化和语言之中。17世纪的一本诗学词典就建议说，描述森林恰当的词语是"黑暗""可怕"和"粗野"。当威廉·布莱福特（William Bradford， 1590—1657年，普利茅斯殖民地总督）于1620年从"五月花号"踏上岸边密林遍布的普利茅斯港口时，他描述自己所看到的景色为"可怕且与世隔绝的荒野"。17世纪晚期，西莉亚·费恩斯（Celia Fiennes，1662—1741年），一位女性旅行家先驱，认为英国湖区"荒凉贫瘠"，那里的山看起来"很可怕"。这和我们今天认为湖区是英国最美丽的地方之一的观点形成了鲜明的对比。一般说来，在当时的欧洲大部分地区，山脉都被嘲笑成是"畸形""肿瘤""疔疮"和"巨大的赘生物"，这可能是由于其难于耕作利用。当这样的观点盛行时，很少有人会想要停下来欣赏山林的美景。文艺复兴时期，也没有一个有自尊心的画家会画一座陡峭且被白雪覆盖的山峰。

然而到了18世纪，山脉和其他自然景观变成了最高审美欣赏的客体。这一转变要感谢浪漫主义运动，它改变了西方人对大自然的观念。根据艺术史学家肯尼斯·克拉克（Kenneth Clark，1903—1983年，英国作家、学者）所言，关键性时期是在1739年，当英国诗人托马斯·格雷（Thomas Gray，1716—1771年，英国18世纪著名诗人）到法国阿尔卑斯山观光时，对一个朋友说道："所有的悬崖、激流、峭壁，无不蕴涵着信念和诗意。"山林不再是没有收益、令人讨厌的地方，抑或是野人和强盗出没之处，而是供人们寻找灵魂并问道于上天的理想所在。在歌德与朋友在山间湖泊游泳之前不久，面无血色的诗人还攀登着陡坡。在中年时期，华兹华斯（William Wordsworth, 1770—1850年，英国诗人）被认为在他所钟爱的湖区徒步行走了18万英里。19世纪晚期，英国人掀起了欧洲人登山行动的狂潮。森林或树木逐渐被认为是值得热爱的。1872年，来自哥廷根大学的一群德国学生在一个月夜到古老的橡树林中住了一晚，唱着督伊德教（The

Druids，古代凯尔特人的宗教）友爱互助的誓言，他们的手被橡树叶花环连在了一起。维多利亚时代的人出版了众多崇拜古树的书籍。1879年，杰拉尔德·曼利·霍普金斯（Gerard Manley Hopkins，1844—1889年，英国诗人）写下了自己对牛津镇外一行被砍伐的白杨树的伤感，"唉，要是我们还懂得我们在干什么——当我们刨根或砍伐之时，就是在对绿的生命施以酷刑！"这些都颠覆了数个世纪以来的恐惧和厌恶，浪漫主义将大自然转化成了一种崇高体验的源头。

中世纪教会尽最大努力镇压了对树、河流以及自然界其他生物的多神崇拜，真正的基督徒很少参与庆祝古代民间节日，如五朔节（May Day）。五朔节源于凯尔特人五月节庆祝活动以及德国的沃尔普吉斯之夜（又被称为五朔节前夜）。在这天，人们点燃篝火，饮酒狂欢，将自己裹在树叶中打扮成"绿人"。这是督伊德教信徒、落后的农民庆祝的节日，而不是上帝的子民的节日。浪漫主义威胁到了已成立的教堂，因为它将宗教又带回到自然。柯勒律治（Coleridge）让他诗中的角色克里斯特贝尔（Christabel）在巨大的橡树下祈祷；当他穿过狂风暴雨登上一个湖区时，诗人还感叹道："上帝无处不在。"如果你可以像柯勒律治一样在自然界中处处看到上帝，那还需要牧师、十字架和礼拜仪式做什么？19世纪出现在北美洲的超验主义哲学也受到了一些浪漫主义观念的影响。拉尔夫·沃尔多·爱默生在1836年说过"自然是精神的象征"，概括表述了先验主义典范所认为的"自然是宗教的合理来源"。亨利·戴维·梭罗也相信，融入到大自然中，能将人类从低俗的物质生活中升华到一个更高的精神境界。

西方社会对待大自然的这个令人惊讶的态度转变吸收了多神教传统的历史记忆，但浪漫主义也是经济和社会剧变的一种反应。对自然的崇拜是其退化和逐渐稀缺后的产物：大规模农业毁坏了荒野，原始森林中的空旷地带被认为有必要用来发展文明。1500—1700年，英国有上百万亩原始林地消失。到18世纪，英国被树木覆盖的曾被称作"森林""小树林"和"公园"的地方逐渐都变成了农田和牧场。英国历史上最可耻的一个私有化案例加剧了这一进程。上层阶级的"圈地运动"从都铎王朝时期开始逐步加强。1760—1837年，借助有争议的议会法案，精英阶层窃取了700万亩土地。这些土地之前都是公有的且大部分是林地，但它们被转变成了有利可图的农业用途。很多人今天所尊崇和参观的豪华庄园通常都是由毁坏已屹立数个世纪的林木赚来的钱所建造的。

　　浪漫主义同时也是城市化和工业化的一种反映。18世纪时，哲学家让-雅各·卢梭（Jean-Jacques Rousseau，1712—1778年）

在像《劳特拉峰》（*The Mountains at Lauteraar*，1776年）这样的画作中，卡斯帕·伍尔夫（Caspar Wolf）描绘了瑞士阿尔卑斯山那令人震撼的美。这是登山者攀上岩石所倾心赞叹的美丽风景。但在18世纪浪漫主义兴起之前，很少有旅行者意识到如此美丽的景色值得他们驻足观赏。

推广了一个概念，即现代社会有一种腐败的力量，滋生出了不平等并充满了对财富、地位和道德恶习的沉迷。他相信，在自然状态下，人本质上是好的。尽管他自己从未用过这一术语，但卢梭和"高贵的野蛮人"这一观点联系在一起，成为了浪漫主义运动初期的偶像人物。随着工业革命的深入，城市居民在贫困中挣扎，煤烟让他们胸闷气短，流行性霍乱更是压垮了他们。1810年，威廉·布莱克（William Blake，1757—1827年，英国重要的浪漫主义诗人、版画家）写道："黑暗邪恶的工厂破坏了英格兰绿色快乐的田园"，将工人们变成机器。乡村生活逐渐被想象成为一种城市悲惨生活的理想转变途径。即使到现在，也是如此。

浪漫主义对生活艺术的贡献在于向我们展示了大自然可以帮助我们寻找自己的灵魂。我们大部分人可以欣赏18世纪浪漫主义者们开始感知到的美和精神深度。如果你曾体验站在人迹罕至的林间空地、斑驳的阳光穿过窃窃私语的树叶的场景，这样的美能让你沉静下来，那你就进入了一种浪漫主义模式。如果你曾登上山峰，满怀着敬畏与惊奇凝视造物主的创造，那你是通过浪漫主义的眼光在看这个世界。在我20岁出头时，我就开始追随浪漫主义文学英雄的脚步：我手拿着柯勒律治的笔记本"丈量"了湖区的每一座山峰；我徒步穿过德国的森林，就好像歌德一直在后面看着我；我在意大利发光的洞穴中游泳，拜伦曾于19世纪20年代在那里戏水；我倾听马萨诸塞州一个湖泊冰层碎裂的声音，这是来自于梭罗的灵感。这些体验的发生都丝毫不涉及上帝。我意识到，大自然本身已经足够让人惊叹。我在这些地方所发现的美和我常感觉到的与自然交流时那种难以形容的感觉，都会被浪漫主义者理解。尽管他们可能会笑我自发自觉地试图模仿他们实非高明之举。

浪漫主义的问题是它有点儿太淳朴了。阅读那个时代最伟大的诗人所写的诗歌，常常是关于凝望着壮丽的景色，欣赏光线的变化，而不是深入到荒野之中，让自己溅上泥土，浑身变得脏兮兮的。过去20年间，浪漫主义视角通过新的对荒野的狂热进行了升级。我们阅读的书诱使我们寻找欧洲蕨，在暴风雨中爬树，而不是模仿华兹华斯安静地对着一株轻轻摇曳的水仙沉思。在《荒野》（*Wild*，2006年）这本深入自然荒野腹地七年的作品的文字中，杰伊·格里菲斯（Jay Griffiths，1965年至今，英国作家）告诉人们，我们都"思念荒野"。她说，人类的精神，"有一种对荒野的原始的忠诚。真正地活着的感觉，是一把抓住水果咬下去，果汁四溅。我们可能认为自己喜欢家庭生活，但其实我们并非如此。野性存在于我们的荷尔蒙和知觉中，野性存在于我们的汗水和恐惧中……这是第一命令：忠实于野性天使地活着"。她的建议是手指甲里沾上尘土，嘴唇上要有皲裂的痕迹，要在孤独的地方流浪，要体验夜晚的恐惧。我们在自然中并没有多少美要寻找，要寻找的只是野性。

我们确实能通过走出家门，走进大自然，像浪漫主义者那样寻找美和意义。逃离我们在塑料、卤素和数码中生活的束缚，甚至可以是各种各样的荒野中更为野性的选择，如果我们能找到的话。此外，我们还可以从我们信仰多神教的祖先那里汲取经验。我们可以加入在全欧洲庆祝的那些复兴五月古老节日的人群中，将自己裹上橄榄叶，围着五朔节花柱跳舞。同样的，我们可以观察夏至和冬至，把它们当作我们不用工作的假日。也可以选择在太阳升起时徒步穿越山脉或是扎入冰凉的河水中。我们没有必要成为一名督伊德教徒去全盘接受多神教的精神，或是在橡树或巨石阵前深深拜倒。我们每个人都可以创造自己的仪式以与自然的韵律保持一致，这一韵律在我们的iPod中的旋律出现之前很久就已经存在了。

亲生物性和生态自我

尽管人类大多都追寻自然之美，但还有一类人致力于测试他们对抗大自然的能力。这种与自然世界更为对立的关系可能在那些热爱户外极限运动的人中更为熟悉。从维多利亚时代开始，登山家和攀岩者就以挑战他们身体上的勇武和精神上的毅力，来对抗陡峭的悬崖和冰墙。为什么他们要这样做？当英国登山家乔治·马洛里（George Mallory，1886—1924年）在20世纪20年代被问及为什么想要登上珠穆朗玛峰时，他那著名的、很有可能是杜撰的回答是"因为它就在那里"。但是这句话并不能解释什么。一些极限运动员追求在冒险时出现的肾上腺素，或是在花费数月训练后达成目标时获得的成长，或是希望进入一种"流畅状态"——过去和将来都消失了，他们变得完全专注于永恒的现在。有一些人热爱在野外或荒凉之地的孤独，另一些人则渴望在他们英雄般的探险中获得荣誉，就像约瑟夫·诺尔斯所做的那样。

理解那些在严苛自然环境中挑战自己的人的心态能使我们深刻理解自然在滋养我们的思想和身体上的作用，甚至还包括了解自身意识的边界。一个具有启发意义的案例是克里斯托弗·约翰逊·麦肯德利斯（Christopher Johnson McCandless，1968—1992年），他在20世纪90年代早期抛弃现代文明，走进阿拉斯加的荒野中。尽管在近代，他是长期以来美国传统中的探险家和拓荒者的代表。但这一传统其实可以回溯到18世纪的丹尼尔·布恩（Daniel Boone，1734—1820年）。布恩被自己的浪漫主义梦想所吸引，在纯粹的自然环境中挑战独自生存。

克里斯·麦肯德利斯（克里斯托弗·约翰逊·麦肯德利斯的简称）成长在弗吉利亚一个富裕的郊区，他的父亲是一名成功的空间科学家，为美国宇航局（NASA）设计了雷达系统。克里斯一直就具有冒险精神。在他两岁时，就曾半夜爬起来摇摇晃晃地走到邻居家"洗劫"了他们放糖的抽屉。他是一个感情强烈、认真的青年，也有爱社交的一面，喜欢在家里的钢琴上响亮地弹出酒吧钢琴乐的调调。尽管不想上大学，但他还是屈从于父母的压力进入埃默里大学学习，是个成绩优异的学生。但1990年一毕业，克里斯就销声匿迹了。他将自己25 000美元的积蓄捐给了慈善机构，开车进入内华达沙漠，在那里他扔掉了自己的车，烧掉了钱包里剩下的钱。最终，他自由了。在接下来的两年中，他成为一名职业流浪汉。他跳火车，在南达科他州的荒野中宿营，在科罗拉多河划独木舟时差点儿死掉。他甚至将自己的名字改成亚历山大·超级游民（Alexander Supertramp），不告诉任何认识他的人自己在什么地方。

1992年4月，克里斯终于准备好被他称为"伟大的阿拉斯加探险"的行动。他一路搭便车向北，只带了一袋米、一把猎枪和一个睡袋，便走进了荒野中，想要在完全与世隔绝中靠土地为生生活几个月。他偶然发现了一辆被遗弃的巴士，就把它改造成了临时的住处。在接下来的几个星期他学着射击猎物，用弯刀开辟狩猎的线路，并保持记录简单的日记。"不再被现代文明毒害，他逃走了。"克里斯用第三人称写道："独自一人走进这片土地并消失在荒野中。"陶醉在自由中，他宣称："我重生了。这是我的黎明，真正的生活才刚刚开始。"另一条愉快的记录读起来很简单："爬山！"在一片木头上他刻下"杰克·伦敦是国王"，向他童年时代的英雄致敬。杰克·伦敦（Jack London）一个世纪前就在经典著作《荒野的呼唤》（*The Call of the Wild*）中浪漫地描绘了阿拉斯加和育空地区（加拿大西北部）户外的生活。

六月下旬，狩猎变得艰难，食物开始变少，克里斯的体重急剧下降。是时候离开了。他收拾好自己的背包，沿来时的路往回走。但是此前徒步走进这一地区时穿过的一条浅浅的河流现在河水暴涨，水流汹涌，要通过变得非常危险。由于没有带地图指引方向，克里斯不知道下游几英里处就有一个安全渡河的地方。他觉得自己别无选择，因此回到了之前的临时住处。在那里他逐渐感到害怕和孤独。他的米已经吃完了，只好以浆果为食。随后，在7月30日，他在日记上写下了一条重要的记录："极度虚弱。吃了错误的果实。站起来都很困难。饥肠辘辘。极度危险。"看来他错误地鉴别了他的植物指南上的一种植物，误食了一种野生马铃薯种子。大量食用这些种子会导致急剧消瘦，最终他死于饥饿。

克里斯在他住进用巴士搭建的临时住处100天后不久便死去。三个星期后，他的遗体被狩猎者在他的拉链睡袋里找到。

在《荒野生存》（*Into the Wild*，1996）一书（也被拍成了电影）中，克里斯的传记作者乔恩·克拉考尔（Jon Krakauer）试图理解是什么驱使他想要如此极端地逃离社会、拥抱荒野。部分答案出现在克里斯出发去往阿拉斯加之前写给所遇到的一个年长男子的信中：

> 太多人生活得不快乐，然而却没有采取主动措施以改变现在的境况。因为他们习惯于一种安全、顺从、保守的生活，这些似乎都能给人带来思想上的宁静，但事实上，没有什么会比安定的未来更能损害一个有着冒险灵魂的男人了。

克里斯认为我们在生活中可能犯下的最大错误是将个人自由与具有欺骗性的稳定的安逸和经济上的稳定相交换。真正的生活永远不可能在一个郊区带花园的漂亮房子里找到。和卢梭一样，他相信社会和对金钱的迷恋腐蚀了我们内心的善良。在那辆巴士改建的临时住处里，他细致阅读并注释了他最喜爱的作家（如梭罗和托尔斯泰）的书，显示出他对他们反抗工业社会以及选择贴近自然、以一种近乎苦行僧的方式生活这种信念的赞美。根据文化历史学家罗德里克·纳什（Roderick Nash）的说法，19世纪走入美洲荒野的冒险旅程吸引了那些"无聊或是对人和工作感到厌恶"的浪漫主义个体。克里斯就是这样一个浪漫主义者，且无可否认的是他是更为明显的野性类型。

除此之外，在浪漫主义视角之下，对克里斯的行为还有一种更为深层次的心理学解释：克里斯是从他那机能失调的家中逃开的。他讨厌自己那个支配全家的父亲，家中总是萦绕着暴力的记忆。在他快20岁时，当他发现在道德上表现正直的父亲竟然有外遇时，他感到极度震惊，只有荒野能给予他所需的精神安慰。英国精神病医师、攀岩者约翰·蒙洛福·爱德华兹（John Menlove Edwards）认为，攀登是一种"患精神神经症趋势"的登山者为生存中的内在折磨寻找避难所的释放途径。克里斯饱受折磨，逃亡荒野最终可以被解读为实施一种自愿接受的大自然疗法，只是不幸发生了严重的错误。

克里斯·麦肯德利斯的故事为我们提供了一条理解人类思想脉络的重要线索。自20世纪80年代起，这种现象有了一个名字：亲生物性。这个名词由哈佛大学进化生物学家爱德华·威尔逊（Edward Wilson，1929至今，美国生物学家、博物学家）创造，指"专注于生活和生物过程的一种内在趋势"。自然对我们的吸引就像火之于飞蛾。亲生物性解释了原因，像克里斯·麦肯德利斯。我们常会发现莫名其妙地被野外吸引就像治病一样。如果我们感到焦虑和压力，我们知道去枝叶繁茂的树林中安静地走走或是沿着海边小径看着大海的景色会让我们找回精神上的平静。即使只在花园中除一个小时的草，闻一闻潮湿泥土的味道，听听小鸟的歌声，看看春天的第一棵新芽，都会有助于恢复。

威尔逊和其他研究"亲生物性"的专家认为，接触自然能够有疗愈作用的原因源自于人类心理历史的深处。几百万年来，我们的原始大脑在一半是树林的非洲热带草原上进化。当我们住在相似的地方时，在心理上感觉最放松。或是当我们生活在水边时，因为长久以来水都是丰富食物的象征，所以也会感到心理放松。而相反的，我们对荒凉的地方可能会有一种负面的生物恐惧反应，例如密林深处或炎热的沙漠。我们古老的大脑内部将这样的地方记忆为应该回避。一个缺少大自然的环境，比如我们铺满柏油路的大都市，可能对我们的健康影响是非常负面的。为什么我们的办公室里有一些小盆栽会让我们感到振奋一点儿呢？亲生物性！

尽管这个名词词组是新出现的，亲生物性现象却早已和我们紧密联系在一起了。塞缪尔·哈蒙德（Samuel Hammond），一位美国律师，从19世纪40年代开始在阿迪朗达克山区宿营。他写道："通常，进入树林前我都感觉自己身体虚弱，精神抑郁。而当我走出树林时，健康恢复了，消化功能变好了，精神愉悦且充满信心。"那种神清气爽就是亲生物性的一种反应，自然可以治疗我们的身心。那些浪漫主义诗人在被山间的溪流迷住时，很可能不仅是看到了自然中的美和信念，而且还有一种对自然无意识的亲生物性的反应，如当华兹华斯说出"自然舒缓的影响"时。中世纪时期对野外森林的反感，部分原因是出于对危险环境的生物恐惧反应。但是同样的，关于黑暗、险恶的森林的文化传说对我们本能中的亲生物性来说其影响也是强大而难以克服的。

关于亲生物性的科学证据在近几十年迅速增加。一项研究显示：宾夕法尼亚医院中切除胆囊的病人，如果病房的窗户外有绿色，比那些房间外是砖墙的病人康复得会快一些，而且要的止疼药也少一些。园艺疗法项目显示，对精神病患者来说，种一小块菜地或照料花园会有积极的影响。许多研究表明，野外的休闲经验最显著的一种好处是缓解压力。神经心理学家的病人在葱郁的温室进行的交流比在植物稀少的诊疗室里交流要成功一些。5岁左右的多动症儿童在大自然的环境中症状会有所减轻。这促使作家兼记者理查·洛夫（Richard Louv）相信这些儿童可能实质上患的是"自然缺失症"。和几十年前的孩子不同，现代的小孩每天花大量时间盯着电脑和电视，很少有时间或兴趣去爬树或是探索灌木丛。正如一名圣地业哥五年级学生所说的："我更喜欢在屋子里边玩儿，因为所有的电源插座都在室内。"其后果可能是导致抑郁或其他精神健康方面的问题。今天的孩子极度缺乏与自然的接触，他们需要满足内在的亲生物性需求。

西方历史上前所未有的城市化扩张是这一问题的主要原因。我们比其他任何之前的时代遭受更多的自然缺失。我们可能直到花费了更多时间在户外体会后才能意识到，离开高速和压抑的城市生活已经是我们最难割离的瘾症。我们大部分人都需要有一剂自然疗法作为日常生活调节的一部分。谢天谢地，获取这一剂药并不需要像到阿拉斯加的荒野中徒步那么极端。当我们走进本地的小树林或是坐下看一条河流淌，我们的焦虑似乎慢慢消失了。这个时候我们就知道，亲生物性发挥了它温和的恢复功能。

热爱生物的本性也会促使我们彻底地重新思考我们是谁。一个世纪以来，心理分析假定我们的肉体、表层皮肤提供了我们自己的界线感。显而易见，不是吗？思想在我们的身体里，治疗是一个内省探索我们内在的过程。但是亲生物性认为我们的思想，至少有一部分，存在于我们的肉身之外。这种关于自我的观点是正在发展的"生态心理学"领域的核心，由历史学家和环境思想家西奥多·罗斯扎克（Theodore Roszak）创立。其观点是：如果我们的思想存在可以通过诸如亲生物性之类的现象与自然紧密联系在一起，那么我们的心理自我就不是与自然截然分离而是自然的一部分。正如我们照镜子时，我们只看见镜子里映射出的我们的一部分，剩下的未可见的部分并非不存在，它也映射在作为背景的自然布景中。罗斯扎克认为，"灵魂与我们赖以生存的大地意气相投"，我们的存在处于一种"生态的无意识"中。当我们走进野外，我们是在尊重并滋养自己的灵魂；当我们破坏自然或是与自然隔绝，我们是在毁灭自己。亲生物性揭示了我们每个人与生物圈错综复杂的关系，告诉我们其实我们是大地母亲盖娅（Gaia）的一部分。

把关于自身感觉的概念延伸到自然世界，这在近代西方历史中没有什么先例，但在许多土著文化中却非常熟悉。"不是天是父亲、大地是母亲，不是所有有脚有根的生物都是他们的孩子吗？"苏族人（美洲土著，多居住于美国南达科他州）的圣人"黑麋鹿"如是说。或是如澳大利亚的土著年长者解释所言的："我们是有智慧的人，相信自己来自于土地。在某种意义上，我们就是土地，土地拥有我们。"在玛雅人关于生命起源的文献《波波儿·乌》（Popul Vuh）中，人类被描述成是玉米做的。在这些文化中，亲生物性的智慧都深植其中。

亲生物性有潜力极大地转变我们关于个人身份的思想，更常提醒我们明智和良好的生活艺术会要求我们与自然世界有更为亲密的关系。伍迪·艾伦曾戏谑地说："我和自然相处的时间可不长。"对一个名叫伍迪（Woody，意为树木茂盛的）的男人来说，这真是一种讽刺。但他可能没有意识到其实他比自己所认为的更需要自然。

在自然终结后我们如何生活

历史上有一些时刻，生活艺术发生了根本性的改变。我们在世界上所了解的地方变了，选择参数发生了改变，我们被迫彻底重设我们生活中所珍视的事物。上一次发生这样的情况是在工业革命时期，导致我们的生活、时间、家庭生活和感情方式都发生了剧变。今天我们又生活在另一个这样的时刻，缘于生态环境破坏造成的生物多样性缺失、气候变化以及不可再生资源的消耗殆尽。物种灭绝的速度在过去的100年间成倍增长，许多种类的鱼、鸟、蕨类植物和昆虫在各大洲迅速消失，威胁到脆弱的生态系统以致其面临崩塌。富裕国家的居民要为过度使用我们的星球负主要责任。占世界总人口14%的居民，从美国、日本到西欧诸国，自1850年以来的活动构成了世界总碳排放量的60%。这一新改变的生态环境可能产生的影响不仅包括社会如何架构，而且还包括我们优质生活的概念。自从放纵地享受碳密集型消费主义以来，现在在西方处于统治地位的"品质生活"的方式，不再可取甚至不可能持续实现。要了解我们是如何走到这一转折点的，并探索前行的路，就需要我们走进人与自然关系的历史中。这不是作为美的源泉的自然或是精神上、心理上的幸福感的自然，而是作为经济资源的自然。

人类总是利用土地来维持生计。然而直到16世纪，欧洲文化才坚定地接受了自黑暗时代（Dark Ages，从罗马帝国的灭亡到文艺复兴开始，一个文化层次下降、社会崩溃的历史时期）以来最不计后果的一种意识形态，那就是世界是为人而创造的，自然的存在就是促使人为了自己的利益去掠夺。这一理念基于人类是独一无二的传统观念，在基督教思想、早期资本主义和民族国家意识的发展中得到强化。

关于自然是人类的资源这一想法源于人类与在地球上居住的其他生物截然不同并优于它们的看法。古典资料为此作了肤浅的辩护。亚里士多德曾说人类在不能摇摆耳朵的生物中，是唯一具有理性的。到文艺复兴时期，一些人认为人类是唯一真正会说话、会制作工具、有良知的生物。但更主要的在才智上的区分通常被认为是真正的理由。1610年，英国诗人、士兵杰维斯·马卡姆（Gervase Markham， 1568—1637年）宣称马完全没有大脑：他亲自切开了一些死马的头颅，发现里边什么都没有。关于人和动物的区别最尖刻的结论来自于勒内·笛卡尔。他在17世纪30年代声称动物就是机器，或是自动装置，就像时钟一样；而人类有思想和灵魂。这一观点迅速成为标准思维。利用一个没有灵魂的机器帮你犁地或是把它们串在烤肉叉上成为你的晚餐当然没有什么错。中世纪时英国人很少吃肉，但到了1726年，伦敦人每年杀掉60万只羊和20万头牛。

环境历史学家的大部分指责是针对基督教教堂的设立对资源的掠夺。16世纪至18世纪，由欧洲的货币经济推动，牧师们为人类中心说提供了来自于圣经的坚定解释，为掠夺自然辩护。他们指出在创世纪时，上帝就给了亚当对地球的支配权。上帝告诉亚当："每一个可以动的活物都可以作为你的食物。"换句话说，所有的生物——鱼、鸟、奶牛、森林，都是为了满足人的需要而存在的。这个上帝给了人类掠夺自然的权利，这在基督教对多神主义的破坏中进一步得到了强化。多神主义相信每一棵树、每一条河、每一种动物都有自己的守护神。林恩·怀特（Lynn White）写道："基督教使得以一种对自然物体冷漠的态度掠夺自然成为可能。"这是造成生态灾难的秘密。尽管一些宗教学者声称"支配"真正的意思是"管理者的职务"而不是"支配权"，并指出圣弗朗西斯也对鸟儿和狼布道，但公认的基督教教义中是坚决支持甚至是鼓励人对环境的滥用态度的。

宗教对自然的破坏比起欧洲资本主义对自然的影响来说要小得多。中世纪后，资本主义的兴起，给自然世界敲响了丧钟。资本主义需要能源来创造利益、推动经济增长，伟大的科技革命利用煤为工业发展提供动力。煤被用来生产砖、瓦和玻璃。它是钢铁大规模生产的基础。它为烘焙师的火炉加热，温暖了每个家庭的房子。在欧洲的煤矿中心——纽卡斯尔盆地，每年的煤产量由1563年的3万吨增长到1800年的200万吨。煤是构成不断增长的消费文化的秘密成分。如果没有煤矿在大地上划下的伤疤，碳不停地排放到大气中，上述这些都不会发生。地球的存在是为了维持不断扩张的人口的经济福祉这一理念如此根深蒂固，以致大部分人从不质疑自己的行为或是考虑这么做的后果。环境保护的观念在当时还不存在。每一本标准的经济课本，从亚当·斯密18世纪的经典之作《国富论》一直往前追溯，都将自然资源（如煤）仅仅视为"生产要素"、一种经济增长的工具。资本主义要求否认地球资源和野地的内在价值。

宗教和资本主义的影响在近代国家建设兴起后进一步恶化。国家将自己的疆土及殖民地视为一种扩展霸权的现成资源。在英国，树木以一种难以想象的规模被砍伐，为皇家海军建造船只，原始皇家森林被毁掉了大部分。到18世纪末期，一艘74门炮的舰船需要2 000棵每棵重达两吨的成熟橡树，这还只是龙骨部分。历史学家凯斯·托马斯（Keith Thomas）写道："砍伐树木给了发展沉重的一击。"

但是，认为资源掠夺的意识形态只与基督教和欧洲的政治经济发展有联系是不对的。例如，在16世纪至18世纪，日本对自然进行了同样的掠夺。前工业时期的日本像我们今天依赖石油一样依赖树木。为了满足人口增长对木材的需求，3个主要岛屿上的原始森林被大规模破坏。这里做任何事几乎都离不开树木，从为精英阶层修建城堡、宫殿和神社（几乎全是木质结构）到为农民提供柴火和木炭。到18世纪末期，这个国家原本是茂密森林的地方都只留下了光秃秃的山坡。由于木材缺乏，日本的经济变得越来越脆弱。环境历史学家康拉德·托特曼（Conrad Totman）认为，日本似乎是一个"下决心要完成自我毁灭"的社会。日本诗人可能会写一些赞叹樱花的俳句，但其他的几乎每个人，特别是作为统治阶层的幕府，更积极于忙着砍树。

18至19世纪，由于日本、英国和其他欧洲国家实施重新造林的政策，损害有所减轻。树木甚至成为了一种经济作物，英国贵族在他们的领地种了成千上万棵树。然而这种人造的森林很难弥补数百年来造成的生态破坏，也没有东西能替换从地下开采的煤和其他矿物燃料，如石油和天然气。19世纪我们开始看到了一丝希望的曙光，环境保护观念逐渐发展，其中一部分原因是浪漫主义运动以及自然历史研究的出现。这些研究的出现培养了人们对植物学、动物学和地质学的好奇心。美国设立了第一批国家自然保护区以保护自然环境，包括1864年的约塞米蒂国家公园，1872年的黄石国家公园和1908年的大峡谷国家公园。美国环境保护运动领袖，如超验主义者约翰·缪尔（John Muir, 1838—1914年），于1892年成立了塞拉俱乐部，成为一名公众偶像。但是这些都不足以抵消经济增长、消费主义和全球增长的人口在20世纪对自然世界的损害。

世界上富裕国家的居民继承了500年前的传统，将自然视为一种资源，作为一种商品，恣意毁灭、浪费。如果这个星球上的每个人都像欧洲的平均水平那样消费自然资源的话，要有超过两个地球的资源量才能维系我们的生活；如果像美国的平均水平那样消费的话，我们需要接近五个地球才够。然而，即使当我们面对这样的数据时，仍然很难理解我们个人对环境的影响。除非我们住在露天矿场旁边或是身处亚马孙雨林被砍伐的区域。我自己意识到这一点，是在我参观英国伊甸园项目（Eden Project, 位于英国西南端康沃尔的生态群工程），看到巨大的叫作"WEEE"人的雕塑时。"WEEE"是首字母缩略字，意为电子电器废弃物。这是一个巨大的机器人，约有7米高，重达3.3吨，全部由电子产品构成。牙齿是电脑鼠标，大脑是废旧的显示器，身体有冰箱、微波炉、废弃的机器和手机。这个可怕的雕塑代表了我们每个人一生中使用并丢弃的电子产品的平均数量。这个"WEEE"人是典型的西方人的生态幽灵。凝视着这个雕塑，我可以看到我在一生中，通过我使用过的那些笔记本电脑、立体声音响和其他电器碎片所构建的自己的"WEEE"人。

我们现在已经知道掠夺自然资源、依赖矿物燃料的后果，那就是人为的气候变化。我们怎么能理解这一事实的意义呢？从一个层面来说，我们应该有计划地自学相关知识，比如阅读关于全球变暖的原因和后果的科普书以及专家的报告，这些比基于我们大部分人的观点的新闻简报要深入得多。但是我们也应该通过文化历史的视角去看一看。我们进入了一个新的时期，环保主义作家比尔·麦吉本称其为"自然的终结"。在大部分人类历史中，我们将自然想象成一种比我们强大的独立的力量。我们忍受强烈的暴风雨和冬天的漫漫长夜，惊叹于美丽的落日以及感受清风拂面。即使当我们遭受灾难时，如污染的河流或强烈的风暴，我们也从未真正觉得自然情况已经糟到无法恢复了。直到现在，气候变化改变了这个星球的构造，我们变成了天气的制造者。如麦吉本描述的那样：

我们不再能将自己视作被更强大的力量玩弄在股掌间的物种。现在我们自身就是那些强大的力量。飓风、雷雨和龙卷风不再是天灾，而是人祸。

　　这就是"自然的终结"的意思。这是认为自然是独立的、野外的王国这一想法的终结。我们将自然变成了在某种程度上是人造的东西。下一次当你说："啊，外边已经能看到雪莲花了，多么可爱呀！"别忘了，它们的提早开放在某种程度上与人类的重新配置有关，人类的行为已经能改变季节了。"一个现在出生的孩子绝对不知道一个自然的夏天、秋天、冬天和春天。"麦吉本说，"夏天变得极端，取代了本应该称之为夏天的夏天。"尽管我们可能还相信自然中仍然有一些未有人类涉足过的原始的地方，像克里斯·麦肯德利斯去的阿拉斯加荒原。但是我们错了。气候变化无处不在，无所不及。在经过1.2万年的非常稳定的"全新世"（这是最年老的地质时期，根据保守的地质学见解，全新世一直持续至今）的地质时期后，我们现在已经步入被气象科学家称为"人类世"（认为人类自工业革命以来的活动对环境的影响可成其为一个新地质时代的理论）的时期，这标志着我们对地球生态系统产生的前所未有的巨大影响。

　　那么，"自然的终结"对生活的艺术来说意味着什么呢？最明显的层面是让我们约束自己，减少碳排放量。我们现在明白减少碳排放量意味着什么：减少飞机旅行；骑自行车、乘火车或巴士代替开车；采用绿色电源（如太阳能）供暖；房子采用隔热材料，等等。这些都打破了根深蒂固的高碳排放的消费主义习惯。已经有一些人活跃在社区中，创建汽车分享俱乐部，或享受从屋顶的太阳能真空管加热的热水澡。另一些人还很不情愿放弃他们高油耗的四驱车，变成了否认全球变暖重要性的专家。无论如何，很清楚的是我们不能只是依赖于政府采取行动来控制已经失控的气候变化，我们必须要依靠我们自己。

　　然而在更为基本的层面，这关系到认识一个令人震惊的文化转变。在仅仅20年间，气候变化改变了构成优质生活的道德界限。特别是在西方社会，我们居住在一个对生态日益敏感的环境中。在这样的环境中，碳密集型生活方式带来的乐趣比以前被羡慕得更少，社会接受程度也更低。一个例子是环球旅行，直到最近都还是很多人眼中"品质生活"的标准组成部分。20世纪90年代，我什么都不会多想，就会飞往全世界那些具有异国情调和冒险体验的目的地。因此我积攒下了印度尼西亚、墨西哥、西班牙、悉尼、中国香港的签章。但是当我逐渐明白气候变化的影响，并知道飞机的碳排放量远大于个人的贡献后，这样的生活方式选择在道德上就不再站得住脚。因为生活在发展中国家的人民和全球的下一代，包括我自己的孩子，都可能会承受我个人行为带来的后果。随着公众对于低碳生活的讨论在新千年变得越来越平常，我也日益感受到向朋友承认我搭乘廉价航空飞往国外度假的尴尬。结果是，我努力尝试着——虽然成败参半——让自己戒掉飞行。

这不仅仅是一种个人选择，还反映了生活艺术的道德参数方面一个更为广泛的改变。尽管航空公司作出了最大努力，国际飞行已经失去了其道德上的无辜。这样的转变在以前也发生过——今天极少有人会赞成拥有奴隶，役使他们无偿为自己做饭打扫。尽管这在过去是一种被普遍接受的令人向往的生活方式。为自己的快乐而奴役另一个人类在道德上不再是可接受的。"自然的终结"的挑战促使我们将自己的思想转变倾向于另一种优质生活的范式。这种范式不是建立在高碳排放上的消费主义风潮，而是与我们脆弱的世界建立一种可持续的关系。像在奴隶经济中发生的转变一样，碳经济的转变需要我们大家重新定义自由，并发掘我们生活中新的具有成就感的领域，比如将需要乘坐飞机去希腊某个岛屿的假期换成在家附近的野外宿营。正如气候变化活动家和作家乔治·马歇尔（George Marshall）所提倡的，我们需要思考一种低碳生活方式，其并非是像苦行僧那样剥夺我们所有的消费舒适度，而是以一种更轻松、更聪明的方式在21世纪生活。

纯粹的自然可能已经终结了，但是我们仍然需要与站在自然的位置上的它相处。我们前往历史的旅程为我们解释了一系列可能性，从寻找自然之美和精神上的意义，到使自己沉浸在野外和野性的自己中；从满足我们自己的亲生物性和环保上的自觉，到低碳生活以减缓全球变暖。我们应该欣慰，所有这些方法有一种内在的和谐：它们可以在一种没有矛盾的情况下去追求，且一个引领着另一个。坐在古橡树的树荫下是一种美学体验，为我们提供了亲生物性的支持，让我们意识到野生保护的价值而非砍掉它们为我们所依赖的石油经济铺平道路。这是一种非凡的美德的汇聚。

我们社会的悲剧在于地图更普遍地接管了指引我们道路的职责。我们需要一种新的地图，它能引领我们离开高速公路进入到一个未经标识的地方。在那里，我们可以探索野外的意义。梭罗说："身处荒原就是对世界的保护。"是的，是保护世界；同时，也是保护我们自己。

第四部分

打破常规

信念

1963年6月11日，由350名佛教僧侣组成的队伍在一辆奥斯丁轿车引领下缓慢地在西贡（今越南胡志明市）街头行进。他们举着谴责南越总统吴庭艳及其政府迫害佛教徒的旗帜（吴庭艳是一名在越南占少数的罗马天主教教徒），要求宗教平等。当游行队伍到达潘廷逢大道和黎文悦街交汇的繁忙的十字路口时，3名僧人下车。其中一个在地上铺上垫子，另一个带着5加仑的汽油桶。第三名僧人名叫释广德，平静地以佛教传统的莲花打坐姿势坐在垫子上。同伴在他身上泼洒汽油后，释广德手持一串木质念珠，吟诵了一段赞颂佛祖的经文。

稍停片刻，他点燃了一根火柴丢入自己的僧袍中。

在一大群围观者中有一位来自美国《纽约时报》的记者大卫·哈伯斯坦（David Halberstam）：

火焰从人体上腾起，他的身体慢慢地萎缩干枯，他的头颅渐渐烧焦变黑。空气中弥漫着人体烧焦的味道，人的躯体燃烧的速度快得惊人。我听见身后有越南人的啜泣声，他们正聚集到这里来。我简直太惊骇了，哭都哭不出来，脑子里一片混乱，也忘了作记录或问什么问题，手足无措，甚至无法思考。整个过程中，身陷烈焰的僧人都纹丝不动，也没有一声呻吟。他外表的镇定与四周人们的悲泣形成了鲜明的对比。

信仰的力量：马尔科姆·布朗（Malcolm Browne）于1963年所拍的佛教僧人释广德的照片。

释广德之死通过马尔科姆·布朗的照片铭刻在数百万人的脑海中。以《燃烧的僧人——自我牺牲》为题的报道出现在世界各地报纸的头版。他非凡的个人牺牲使政府在越南全国乃至全世界声名扫地，最终导致了吴庭艳政权的覆灭。

当释广德将自己点燃时，他的行为不仅是在表达政治抗议，也向人类传达了信念有多重要的信息。我们的信念是我们自身之所以成为"我"的一部分。很少有人会为信念放弃生命，但是我们大多数人都有赖以生活的价值观和原则，帮助我们给自己定位。我们可能认为流产在道德上是错误的，吃肉是不道德的，继承财富不应该被征税，又或者所有的孩子都应该上公立学校。诸如此类的信念常常在宗教教育或政治信条中得以表达。

我们通过信念这个棱镜看待这个世界和我们自身。它们引导我们作出选择，同时也是我们评判自己行为的标准。我们真的忠实于自己的价值观和理想吗？还是在我们宣称自己相信的和我们现实的行为之间有一道让人不那么愉快的鸿沟？我们的信念是一面镜子，能让我们看到自己是正直的还是伪善的。信念的重要性还因为我们很少去质疑它们。爱因斯坦宣称"常识，就是人在18岁前形成的各种偏见"。我们可能都有信念，但我们很少将它们摆在桌上进行系统而仔细的审视。如果我们每个人都被要求拿出一张纸，写一份我们基本信念的清单，我们能很容易地就写下来吗？我们能评判它们吗？苏格拉底警告我们不要过一种未经核实的生活。就像珠宝商需要拿着一颗钻石放在灯光下检视其真伪、密度、瑕疵以及所蕴涵的美一样，我们也应该检视我们的信念。

我们可以在历史中寻找关于我们的信念的具有启发性的视角。首先，我们必须要解开我们的家庭、教育体系和政府塑造我们价值观而通常不为我们所知的微妙方式。其次，我们需要探索什么会改变我们的信念，我们能从17世纪的意大利占星师和给自己做鞋的俄罗斯贵族那里获得什么灵感？最后，我们要从过去发掘被遗忘的教训来弥合我们声称的信念和我们自己日常行为之间的鸿沟。我们将探索的历史的价值，并不在于建议我们信念的内容应该是什么，而是鼓励我们成为认识更加清楚的见多识广的信徒。这样我们才能带着内在的完整性去追求生活的艺术。

信念的继承

哲学家们之间一项有名的思维实验是，想象我们不是一个有血有肉的人，而只是在玻璃器皿里的一个大脑。疯狂的科学家们将我们与一台超级电脑连在一起，这台电脑可以向我们的神经元灌输思想、记忆和图像。因此我们完全生活在一个虚拟的世界中——我们可能认为我们在吃一个冰淇淋，但这种体验实际上是由软件程序模拟的。这一流行的主题常出现在科幻电影中。我们真的会禁锢在自己思想的牢笼中吗？我们的生活只是一种人为的创造吗？

目前看来，我们的大脑不可能被放在玻璃器皿中存活，但是我们大部分人在某种程度上也意识到我们的思想并不完全是我们自己的。我们知道自己的大脑自孩提时代就被注入了广告信息、来自父母的价值观、政治宣传和宗教教义等并非完全由我们自己选择的信息。当我们从连锁快餐店买汉堡时，或是用某种品牌的牙膏刷牙时，我们可能至少朦胧地察觉到我们这么做并不只是出于个人偏好，还因为那些公司不停地告诉我们其产品的优点。

没有人喜欢这样的想法：我们所作的选择或是我们所持的信念是针对我们制造的。我们重视自我思考并要自己作决定。但如果我们挖掘我们所珍视的信念的源头，我们可能会发现这样一个令人不安的事实，那就是我们的信仰是由我们外在的力量塑造的，而且通常是在我们不知情的情况下发生的。当我们的信念与宗教、民族主义和君主政体联系在一起的时候，就更是如此了。

我们的宗教信仰从何而来？尽管神学家们花费大量的力气对超自然的上帝是否存在展开过各种辩论，比如"智能设计"。但很少有人会真的因为这些知识辩论而相信上帝。对宗教信仰的基本解释是，无论你的信仰、阶级背景、年龄还是性别，都是从你所成长的家庭和社会继承而来的。对学术文献进行的最广泛的调查显示：

> 关于问题"为什么人们信仰上帝？"最好的答案是："因为他们被教育要信仰上帝。"……绝大部分信徒从出生就注定了现在所遵循的传统……大部分人从儿童时代开始学习他们的宗教，作为一种特定的身份，在一个特定的社区之中。

宗教信仰在很大程度上是由出生地、地理位置和历史所决定的。如果你出生在一个传统的德黑兰家庭，几乎可以确定你会成为一个穆斯林，相信《可兰经》中的真理。这就同如果你出生在19世纪意大利的郊区，你会成为一名罗马天主教徒一样。获得你的宗教信仰与学习母语类似。

这一结论看上去有点儿让人沮丧，大部分人认为自己的宗教信仰出自自己的选择。但事实很难逃避。我们的父母不仅遗传给我们基因，同时还通过带我们去教堂、清真寺或者寺庙，让我们念祈祷文，在家遵循宗教仪式，甚至还可能通过参加特别的宗教课程传承给我们宗教信仰。美国自第二次世界大战以来由芝加哥大学完成的宗教研究显示，90%的新教徒、82%的天主教徒和87%的犹太教徒都和他们成长期间接触的宗教保持一致。如果你的父母常常拜神，则你可能会抛弃他们的信仰的概率只有10%。约有1/3的人在某一时刻会偏离自己原本的宗教信仰——通常是在青年迷惘期——但是其中绝大多数人会回归原本的宗教或是转向临近的教派。换句话说，如果你在成长过程中相信上帝的存在，你几乎不可能抛弃这一基本信念变成一个无神论者或不可知论者。你所继承的宗教世界观是不会那么轻易让你在所有认为上帝的存在是理所当然的教派以外作出选择的。总而言之，父母在对自己的孩子传承宗教信仰方面比传递政治观点、体育爱好或饮食习惯上要做得成功得多。

父母的影响当然不会在决定宗教信仰问题上独断专制，与家庭几乎同等重要的是你居住的社区。如果你住在一个全民信教的社会，如爱尔兰或波兰，那即使你来自一个非宗教家庭，也极有可能会接受一种流行的宗教。它可能是来自于学校、朋友或是媒体的影响。这种宗教文化也有其强大的心理学效应，特别是与神秘体验联系在一起时。圣母的想象不会出现在东正教、伊斯兰教或道教中，只会存在于天主教以及与天主教相关的看法中。

从家庭或社会文化中继承一种特定宗教的后果是我们也倾向于对其基础历史和传统无条件地继承，对其所说的真理不加深究。有一个关于圣诞节的经典事例。大部分基督徒相信这一节日是基于一个确切的历史事件——耶稣于12月25日诞生。然而确切的学术考证却对此表示怀疑。在基督教早期，公元2世纪或公元3世纪时，甚至根本不庆祝圣诞节。耶稣受难日和复活节被认为是比他的出生重要得多的日子。事实上，长期以来人们对耶稣的具体出生日期并没有形成共识，因为没有一本福音书特别指明了这个日期。直到4世纪，这个日子还包括3月25日、5月20日和11月18日3种说法。那圣诞节究竟是从何时开始的？又为什么是12月25日呢？

我们需要穿越到公元4世纪时的罗马，那时的皇帝是君士坦丁大帝（公元306—337年）。罗马人在每年12月习惯不拘礼节地庆祝3个在冬季中期的异教节日。第一个是他们最喜欢的盛会农神节，通常在12月17日至23日。这是一个全民狂欢的节日，人们围着篝火纵情欢乐，自耶稣基督降生前至少200年就已经开始。随后是对新年前夕罗马日历初一的庆祝，到处都是宗教游行和饮酒作乐的场面。根据公元4世纪作家李巴尼乌斯（Libanius）所记，房子"被装饰上彩灯和花木，到处都摆放着礼物"。看上去很熟悉，是吧？最后，罗马人还有一个纪念太阳神索尔（Sol Invictus）降生的仪式，通常在他们的冬至——12月25日举行。有资料显示随着君士坦丁大帝皈依基督教，他本人或是其直接继承人同意基督教徒庆祝耶稣诞生——只要时间与现存的节日一致——可能也是为了安抚当时数量更多的异教徒或是为了增加潜在的教徒数量。正如宗教历史学家布鲁斯·福布斯（Bruce Forbes）所指出的："太阳神的生日变成了上帝儿子的生日。"

因此当宗教领袖们说我们应该回归到罗马教廷所偏爱的主题——"真正的圣诞节精神"时，这可能比我们想的要更为复杂。关于圣诞节问题更大的启发是我们需要仔细发掘所有的古代宗教的创始历史，它们所包括的任何事实几乎都混合了民间神话的成分。除此之外，我们还要认识到宗教是一种无可抵挡的，从过去世代所继承的社会学习的产物。我们应该问问自己，我们是如何感知到这一事实的。即对我们大部分人来说，我们作为一个成年人的宗教信仰为什么在我们出生之际就能被他人成功预测。

除了宗教以外，民族主义也是我们信念的一个最为强有力的来源。每当找遇到澳大利亚朋友时，总是会被他们民族自豪感的力量所触动。他们看上去似乎总因为我不支持澳大利亚的国家运动队而感到被冒犯，普遍相信澳大利亚有全世界最好的海滩、气候、咖啡、食物和全方位的"生活方式"。他们不解于一个人为什么还可能想要住在别的地方，特别是像我这样持有澳大利亚护照的人？

忠实于自己的国家几乎在所有国家的人民中都是一种普遍现象。很难确定到底是什么信念激发的民族主义。一种信仰形式是认为我们的国家以某种特别的方式优于其他国家，如文化成就、自然美景或是强大的体育实力。澳大利亚人可能相信自己国家有全世界最好吃的食物，但是法国人、意大利人、西班牙人、秘鲁人和中国人也这么认为。萧伯纳认识到民族主义的荒谬，写道："爱国主义，即相信这个国家优于其他国家的信念之源，只因你出生在这里。"

第二种民族主义信仰是一个人认为自己有责任在国家遭受危险时保护它。民族主义可以鼓励人们勇于代表自己的人民甘于牺牲自己的生命，激发他们消灭敌人。这在被压迫人民反对殖民主义的斗争中是一股致命的强大力量，但同时也是20世纪战争的主要原因。从第一次世界大战到20世纪90年代南斯拉夫的冲突。民族主义所包含的这种破坏性极强的潜质在英国诗人维尔弗莱德·欧文（Wilfred Owen）看来是非常清晰的。当亲历了1917年恐怖的堑壕战后，他毫不留情面地写下了讽刺诗《为国捐躯的甜蜜与光荣》。在参战国最终签署停战协议前7天，他在一场战斗中死去。

民族主义令人着迷的地方在于它是一个近代才出现的现象，如欧洲的许多国家和美国在过去的300年才出现。在19世纪中期之前，你不可能支持一个意大利或德国的运动队，因为那些国家还不存在。他们由一些公侯国或帝国的一部分凝聚而成。国家并不是单纯地通过民众热情自然形成的。将他们凝聚在一起需要一部分政治领导人卓绝的努力，说服公民忠诚于国家而非本地社团、宗教团体或帝国。他们是如何创造出国家认同感这样不可思议的奇迹，以至于现在爱国主义信念深植于人心的呢？

其中一种强有力的工具就是由国家创立者所支配的教育体系的利用，教育体系可以轻松俘获已被"迷住"的受众。历史学家本尼迪克·安德森（Benedict Anderson，1936年至今）认为学校是创造国家这个想象共同体的前线，在"系统地甚至是不择手段地灌输国家这一意识形态上"扮演了重要的角色。19世纪，随着公共教育的出现，儿童们被教会说、读和写本国的语言，唱国歌，学习本国让人自豪的历史。因此，一个在19世纪80年代出生在普罗旺斯的孩子，会在学校课堂上学习法语而不是当地方言普罗旺斯语，学习《马赛曲》的歌词，以及共和国历史中伟大的时刻，如1789年7月攻占巴士底狱。换句话说，他们被教育如何成为一名法国人。

教育在今天仍然占有重要地位，以美国尤甚。美国在向年轻的公民思想中灌输爱国主义方面做得比大部分国家更为成功。

在其做得最有效的方式中，有一项效忠誓词的日常仪式。每天清晨，在美国的大部分地方，数百万儿童依照法律规定站在星条旗下宣读："我宣誓效忠国旗和它所代表的美利坚合众国。这一上帝庇护之下的国度，统一而不可分割，人人享有自由和公正的权利。"

这一几乎在其他国家都不存在的向国旗宣誓的不同寻常的行为，其源头是什么？许多人知道"上帝庇护之下"是1954年为了回应对受无神论的苏联共产主义影响所产生的焦虑而加进誓词的。但很少人知道这一誓词并不是由国家或是联邦政府创造的，而是在1892年由一名基督教社会主义者弗朗西斯·贝拉米（Francis Bellamy，1855—1931年）首次予以表述出版的。他在一本儿童杂志上发表了这一誓词。贝拉米毫不掩饰地认为，誓词是一种宣传工具，尽管年幼的儿童无法理解其意义，但通过不断地重复，能培养其民族自豪感和对共和国的忠诚，成为一种"思考这些想法"的工具。

旧金山小东京区的日裔美国小学生在美国国旗前宣读效忠誓词，多萝西·兰格（Dorothea Lange，1895—1965年，美国著名摄影师）摄于1942年。一个月后，民族主义战争热潮认定他们为公敌。所有具有日本血统的人被强制驱离城市，投入俘虏收容所。

这句誓词逐渐广泛流行，特别是在被爱国主义团体，如"美国革命女儿会"在1923年的国旗大会上接受之后。内战时期，美国的政治家们相信誓词能帮助团结国家——不仅不受工会激进主义和种族分化思想的威胁，而且还能承担起凝聚数百万本就缺乏对新国家的忠诚的移民的重任。誓词还能在战争时期帮助动员整个国家。1942年，在日本轰炸珍珠港一个月后，美国国会官方规定了国家誓词。在整个20世纪60年代到70年代，誓词也引发了一场法律辩论。当时，有学生和老师拒绝宣读誓词，以抗议越南战争和美国对待少数族裔的方式。

效忠誓词现在仍是被称为"国旗崇拜"文化中的一个不可或缺的因素，由美国将其作为一种民族信仰有效地运作着。国旗几乎是一种神圣崇拜的对象，不断有人尝试从法律上禁止焚烧国旗或做其他亵渎国旗的行为。今天，外国游客通常会注意到公共场所无处不在的美国国旗——比如在居民的家门口——以及在一个明显标榜自由的社会中，大部分儿童被要求宣读效忠誓词是多么奇怪。他们很容易就发觉了这些美国政府所努力在公民思想中植入爱国主义信念和忠诚意识的途径。不过问题是，我们在这些事发生在其他人身上而不是我们自己身上时，才擅长于发现这一点。

君主制信仰可能既不像宗教也不像民族主义那样能全球盛行，然而，它对阐明我们继承文化遗产的方式是一个很好的例证。尤其是英国这个西方最着迷于君主制的国家，为我们提供了一个非常好的例子。约有80%的英国公民赞同君主制，他们支持国家领导人中应该有一位皇室成员的想法。这么多人持有一种实质上是反民主的世袭合法化的信念，在现代民主时代是一件很离奇的事。而人们给出的保留君主制的一个主要理由是，这是一个"大不列颠的传统"，是一种历史悠久的国家统一的象征。在皇室婚礼和庆典上，成千上万的人参与见证，观看镀金的马车经过，貂皮披风和羽毛帽盛装，鸣枪致敬仪式，庄严的游行等。电视解说员强化着这样的观念：这些都是可以回溯到历史迷雾中的古老习俗。他们会评论，"所有这些壮观的盛典是一种千年的传统""持续了数百年的盛况"，以及"所有精致都来自于世纪前的先例"。

说得好听一点，这在很大程度上都是胡说八道。大部分皇家庆典和仪式是19世纪晚期和20世纪早期当君主政体受到威胁时的一种创造。这就是历史学家所说的"创造的传统"：是由执政一方有意识地通过提供一种强制但虚幻的从历史持续到现在的错觉来巧妙地影响我们的信仰。英国君主政体如何通过创新地采用创造的传统取得复兴的故事是公共关系史上一个伟大的案例。

在19世纪的前75年中，君主制还是被公众嘲笑的对象，是一种全国性的笑柄。乔治四世（George Ⅳ）因其穷奢极侈和追求女色之举被嘲笑，他与王后卡洛琳的婚姻更是一场史无前例的政治丑闻。当他于1830年去世时，《泰晤士报》发表了一份咒骂他的社论："世上未曾有人像这位国王这般，死时得不到人民的惋惜。试问有谁会为他落泪，有哪颗心为他悸动，勾起哪怕丝毫的诚挚哀思？"今天你能想象一份国家的报纸对一名皇室成员发表这样的论断吗？此外，尽管许多人可能想过，但是维多利亚女王早期的统治明显缺乏皇室尊严。她在1838年举行的加冕典礼是一场未经彩排的"灾难"。神职人员在仪式中乱作一团，加冕时的戒指不合适，他们甚至没有唱国歌。在维多利亚时代早期，她被媒体批评政治干预过多，也不断被漫画家讽刺。当维多利亚女王在19世纪60年代实质上从公众生活层面隐退之后，君主制的压力迅速增大。由于公民权力的延伸和工人组织的兴起，阶级意识开始注目于对国家的忠诚的竞争。在1871年至1874

年间，84个共和党俱乐部成立，首相格拉德斯通（William Ewart Gladstone，1809—1898年，曾四次出任英国首相）就非常担忧"王权的稳固性"。

就是在这种危机氛围下，正需要施加某种影响以促成齐心协力加固君主政体以及其所代表的国家。解决方案是通过创造传统来复兴君主制度信仰。历史学家艾瑞克·霍布斯鲍姆（Eric Hobsbawm，1917—2012年，英国历史学家、作家）写道："从19世纪70年代开始，复兴皇家仪式被认为是平衡流行的民主主义威胁的一种必要方法。"一个讲究铺张和排场的新纪元开始于1877年，是时，维多利亚女王被加冕为印度女皇。这一创造的头衔由首相迪斯雷利（Benjamin Disraeli）授予，将她与大英帝国的荣耀联系在一起。在1887年维多利亚女王登基50周年的黄金庆典上，殖民地总督们首次受邀出席，他们的游行队伍是典礼编排的杰作。神职人员统一穿着引人注目的带有刺绣的法衣和彩色的披肩。庆典之后，坎特伯雷大主教松了一口气，记述道："从今以后，每个人都会觉得社会主义运动应该回到自己本来的位置去。"这是一次非常成功的活动，10年以后，为了60周年的钻石庆典，他们又重新安排了一场更为盛大的典礼。

1901年，爱德华七世（Edward Ⅶ）制作了一辆全新的装饰得极其华丽的马车，载着他从威斯敏斯特教堂返回。因此，他的加冕典礼以其浪漫的威严为人们所记住。他还将国会开幕大典变成一个盛装出席的典礼，他沿着伦敦街道游行，并亲自在王座上诵读演讲稿。爱德华七世甚至在去世时也有创新，开创了英国君主的公开式遗体告别仪式。约25万人于1910年列队经过他的棺木。随后还有其他一些改变，比如在1917年，当王室家族试图掩盖其日耳曼传承关系时，将家族名称由萨克斯·科堡·哥达王室改为温莎王室，并开始公开举办王室婚礼而非关上门暗自操办。

通过这些创造的传统，王权被再次认为是一种爱国主义的象征，并确保了劳动阶层的忠诚。这场政治计划所取得的成就在今天对君主政体压倒性的支持和根本没有严肃的关于共和转变的政治辩论这些事实中显而易见。因此，当你下一次看见人们在童话般的皇家婚礼上挥舞着英国国旗，或是旁观一些穿过伦敦街头的奢华的皇家游行，请记住你正在见证一次为塑造整个民族信仰所设计的绝妙的公关活动。

我不想给大家留下这样的印象，即好像我们都是空空的容器，只等着家庭、学校或是政府灌输给我们早已选择好的思想。但是我们必须要对所吸收的关于宗教、民族主义和君主制的信念保持警惕——乃至于对我们所有的信仰，从政治到道德、生态和平等。我们应该不断探索我们信仰的源头、倾向性和真实性。我们应从中学到信仰的艺术之中一个至关重要的方面，那就是如何改变我们的思想。

当事实改变时，我也会改变想法

在大萧条时期，经济学家约翰·梅纳德·凯恩斯（John Maynard Keynes，1883—1946年，现代西方经济学最有影响力的经济学家之一）改变了其向来所持的观点并建议采用货币政策。当被批评前后矛盾时，他这样回答："当事实改变时，我也会改变我的想法。先生，您呢？"凯恩斯的理由令人叹服，也引发了一个问题：我们多常改变自己的信念？可能没有比改变信念更难的事了，特别是因为大部分信仰——如那些源自民族主义和宗教的信仰——是在我们易受影响的青年时期植入的文化遗产。此外，我们的信念通常在我们的精神中根深蒂固，变成了世界观中无意识的一个组成部分。例如，很少有白人意识到自己对黑人有偏见，然而证据显示，白人面试官在就业领域通常都有意或无意地歧视黑人申请者。

我们需要了解什么情况可能会改变我们的信仰。像凯恩斯那样，在新的事实出现时？或者是有新鲜的体验或新颖的观点时？如果我们不知道什么可能改变我们的信念，或深信什么都不会让我们改变它，那就会有深陷于教条的危险。开发改变我们的思想的能力源自过去两位先驱人物的启发，他们都摒弃了自己以前的信念而选择了新的信念。他们就是伽利略·伽利雷（Galileo Galilei，1564—1642年，意大利物理学家、天文学家）和列夫·托尔斯泰（Leo Tolstoy，1828—1910年，俄国作家、文学家、思想家）。

16世纪90年代末期，在他35岁左右时，伽利略仍相信古老的地心体系理论——地球被认为处在宇宙中心一个固定的点，太阳和其他星体以一种交响乐般完美的圆圈围着地球转动。这一教条由托勒密（Ptolemy，公元90—公元168年，古希腊天文学家）在公元2世纪提出，是天主教和新教信仰的基石，并被圣经正式确认：耶和华曾命令太阳而不是地球，在天空中静止不动，但所罗门王让太阳"回到自己原本的地方"。伽利略是在帕多瓦大学执教的一位红发数学教授，也通过制造一些测量仪器谋生。在阅读了哥白尼的《天体运行论》中提出的地球实际上是围绕着太阳转动的看法后，他开始对地心说产生了怀疑。但哥白尼只是提出了一个假说，而不是科学证据，而且日心说的观点无论如何都有悖于常识：如果地球在转动，为什么我们没有飞出去呢？而且为什么从高塔上掉下的物体能保持直线坠地呢？

一个事件最终改变了伽利略的思想，可能也是关于信念的历史上最具爆炸性的一刻，它发生在1610年1月。在这之前的一年，伽利略改善了一项近期的佛兰德人的发明，使望远镜变得非常强大，能在地平线上看见一艘两小时后肉眼才能看到的船只。不过，他还做了一件更加令人惊奇的事：将他的望远镜对准了天空。

伽利略为他所看到的景象而兴奋异常，在1610年3月出版了一本24页的小册子《星际使者》（*Sidereus Nuncius*），向人们展现了一幅全新的宇宙画卷。他发现宇宙中至少有10倍数量的人们从未想到过的星体。他发现月亮"表面并不是光滑平整的，而是粗糙不平的。而且，像地球表面一样，到处都是巨大的凸起、深坑和皱褶"。他现在意识到，银河"不是什么别的，而是大量数不清的星星聚集在一起"。最令人惊奇的是，他发现四个新的星体围绕着一颗明亮星球的轨道转动，后来发现是木星的卫星。这一最新的发现改变了他的思想，因为通过长期的观察，他推理出如果这些星球可以在木星围绕太阳转动时围绕着木星转动，那么地球和围着地球转动的月球，也可以做完全相同的事情。托勒密的整个学说体系就此开始坍塌。

但是，是这样的吗？尽管伽利略能够让自己相信圣经在自然真理上有错误，但他无法说服罗马教廷。在接下来的20年间，伽利略发起了持续的宣传活动，想要使宇宙日心说被大家接受，他天真地认为科学事实足以改变宗教信仰。1616年和1624年，他两次谒见教皇，但是终究无法劝说天主教会和极富权势的耶稣会神父们相信地球是在转动的。伽利略更不知道的是，教廷的秘密警察、宗教裁判所已经搜集了十年证据，起诉他的学说是异端邪说。1633年，在发表了另一份日心说论文后，已经70岁的年迈体衰的伽利略被传唤到罗马接受世纪审判。

伽利略丝毫没有机会能反抗宗教裁判所。十个法官中，一个是教皇的兄弟，其他人都是他的侄子。在两次被威胁用刑之后，伽利略发表了使他蒙受耻辱的改弦更张的声明，放弃自己"太阳是世界中心且不可移动，以及地球不是世界中心并在移动的错误观点"。作为处罚，伽利略被处以终身软禁，禁止离开他在佛罗伦萨附近的家。八年后，双目失明的伽利略在家中去世。愚昧盲目的天主教廷直到1822年才官方接受了伽利略关于宇宙的观点。

伽利略的故事对于我们今天的生活艺术来说，有什么意义呢？和伽利略不同，我们很多人甚至从未拿起过自己的望远镜。我们从不将自己的眼光放在那些可能会挑战我们长久以来的信念和生活方式的选择上。那些相信君主制的人很少仔细地去了解那些被发明的皇室庆典和仪式——那些可能会破坏"伟大的英国传统"想法的东西。我们更倾向于否认自己一生都被灌输了民族主义意识，这使我们看不见在所有人类之间的共同纽带，并给我们的道德世界设置了边界。我们试图对我们大部分人是从父母或从成长于其中的社区继承到宗教信仰的观点视而不见。

但是，如果我们想要在自己的生活中来一场伽利略般的革命，我们就需要决定在哪儿放置我们的望远镜。我们敢于仔细研究什么方面？我们能找什么信息或论据？我们是否准备好为可能发生的事情作出牺牲，比如被朋友或家人排斥？伽利略带着极大的勇气和好奇心凝望星空，这一行为潜在地颠覆了他关于宇宙深刻的信念，并挑战了教堂的权威。我们可能也需要发掘这样的勇气和好奇心，以全新的眼光去观察我们信念王国中的诸如政治、宗教、金钱以及爱情的信念。

列夫·托尔斯泰是19世纪最负盛名的小说家。然而《安娜·卡列尼娜》（*Anna Karenina*，1876年出版）和《战争与和平》（*War and Peace*，1866年出版）的读者通常没有意识到他也是最激进的社会和政治思想家之一。托尔斯泰也像伽利略那样具有革命性，不过是以他自己的方式。在其自1828年至1910年的漫长人生中，他逐渐趋向反对自己所成长起来的贵族背景下所接受的信念，转而拥抱基于和平主义、无政府主义和禁欲主义基础上的一种令人吃惊的非常规的世界观。托尔斯泰是如何做到的？又为什么要这么做呢？

托尔斯泰出生在俄罗斯的贵族阶层，他的家拥有专属于自己的庄园和数百名农奴。这位年轻伯爵早年过着灯红酒绿、放荡不羁的生活，甚至在对纸牌不计后果的迷恋中输掉了一大笔财富。正如他在《忏悔录》（*A Confession*，1885年出版）中所认识到的：

> 我在战争中杀过人，挑衅别的男人跟我决斗以杀掉他们。我迷失在纸牌中，消耗农民们的劳力，处罚他们，放纵地生活，并欺骗他人。说谎、抢劫、各种各样的通奸行为、酗酒、暴力、谋杀，没有我没犯过的罪。尽管如此，人们还赞扬我的行为，我同时代的人还认为我是个相对有道德的人。因此我又活了十年。

托尔斯泰的信仰以及生活方式在19世纪50年代开始发生改变。那时他是一名军官，参加了克里米亚战争中血腥的塞瓦斯托波尔攻城战。这一恐怖经历是他后来和平主义思想的基础。一个决定性的时刻发生在1857年，他在巴黎亲眼目睹了一次公开的断头台处决。托尔斯泰永远也没有忘记被切断的头颅"骨碌碌"滚到断头台下的箱子那一幕。这使他确信：国家及其法律不仅残酷，而且是为保护富人和有权势的人服务的。他在给朋友的信中写道："真相是，国家就是一个设计好的阴谋，不仅为了剥削，而且尤其能使其公民腐化堕落……从今往后，我不会为任何地方的任何政府服务。"托尔斯泰在向无政府主义者转化。他对俄罗斯沙皇统治的抨击闹得沸沸扬扬，他在文学界的盛名使他免于被捕。其他持有相同观点的人就没那么幸运了，如无政府主义者彼得·克罗波特金，他在打算出逃前，已被当作颠覆分子坐了3年牢。

托尔斯泰在欧洲的游历使他接触到当时的激进思想家，如皮

《托尔斯泰在耕种》，伊利亚·列宾（Ilya Repin）创作于1889年。托尔斯泰时常放下手中的笔到田野上工作。他书桌旁的墙边总是倚着一把大镰刀和锯子，一篮子制鞋匠的工具也随意放在地板上。

埃尔-约瑟夫·普鲁东（Pierre-Joseph Proudhon，1809—1865年，法国经济学家、无政府主义者）和亚历山大·赫尔岑（Alexander Herzen，1812—1870年，俄国思想家、革命活动家），并激发了他关于经济平等的信仰和对卢梭教育著述的兴趣。他基于自由主义原则为农民子弟创办了一所实验学校，由他本人亲自授课。随着1861年农奴的解放以及受俄罗斯全国兴起的赞颂农民阶级美德的运动的影响，托尔斯泰不仅乐于接受穿着农民服饰，而且还在自己的庄园里和劳动者一起工作，亲手耕种土地并修补农民的房屋。作为一个贵族，一个伯爵，这样的行为是非常不同寻常的。尽管这毫无疑问地仍带有家长统治的色彩，但是托尔斯泰享受与农民在一起的生活，并开始有意识地避开居住于城市的文学大师和贵族精英们。

托尔斯泰对农民阶级最大也最显著的贡献是他所做的饥荒救济工作。在1873年歉收后，托尔斯泰临时中断了正在创作的《安娜·卡列尼娜》，为饥饿的人民牵头联系救援物资。在与一名亲戚的谈话中，他坦言："我无法离开那些活生生的生命去操心一个想象中的人物。"他在1891年大饥荒发生时又做了一次同样的事，他和其他家庭成员一起在接下来的两年中忙于在世界各地筹集资金，开办并维系施粥场的运转。你能想象今天的一名畅销书作家放下自己正在写的书，花两年的时间做人道主义救济工作吗？

托尔斯泰所具有的一项最大的天赋——同时也是其痛苦的源泉——是他对人生的意义这一问题的痴迷。他从未间断地拷问自己为什么以及应该如何生活？自己所有的金钱和名望有什么意义？19世纪70年代晚期，由于无法找到答案，他的精神近乎崩溃，处在自杀的边缘。但当他沉浸感悟过德国哲学家叔本华的哲学思想、佛经和圣经之后，他接受了一种革命性的基督教分支——这一教派反对一切有组织的宗教，包括他所成长起来的东正教。托尔斯泰开始将自己的生活转为追求精神生活和物质生活的俭朴。他放弃了喝酒吸烟，变成了一名素食主义者。他还受到乌托邦社会财富共有、简单且自给自足的生活这一空想社会模式的影响。以致那些名为"托尔斯泰主义"的社区遍布全世界，并引导甘地在1910年创建了一个印度教徒的隐修处并命名为"托尔斯泰农场"。

然而，托尔斯泰的新生活并不是没有争斗和矛盾之处的。除了他宣扬博爱的事实外，他自己和妻子之间不停发生矛盾。这位平等主义的信徒从未完全放弃他的财富和优越的生活方式。直到晚年，他也一直和仆人住在豪宅中。当他提出要放弃自己的庄园分给农民们的想法时，他的妻子和孩子们非常愤怒，最后他让步了。但在19世纪90年代初期，他还是违背了妻儿的意愿，放弃了大部分文学作品的版权，实际上是放弃了一大笔财富。在他生命最后的数年生活中，当作家和记者们去向这位长胡子哲人致敬时，他们通常会惊奇地发现这位世界最著名的作家正在和其他工人一起砍柴或是给自己做鞋。托尔斯泰开始生活时所具有的优越地位，他个人的转变虽然也不是那么完整，但仍值得我们尊敬。

伽利略是在科学探索中改变了自己的信仰，而托尔斯泰是通过体验和交流以及在他爱冒险的阅读中所搜集到的观念。他意识到改变自己的世界观并挑战自己的假想和典范的最佳方式，是通过身处观念和生活方式与自己完全不同的人群之中。这就是为什么他停止了在莫斯科的社交生活，回到自己的土地上用更多的时间和劳动者待在一起。在《复活》（*Resurrection*，1899年出版）中，托尔斯泰指出，大部分人，无论他们是富有的商人，有权势的政治家，还是普通的盗贼，都认为自己的信仰和生活方式是既可敬又有道德的。他写道："为了保持他们自己的生活方式，这些人本能地与和自己生活观点及地位相同的人生活在同一个圈子。"在自己的朋友圈或是社会背景中被纵容，我们可能认为拥有两套房子，反对同性婚姻，或是轰炸中东国家是理所当然的惯常之举而且是公平的。我们不知道其实这样的观点可能是有所保留、不公平，或不真实的，因为我们生活在自己创造的会不断强化自己世界观的一个圈子中。如果我们想要质疑自己的信念，我们需要参照托尔斯泰的例子，花时间与那些价值观以及每天的生活体验与我们相反的人相处。我们的任务是越过圈子的边界，展开一段不同凡响旅程。

注意言行不一

如果我们无法付诸实践，那信念还有什么价值？我们对那些嘴上说着和平、转头就开战的政客，还有那些声称与穷人团结一心、但是作为公司管理层生活奢华的人，感到愤怒。我们喊道："这些伪君子！"然而我们常常没怎么注意或不那么关心我们自己的言行不一。要弥合我们的信念和行动之间的差距从来就不是一件容易的事——托尔斯泰也没有做到。保持我们的信仰和行为一致可能确实需要诚信意识和整体意识的支撑，但通常也牵涉到需要付出某种代价。历史上，为了忠实于自己的信仰，人们作出了5类牺牲：牺牲自己的生命、权利、自由、财富和感情。

最极端的案例是那些为了自己的信仰放弃生命的人们，如越南和尚释广德。我常常在牛津镇中心前坎特伯雷大主教托马斯·克兰麦（Thomas Cranmer）和两名主教休·拉蒂默（Hugh Latimer）与尼古拉斯·雷德利（Nicholas Ridley）的雕像旁流连忘返，他们因其新教信仰于16世纪50年代被处以火刑。除了宗教殉道者以外，我们还可以想到苏格拉底，在放弃自己的哲学观点和毒药之间，他选择了死亡。甚至还有很多人为了他们的政治理想冒着生命危险集体斗争，如共和党工作者和国际主义支持者乔治·奥威尔和劳里·李——他们于20世纪30年代在西班牙拿起武器反对法西斯。20世纪90年代在危地马拉期间，我对遇到的那些人权活动家、农民领袖和工会成员心怀敬意，他们为了将在内战中犯下暴力罪行的军队成员绳之以法，或是为争取在咖啡和蔗糖种植园获得更好工资待遇的宣传活动中，常常面临死亡的威胁。他们中的许多人被法外敢死队暗杀。

第二类牺牲者中包括以信仰的名义放弃权力和名望的人，如印度精神思想家吉杜·克里希那穆提（Jiddu Krishnamurti，1895—1986年）。1909年，克里希那穆提14岁时，他被神秘的通神学会发现。他们的预言声称他会成为"世界导师"，因此指派他为"世界明星社"的领导人，这一宗教组织在全球有6万名追随者。1929年，他的举动使会员们大为震惊，不仅是因为他辞去了自己的领导人职务，而且他还解散了整个"世界明星社"。克里希那穆提和托尔斯泰一样，开始认为追求精神的真理必须是个人的旅程，而所有的宗教体系本质上都是专制和教条主义的，而信徒们却日益将其作为自己的精神支柱：

> 我主张真理是无路可循的……信仰纯属个人之事，你不能也不应该使它组织化。如果你这么做，真理就成了僵死的教条，会变成一种教义、一个宗派、一个宗教，成为强加于人的东西。

你需要真正的诚实和谦卑才能放弃作为自己宗教的救世主。

一种比生活或权利更平常的牺牲是为了信仰，甘冒失去自由的危险。社会活动的历史就是一个个人为了自己的价值观和原则打破法律、面临监禁的记录。想想20世纪初期妇女参政权论者为了获得投票权而进行的斗争，还有在美国人权运动中采取非暴力反抗行为而被捕的数千人。拿起国际特赦组织和人权观察组织的年度报告，你会看见人们为了自己的信仰冒着失去自由的危险是多么的平常，无论是一位想要表达自己思想的伊朗女记者，还是测量核电站辐射的德国环保积极分子。他们的行为使我们不禁要问自己这样的问题：我是否会为任何一种信仰而甘于面临一晚的监禁？

圣雄甘地说："在这个世界上，你必须成为你所希望看到的改变。"这可以成为所有希望弥合自己信仰与行动之间分歧的人的信条。甘地的特殊在于他为了自己的信仰彻底放弃了财富和物质生活的舒适。作为一名在南非执业的年轻律师，他越来越为自己有仆人这一状况感到局促不安，因此开始自己倒马桶，学习自己洗律师袍并给硬领上浆。他后来创建了隐修处，旨在在绝对平等的条件下"像最穷苦的人那样生活"。和其他会员一样，他照料山羊、亲手纺纱和清扫公共厕所——这类工作传统上是由贱民或贱民阶级做的。甘地践行了他所宣扬的信仰，死时除了自己的文字几乎没有任何个人财产。在这个醉心于物质财富和高消费的现代社会，放弃财富是一个与其理念对立的愿望。我们愿意将自己的储蓄放在道德投资基金中吗？即使它比普通基金获得的收益要少许多。我们作好准备加入那些发誓将收入的10%捐给慈善机构的人了吗？即便这将使我们无法在阳光下享受年假。我们会拒绝一份高收入的工作，只是因为那家公司的价值观与我们所持有的不一致吗？

最后一种牺牲形式是个人的感情。在自传《漫漫自由路》（*Long Walk to Freedom*，1994年出版）结尾处，纳尔逊·曼德拉（Nelson Mandela）写道：

> 对于我自己，我绝不会为献身于斗争而后悔，我随时准备去面对影响我个人的各种困难。但是，我的家庭为我献身于斗争的行动付出了可怕的代价，或许他们付出的代价实在是太高了……为了为我的人民服务，我被剥夺了我作为一个儿子、兄弟、父亲和丈夫尽自己的义务的权利。

曼德拉为自己的政治行为所付出的代价不仅是27年的监狱生活，还包括痛苦地认识到伤害了自己所爱的人。在实践自己信仰的斗争中，我们可能都要面对和曼德拉一样的危险，可能对我们的人际关系造成潜在破坏的因素依然在那里。如果我们反对家中传统的宗教信仰选择另一条路，我们的母亲会怎么想？如果我们不相信私立学校，我们是否愿意为了我们自己的原则而牺牲自己孩子的教育前途？当我们有多重义务时，践行自己的信仰从来就不容易。

历史告诉我们，牺牲是信念所包含的意义的一部分，我们愿意放弃多少是衡量我们信念坚定与否的一个标准。如果我们不能深思可能会付出的代价，那么我们对这一事业的信念和奉献会远比我们所想的要弱。但是，牺牲也会回报给我们珍贵的礼物。我们可以花点时间认真考虑一下：总的来说，我们可以为实践自己的信念放弃些什么。这样我们就能享受个人诚信所带来的珍贵礼物了。

卓越能带给我们什么

在励志书中最常见的一句话是"相信自己"。尽管自信在生活艺术中占有一席之地，但这其实和相信自己的理想同样重要。伦理哲学家彼得·辛格（Peter Singer, 1946年至今）认为，我们大都通过承诺自己有一个"卓越的事业"来寻找生活中的个人成就感，借助一些"大于其本身"的价值或项目，比如人权活动、动物解放和环境正义。辛格认为，在我们的信念下生活，会比那些囿于自我中心的欲望（如财富或社会地位）更能支撑我们恪守承诺，无论那些欲望看上去是多么的令人愉悦。

然而我们必须小心对待自己的信念，因为即使是为了一个有价值的事业，也很难当一个盲目善良的空想家或是没头脑的空想社会改良家。这也是为什么我们应该拿出我们基本的信念，放在自己面前一个个地检查。我们通往生活艺术的方式应该持有健康的怀疑主义，这有助于应对家庭、朋友、政府和其他社会力量对我们价值观和理想的影响。

一旦我们的信念在这样的审视中幸存下来，它们就已经准备好转化为现实。然而，这样做也可能出现无法抵挡的障碍。在面对强大的经济利益、政治上的不妥协和全球复杂性时，可能看上去很难觉得值得为辛格所建议的社会或道德事业的卓越而斗争。结果是，我们通常会退回到幻灭、冷漠或麻木不仁的状态中。但是，我们信念的故事并不会就此打住。我们通常会重新开始，努力将世界改变成我们想要看到的那种样子。这可能只是第一步，我们带着伽利略或甘地的勇气，继续激发我们去创造另一个未来。

11

创造力

　　我走进援助机构乐施会总部。那里通常在咖啡桌上都堆放着重要的性别权利和全球不平等的报告，视频墙上播放着撒哈拉以南地区遭受旱灾的村民或孟加拉遭受洪灾的农夫的采访纪实。但是，今天这里的门厅里布满了艺术品：画作、陶器、雕塑、织物、珠宝、室内装饰物和电影短片。这些并不是里约热内卢棚屋区的一个新发展的项目的成果，而是职员们自己作品的展示。这些物品出自政策分析师、办公室文员、资金筹集人、保安、紧急救援人员和会计师之手。慈善很显然与这些"艺术家"同在，他们只花傍晚或周末的时间站在画架前，或是在花园的小屋中雕琢打磨。一个职员组成的爵士乐队在角落里表演。《我的全部》（*All of me*），这首歌在中庭回响。没有比这首歌更合适这个场景的了，因为职员们希望展示的不仅仅是他们"工作中的自我"，同时也是"具有创造力的自我"——一个藏在他们的日常生活背后，通常不会每天到办公室的那个自我。

　　这个艺术展提醒我们，创造性对人们来说有多重要。"创造力"（creativity）一词源于拉丁语"creare"，意为做或生产。人类通常通过做东西和发明东西来表达和养活自己。一些人将他们的创造力留在闲暇时光中发挥，如美国诗人华莱士·史蒂文斯（Wallace Stevens，1879—1955年，美国著名现代诗人），白天他是一家保险公司的总裁，晚上在家写诗。另一些人在他们的工作中寻找创造力，运用他们的想象力设计新的市场策略或是写出另辟蹊径的报告。心理学家现在普遍同意创造力对我们有好处，而且我们每个人都有富有创造性的自我在等待着释放。商业世界选择创造性作为时代精神，公司们送它们的员工去学习能释放自己创造潜力的课程，期望让每个人都变成一个"无价的思想家"。

创造性可能现在很流行，但是创造性到底是什么？为什么它如此重要？为生活艺术而培养创造力的最佳方式是什么？我认为我们现在普遍理解的创造力是一种危险的理想。它紧密地与独创性、天赋和文艺复兴态度的遗留等想法联系在一起，总是在我们的脑海中萦绕，其实它需要对创造力方面自信的缺失负责。近期认为创造力可以教导培育的观点已经无法弥补其在这段历史中导致的缺憾。相反地，我们需要扩展创造性的意义，这样我们就能从更多种多样的方式中获得：通过每天一次的持续自我表现来重新发掘我们丢失的手工技能，以及作为一种生活哲学将我们从社会传统的非难处境中解放出来。

米开朗琪罗是如何破坏创新精神的

我常常认为自己是一个缺乏艺术天赋的人，高中时我最不喜欢的科目就是艺术。我认为艺术课很无聊而且毫无意义，只因为我发现它实在是太难了，无论是素描、油画还是雕塑。不像其他我通常学得不错的科目，如数学和历史，我试图摹画的一碗水果或是一张人脸的素描总是很可笑。我眼前的模型或心目中的视觉对象和我手中画在纸上的形象几乎没有联系。我的艺术老师帮不上忙，他们总是不停地批评我，指出我的透视如何是错的，或是我画的人物不合比例。（要是当时我顶嘴说大部分毕加索的艺术作品也犯了同样的错误就好了。）14岁时，我承认自己的失败，认为自己没有创造力。这一经验还与我音乐上的愚笨混合在一起。小学时，我是我们年级仅有的3个没有通过唱"一闪一闪亮晶晶"测试的学生之一。当别的人每个星期都离开教室去唱歌时，我们被领进一个小房间摆弄乐高玩具。奇耻大辱！我还花了7年时间半心半意地学习小提琴、钢琴和单簧管，但到最后都只在基础阶段挣扎。尽管我的父亲是优秀的音乐家，曾在年轻时赢得过学习钢琴的奖学金，然而毫无疑问我没有遗传到他这方面的任何能力，所以最后我放弃了。当我离开我的青少年岁月，我感到自己完全缺乏艺术上的自信。我告诉我自己和其他人——我不能靠画画维生并且五音不全。我完全没有看到试图培养自己艺术自我的实在意义。创造力这一天赋遗忘了我。

事实上，那些和我一样缺乏自信的人不应该责怪自己。相反，他们应该责怪米开朗琪罗·博纳罗蒂（Michelangelo Buonarroti，1475—1564年）。或者更准确地说，是该针对围绕着米开朗琪罗这种创造性天才逐渐形成的狂热崇拜。文艺复兴时期一方面产生了一些在欧洲历史上非常引人注目的艺术和文学作品。但另一方面它也应该为培养精英和对创造性令人沮丧的态度负责，时至今日我们仍然试图从中恢复。

这种态度源自于文艺复兴时期的两大伟大发明。第一个是"个性"这一概念。根据瑞士历史学家雅各布·布克哈特（Jacob Burckhardt，1818—1897年）的说法，中世纪的欧洲"男人只意识到自己是作为一个种族、人民、政党、家庭或社团的一员，只属于一些普遍的范畴"。这在13世纪末期发生了改变，当时意大利"开始充满个性"。在威尼斯、佛罗伦萨和其他文化中心的富有公民中，个性变得不仅在社会上可被接受，而且表达自己的独特性还是积极且令人钦佩的。这反映在体现个性的新形式上，如在信件上盖上个性化的印章，写私密日记，或是使自己在时尚、艺术和文学品位上脱颖而出。个性化在21世纪可能有些过头，变成了一种自我中心的自恋形式。但它在文艺复兴时期是一种更为积极的发展趋势，帮助人们挣脱封建主义和宗教教条数百年来压制自我表达和自由思考的桎梏。

文艺复兴时期的第二项主要发明建立在对个性的新的尊崇之上，那就是创造性天才的概念。中世纪时，"创造"这一概念是专门与圣经中上帝创造地球这一"从无到有"的过程联系在一起的。没有人奢望自己能复制这一神迹。人们可能成为技艺娴熟的工匠或自然的模仿者，但从来不是创造者。文艺复兴时期的思想家结束了上帝在独创性和创造力上的专利。15世纪时，佛罗伦萨的人类学者乔安罗佐·马内蒂（Giannozzo Manetti）大胆宣称"人类的天才"，他相信人类具有卓绝的创造力和想象力。而且当时世界上确实有一个人，他的光芒高人一筹，将人类的创造力提升到一个趋于完美的水平，甚至但丁或列奥纳多·达·芬奇也没有达到。这个人就是米开朗琪罗，一名雕刻家、画家、建筑师和诗人。

生于1475年的米开朗琪罗是他所处时代的第一位成为传奇的艺术家。尽管出生在一个贵族家庭，他却长于贫贱，在佛罗伦萨附近山上的石匠家中长大。从6岁开始，他就学习如何切割和凿开石块。14岁时，他到一个画家的工作室当学徒，但很快就追随着自己心底的热情——雕刻——离开了。20多岁时，他的杰作《哀悼基督》和巨大的雕塑《大卫》震惊了欧洲，每部作品都出自大块的白色大理石，经他之手获得了生命。从此，一个接一个追逐权势的教皇开始不断要求米开朗琪罗为他们服务。在他30出头时，又委派他绘制西斯廷教堂的天花板。脾气暴躁的米开朗琪

圣母玛利亚的脸，米开朗琪罗作品《哀悼基督》的一个细节，该作于1499年完成，是年他才24岁。"这是一个奇迹，"与他同时代的乔治奥·瓦萨里声称："这绝对让人震惊，一名艺术家的双手可以如此恰当地创作出这么具有庄严之美的东西。"

罗刚开始拒绝了，声称自己没有兴趣并且也不具备一名画家的天赋，但是在脚手架上孤独而专注地工作了4年后，他创造出了世界上从未有过的最伟大的壁画。在生命的后期，米开朗琪罗转向了建筑领域，为罗马的圣彼得大教堂设计了穹顶，并拒绝任何回报，他认为这是为上帝的荣耀服务。在他跨度超过半个世纪的艺术生涯中，米开朗琪罗用他的艺术创作持续震惊着人们。他吸引了一批类似宗教信徒的追随者，许多将他偶像化的传记在他于1564年年近90岁去世前就已面世。

　　尽管我们会因他的艺术成就而屏住呼吸，但是对米开朗琪罗的英雄崇拜在至少500年间破坏了我们对生活艺术的追求。他的创作天分被认为是来自上帝的礼物。他的朋友及崇拜者乔治奥·瓦萨里（Georgio Vasari，1512—1574年，意大利文艺复兴时期的著名艺术家）将他描述为"圣米开朗琪罗"，认为他在所有主要的艺术领域都"具有上帝没有赋予其他任何人的完美的技巧，无论在古代，还是在现代社会，在太阳围绕世界转动的所有岁月中"。瓦萨里和米开朗琪罗自己促成了一段神话，似乎他是一位孤独的天才，却隐藏了他依赖其他人帮助的一些事实。然而在关于米开朗琪罗的历史文献中，他主要的工作佣金的支出账单大项都是用于支付给一起工作的助理们，至少有12个人受雇在西斯廷礼拜堂的天花板上工作。对米开朗琪罗天赋的突出描写促成了文艺复兴时期关于创造性天才信念的产生，即并不是你自己做出来的，只可能是全能的上帝恩赐于你的。

这一观点的流传，在几个世纪以来的欧洲逐渐汇聚成奔流不息的长河。创造力是否不仅仅是独创性，而且是天赋而非学习能力的产物？你有这样的天赋还是没有？更重要的是，创造力这一天赋只赋予了被选择的少数人。因此，除非你刚好是那少数的幸运儿之一，否则在你的艺术生涯中是没有多大希望实现超越的。创造力因此成为一种完全非民主的概念，只由一些精英独享，而非对日常生活中的人们开放。

自米开朗琪罗时代以来，这是我们通常对待有创造力的个人的看法，无论是在艺术还是在其他领域。比如，我们为音乐天才莫扎特而吃惊。他6岁就能谱出小步舞曲，9岁时就写了生平第一首交响乐，12岁时完成了一部歌剧。也难怪他父亲称他为"上帝安排降生在萨尔斯堡的奇迹"。莫扎特自己的信件也支持了创造力不在于学习或练习这一观点，而是一种神秘的难以言表的发自内心的过程：

> 当我像过去那样，自己一个人，完全孤独一人，享受欢乐时——如乘马车旅行，或是在一顿美好的晚餐后散步时，又或是在一个无法入眠的夜晚中——在这样的情况下，我的思绪最佳也最丰富。我不知道它从何处而来或是怎么来的，我也无法控制它。

18世纪启蒙运动时期，这种关于创造力的想法逐渐与科学联系在了一起。当大师和思想家们令人炫目的洞察力透视过自然世界所隐藏的结构时，我们现在常常想起科学探索历史中那些"灵光一闪的时刻"。想想艾萨克·牛顿（Isaac Newton），他对重力的揭示源于看到苹果从树上落下时的灵光一闪；或是19世纪法国数学家昂利·庞加莱（Henri Poincare，1854—1912年），其突破性的想法通常在他无意识地踏上公车或是在悬崖顶上散步时浮现；近代英国数学家安德鲁·怀尔斯（Andrew Wiles，1953年至今）完成费马大定理的证明后，他自己所描述这一不可思议的破解过程是：1994年9月一个星期一的早上，难以言表的一种灵光乍现。尽管因这样的灵光一闪而产生科学进步的想法逐渐遭遇挑战，科学探索仍通常被描述为是创造性天才所拥有的一种难以预知的瞬间。

当我在20世纪80年代坐在学校教室的艺术课桌前试图完成一个难以识别的静物的写生时，我所感到的那种难以抵挡的创造力缺失感要多于内心自发的焦虑。这也是一种文化应答，反映了我接受的是一种文艺复兴时期一代一代传承下来的关于创造力的狭隘观念。我并未意识到米开朗琪罗的魂魄正在身后望着我，在我耳边悄声说：艺术能力实质上是一种天赋，而年轻人，我很遗憾地告诉你，你没有获得这种天赋。我禁不住想，我们当中有多少人，意识到"圣米开朗琪罗"的出现微妙地侵蚀着我们关于创造力的自信？

在我的学校生活期间，没有人告诉我在创造力历史上又发生了一次重要的转变，能给予我所缺乏的自信。这是新出现的一个运动，其认为创造力是一种可以学习的"技能"，就像你可以学习按指法打字或是骑马一样。这是一种潜在的自由和民主思想，暗示我们每个人都有着创造潜力尚待开发，独创性和发明并非只是上帝的赐予，或是优秀基因遗传的结果。相反，创造力植根于恰当的技巧和辛勤的工作。这一观点获得了近期一项科学研究的支持。研究显示，80%的创造力需要通过教育和培训获得。这个观点还在持续研究中以待强化。该研究认为，要成为一名专家，无论是需要创造力的（如开音乐会的小提琴家或是小说家），还是在一个领域（如运动），你都需要投入约1万个小时的练习，这等于是坚持在10年中每天花3个小时练习。因此，托马斯·爱迪生（Thomas Edison）在断言"天才是1%的灵感和99%的汗水"时，与这一理论相去不远。但这一观点在文艺复兴时期可不会流行。

　　基于技巧的获得创造性的方式始于1967年。爱德华·德·波诺（Edward de Bono，1933年至今，法国心理学家）首次提出"水平思考"（lateral thinking）这一术语。他强调用创造性的策略——如反事实的假说和挑战传统的假设——来解决日常生活中的问题并训练你的思想。德·波诺的经典水平思考练习是一个9个点的智力游戏，其任务是在笔不离开纸面的情况下用4条直线将所有的点连在一起。

　　这看上去很容易，但大部分人试了很久。他们都假定这些直线不能延伸到这9个点以外的区域。解决方式就是要打破这一假设。这被认为是习语"打破思维定势"（thinking out of the box）的来源。

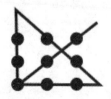

真聪明！但问题是德·波诺的工作以及随之引发的思考类教科书产业——这些通过掌握一系列能使你解决难题和寻求答案的分析性的技巧又在某种程度上降低了我们的创造力。这可能对于解决工程类难题比较合适，或是有助于解决为什么你的商店在降价后领带的销售量依然不高这样的问题。但这不太可能帮助你成为一名追求美和自我表达的具有创造力的艺术家。

这也是为什么在20世纪80年代，第二种创造力技巧变得流行的原因。这种技巧是要培养你大脑正确的部分。有一种假说认为西方社会过于依赖掌管逻辑与理性思维的左脑，因此如果我们想要发掘自己创造性的一面，需要更多培养自己掌管艺术性、整体性和直觉的右半脑。这是一种极富影响力的观点，尽管左脑、右脑的区分在今天的神经系统科学家看来过于简单化了。一种典型的右脑练习要求你通过专注于绘制树枝与树枝之间的空间而非树枝本身来画一棵树，这样可以巧妙地规避传统的树枝看上去的样子。另一种活动叫作"早晨日记"，由茱莉亚·卡梅隆（Julia Cameron）所创制。她建议人们每天早上手写三页意识流文字，这样可以帮助你摆脱超载的理性思维，为创造性努力释放出空间。

这一基于创造力逐渐发展的运动的悲哀在于，到20世纪90年代，它更大程度上适用于商业社会。书籍和课程逐渐变成为商务领域设计，旨在帮助机构的兴旺而非其中的个体。创造力的畅销书专家变成跨国公司的高薪咨询师，将他们的想法应用在"心智图"和"思考帽"中促进"商业的创新"。现在的工人们在设计销售策略或流线型管理过程时总是被期待要打破思维定势。创造力曾经是由上帝赋予的机能，如艺术家或科学家。而现在自称为创意产业的，如公共关系和广告业，则认为自己是社会上创造力和想象力的主要源泉。广告公司甚至开始称他们的总监为创意总监。摄影师被诱惑去为一些光面杂志拍时尚照片，音乐家们写出朗朗上口的歌谣帮助销售汽车、跑鞋或垃圾食品。到21世纪早期，创造力被引向了市场，其精神和民主潜质渐渐枯竭。

历史给我们留下了关于创造力的相互矛盾的信息。文艺复兴时期的遗产告诉我们有创造力的是那些有天赋的人，需要在纯净的领域（如美术和科学）中追求独创性。这种方法对我们大多数人来说太望而生畏了。而创新技术运动将创造力视为一种商业策略，成为一种和学习开车没什么两样的技能。与此同时，还建议说如果想要在创造性领域提高到专家水平，我们需要做数千小时的练习。没有一种方法能使我们清楚创造力如何能滋养日常生活。如果我们想要将创造力用在生活艺术上，我们必须重新思考创造力的意义和目的，将它从美术馆的墙上剥离下来，从企业绘制的蓝图上拉回到地面。以下将谈到的3种策略不会为你带来绘制梵蒂冈某一个教堂天花板的任命书，也不会对你销售新一代的手机有帮助。我所能承诺的是，这些策略能让你感到更多的活生生的创造力。其中，第一个策略所要求的不过是一个空空如也的胃。

自我表达：我做饭故我在

传统佛教修行的一个秘诀是将思想意识带入到日常工作，如洗衣服或骑自行车的过程中，而不是只局限在星期二晚上在冥想教室中盘腿坐一个小时。因此，创造性也可以和日常生活联系在一起。我们需要每天找到一个能培养创造性自我的时刻，而不是局限在每周享受一次陶艺课程。你可能已经找到了这样做的方法，可能是每天傍晚晚饭后弹弹钢琴，或是用你那充满爱意的手和艺术家的眼光照料花园。但一个最显而易见的常规剂量的创造力培养途径就是烹饪。我们大部分人每天会花半个小时到一个小时准备食物。无论是简单地在吐司上加个煎鸡蛋，还是更为精致的菜肴，如意式海鲜炖饭，在其烹饪过程中都隐藏着我们的机遇。

烹饪自古典时代就被认为是一种创造性的艺术。耶稣诞生前几十年，历史学家李维（Livy，公元前59—公元前17年，古罗马著名历史学家）写道："公元前2世纪，罗马人开始认真对待食物。在古时候曾被看作和作为最低等的奴仆的厨师的价值开始上升，奴隶工作室开始将其视为一种艺术。"罗马人因他们对奢华宴会的沉迷和对饕餮盛宴的投入而闻名。但是一张精心布置的餐桌更需要一位有创造力的厨师来摆满。因此罗马人发明了烹饪书就没什么好惊奇的了。打开公元4世纪时编写的被称之为《阿比修斯》的书（Apicius，以一个著名的喜欢精致食物的爱好者的名字命名），你会发现大量诱人的菜谱，包括用蜂蜜和枣烤制的火烈鸟、薄荷海胆，加入了圆叶当归和芫荽的美味芦笋乳蛋饼，等等。

但是，如果认为创意烹饪就是将所有新的和美味的食物混在一起以使你的宾客感到惊艳，那就错了。那样就会掉入文艺复兴时期的陷阱，即相信创造力等同于杰出的原创性。我就不会那么认为，我相信烹饪最重要的是创造性的努力，它给了我们一个自我表达的空间。

20世纪90年代在马德里生活的那一年，我学到了这一点。在某个下午，我的3个西班牙室友答应教我做西班牙蛋饼这门"神圣的艺术"。这是西班牙的国民美食，传统的煎蛋饼素材包括小火慢煎过的马铃薯、洋葱和大量的油，将这些倒入搅拌好的鸡蛋液中，然后再将这些混合物放入平底锅中。在一个高难度的颠锅动作将煎过一面的蛋饼翻面后，你会做出一个一英寸厚的煎成漂

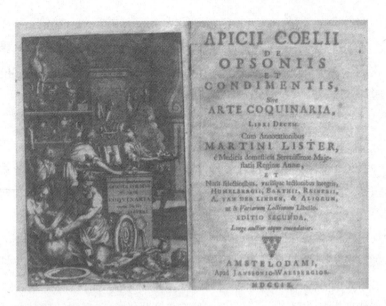

1709年德国出版的古罗马烹饪书《阿比修斯》，副标题为《烹饪的艺术》。在此书出版的四年前，伦敦版本的封面上附有许多那个时代最具创造力的杰出人物，包括艾萨克·牛顿和克里斯托弗·列恩（Christopher Wren，1632—1723年，英国天文学家、建筑师）。他们是会创造出烤火烈鸟烹饪法的周末神秘大厨吗？

亮的金黄色的有弹性的蛋饼。在几次失败的尝试后，我终于开始能做出可以达到我室友的烹饪学所要求的蛋饼了。但我很快开始胡搞。我觉得蛋饼有一点儿乏味，因此试着加了点蛤蜊、茄子，甚至是苹果、牛油果和无花果。我那爱国的室友们完全被吓呆了。我"亵渎"了他们神圣的蛋饼，用一些乱七八糟的材料玷污了它。我用较少的油煎土豆进一步使他们感到震惊。他们不断催促我回归原始菜谱的纯粹。然而我却自己玩得非常尽兴——尊重使用土豆、洋葱和鸡蛋的基本原则，然而又加入了我自己喜欢的口味和灵感。

做蛋饼成为不亚于自我表达的一种创造力行为。它促使我尝试一些自己的想法，将自己投入到烹饪过程之中。我很喜欢蛤蜊，那为什么不放一些到平底锅里呢？尽管后来我发现这在西班牙东海岸是一种常见的做法，那又有什么关系呢？我也不是想要彻底改革伊比利亚半岛的烹饪。我可以培养自己的用餐美学，在盘子里放上我自己觉得色香味俱全的菜肴。对我来说，在煎蛋饼上十字交叉放上烤过的红椒、青椒，非常漂亮，好像蒙德里安（Mondrian，1872—1944年，荷兰画家）的油画。

烹饪还有即兴创作的余地，这是追求创造力的一个核心要素。就像是爵士乐的小号手伴着主旋律的和弦即兴表演一样，我在厨房也可以做类似的事。打开冰箱门看看那天里边还剩点什么可以加到煎蛋饼里。在核心菜谱中加入非计划内的但值得尊敬的精心制作的小创意。或者尝试下，如果搅拌一些剩下的玉米到煎蛋饼里最坏的可能是什么？当生活充满了忙碌的日程安排和一长串需要完成的事情清单时，烹饪为我们提供了一个重要的即兴创作的自由出口。乔治·格什温（George Gershwin，1898—1937年，美国著名作曲家）说："生活就像爵士乐，最好的就是你即兴创作的时候。"

做煎蛋饼赋予了我一种自我表达的最后体现之处，我准备的饭菜会变成和朋友、家人以及来访的陌生人一起分享的礼物，是一种有益的慷慨行为。刘易斯·海德（Lewis Hyde）写道："真正的艺术，是一种礼物。其价值与价格无关，且能在艺术家和观赏者之间形成一种情感纽带。"当一个邻居在你生完孩子没时间做饭，自己带着一份鱼派过来串门时，就具备了一件有艺术性的礼物的所有特质。满足他人的胃就是满足他们作为人最基本的需求，同时也是馈赠礼物的一种最高级的形式。

今时今日，做饭最大的乐趣在于半个世纪以来，先锋作家兼厨师们，如欧玛·龙鲍尔（Irma Rombauer）、茱莉亚·查尔德（Julia Child）、奥古斯特·埃斯科菲耶（Auguste Escoffier）、伊丽莎白·大卫（Elizabeth David）和菲夏·邓洛普（Fuchsia

Dunlop），他们都揭示了烹饪法的秘诀，使几乎每个不需要蓝带厨师学校文凭的人都可能通过学习成为一个合格的厨师。这只需一点儿经验和偏离书本上菜谱细则的勇气。在一天漫长的工作结束后给自己做份晚餐可以转化为一种激励创造力的行为，这可比瘫倒在电视机前点外卖要强得多。即使是冷冻比萨饼也能因为有意识地在上边加上一些额外材料而散发光彩。比如，把材料摆成会让人眼花缭乱的螺旋状，或是在制作过程中尝试模仿杰克逊·波洛克（Jackson Pollock，1912—1956年，美国抽象主义绘画大师）的滴画法。将自己投入到所做的食物之中，我们为习语"人如其食"（饮食可反映一个人的性格和生活环境）赋予了新的意义。同时，我们还能开始懂得为什么法国美食家让-安泰尔姆·布里亚-萨瓦兰（Jean-Anthelme Brillat-Savarin）在1825年会如是说："与发现一颗新星相比，发现一款新菜肴对人类的幸福更有好处。"

因此，我觉得我们需要每天给自己一个自我表达的机会，无论是通过烹饪、学习弹吉他，或是借助其他有创造力潜质的追求。我们要让它成为像遛狗或刷牙一样的日常习惯，以抵御米开朗琪罗留下的遗俗，将创造力从排他的高雅艺术和对创造性天才的狂热崇拜中拯救出来。

作为制作者的人：手工制作有益身心

1914年，德国心理学家沃尔夫冈·科勒（Wolfgang Kohler，1887—1957年，格式塔心理学主要创始人之一）在加那利群岛对一只被称为苏尔坦的大猩猩做了一项试验。他将一只香蕉放在苏尔坦的笼子外手刚好够不着的地方，笼子里则放着长有小树枝的灌木植物。这只黑猩猩四处张望，发现了那让它干着急却够不着的香蕉。随后，又注意到笼子里的灌木，它立即抓起一根细长的枝条，猛拽下来，跑回笼子的栏杆边，将枝条穿过栏杆，用它将香蕉扒拉到自己身边，然后立即狼吞虎咽地吃掉自己的战利品。在另一项实验中，在数次失败的尝试后，苏尔坦终于将两根中空的棍子合在一起变成一根长棍子，用它将另外一根香蕉扒拉到了自己的笼子里。"这一新发现让苏尔坦异常兴奋，"科勒在报告中写道，"苏尔坦不断重复这一小窍门，甚至忘了吃香蕉。"

苏尔坦制作工具的能力以及它这么做之后获得的显而易见的快乐，正是解决我们如何生活这一困境的一个具有深厚进化论基础的线索。制作和使用工具是我们是谁以及能做什么的基本因素，这一能力比之我们的近亲大猩猩无疑强大了很多。智人的祖先直立人在250万年前就已经会使用石器工具了。通过建造、纺织、锄地、锻造和狩猎，我们的手和我们的思想一起共同改变了这个世界。数千年来，我们浇铸陶器、织布纺纱、种植玉米、筑起石墙，大兴土木建设家园。和"思考的人"（Homo sapiens）——智人相比，我们是劳动的人，即作为制作者的人。当孩子们用石块搭起摇摇欲坠的高塔时，或在手工课桌上切橡皮泥小星星时，他们是作为制作者的人。当我们体会到织围巾和给浴室贴瓷砖的成就感时，我们是作为制作者的人。当一个人就是要制作东西。如果否认这一部分的自我，简直就像失去了一个胳膊一样。

将更多的手工制作带进你的生活是第二种扩展自己创造力的基本方法。历史中，手工制作是我们的主要生活方式，典型的情况是发展一技之长——如木工或纺织，以及制作器物——如日常生活能用得上的勺子或衣服，而不是挂在走廊上的画作。我们要面临的挑战是手工制作文化自18世纪以来就一直在衰退，大部分人早已经丢失了我们的祖先曾经拥有的手工技能。你给自己做过任何衣服穿吗？或是自己制作了现在坐的椅子？答案几乎都是否定的。

　　没有一个人比19世纪的作家、社会改革家以及工匠威廉·莫里斯（William Morris，1830—1896年）对这一传统的丢失更深感痛惜的了。他自学成为纺织工、布料设计师和印刷工，莫里斯引领的传统手工制作的复兴是一种对摧毁了手工经济并迫使人们从事工厂乏味工作的工业革命的一种回应。莫里斯的想法体现在由他发起的19世纪80年代至20世纪初兴盛的工艺美术运动中，这一运动在20世纪的西方社会帮助定义了手工业的目的和意义。

　　莫里斯相信，成为一名手工制作者的主要益处是"在工作中给我们带来快乐"。这很大程度上是因为我们成为了"一个完整的人"，需要手脑并用，而不是将我们编号只去做特定和重复的任务。取代坐在电脑屏幕前一整天的生活，手工制作要求我们身心合一。另一个益处是当我们学会一门技能和生产出日用品时所体验到的自豪感，这不仅高度实用，同时还美观怡人。莫里斯建议说："不要在家里放置那些你不知道是否有用也不认为真正美丽的东西。"一个真正的手工艺人从他们的作品中自然获得一种健康的自豪感，为了自己而努力完成任务，即使经济回报与所付出的时间和精力不符，即使他们的名字不会使自己所做的器物生色。手工艺应有其额外的价值，因为它是一种政治挑战行为，是对莫里斯称之为"商业体系"的反抗。它用自给自足和自力更生取代了资本主义经济的工资奴隶，给予了更大的个人自由和个人幸福的前景。当圣雄甘地在20世纪20年代发起印度土布运动时，复兴了手工纺织土布以取代进口的英国纺织品，以作为对英国殖民统治的反抗。他追随了莫里斯的脚步，用手工制作作为一种政治武器。

　　威廉·莫里斯在"作为制作者的人"方面是毫无争议的冠军，在手工制作有益身心这一想法方面他也是历史上最伟大的思想家之一。但是如果手工对我们有益，为什么我们不多做一点儿呢？这个故事要从前工业化时代的欧洲说起，那时手工制作还是日常生活的中心。在中世纪晚期的巴黎、伦敦或美因茨的街道上漫步，你会看到各种各样的手工作坊中的制鞋匠、金匠、铁匠和制桶匠正在忙碌。学徒们十几岁时就忙着学习各项手工技能，希望有朝一日能制作出他们的杰作——可能是一个优质的嵌入式橱柜——能给他们赢得"师傅"的称号并被允许开自己的店铺。当然，许多学徒被他们的雇主粗鲁地对待，如果在制革作坊当学徒，还有好几年要忍受时刻与狗屎和动物皮革为伴的折磨。但至少他们可以成为一个手工行会的会员。这是一种工会组织，有点互助会的性质，通过提供健康和老年保险，控制商业中的雇佣行为并确保工艺标准来保护其会员。手工制作的文化也扩展到了作坊之外。如果你拥有一匹马，你可以从铁匠那里买马蹄铁，但你可能会自己为它建一个马厩；如果你需要打一口井，你可能会和你的兄弟一起挖一口；如果你的家庭需要一张新餐桌，或是给孩子做新衣服，它们会在家里由你自己制作出来。忘掉给水管工打电话或是在网上下订单吧，中世纪是"自己动手"的源头，男人和女人一生都有一双长满茧的手。

　　然而在过去的300年间，作为制作者的人逐渐像代代逝去了一般不断衰减。我们逐渐丢掉了中世纪的手工制作文化，我们柔软的双手现在只能在键盘上打打字和收发一下短信。从18世纪到19世纪的机器时代开始，我们迎来了创造力毁灭的时代。手工制作的艺术逐渐消失。第一个"坏人"是雅克·德·沃康松（Jacques de Vaucanson，1709—1782年，法国发明家），他名声大噪是因为发明了一只精致的会排泄的机器鸭子，伏尔泰将其称为"法兰西的骄傲"。路易十五决定要让他做一些更有用的东西，于是让他负责法国的丝绸制造，这促使沃康松设计出了纺织丝线比手工快得多的织布机。18世纪40年代到50年代，他的机器在里昂广泛投入使用，无论他出现在哪条街道上，织布工人们都会袭击他。新式工厂和作坊在烟雾弥漫的欧洲版图上如雨后春笋般出现，随后遍及北美。熟练的手工艺人变得大量过剩，只有小部分躲在文化背后得以幸存。如新英格兰公谊会（一个极端的新教徒分支）就保留了一些细木工传统到20世纪。

作为制作者的人的消亡是在19世纪的消费者时代，当我们失去修补这一艺术后加剧的。我们变得逐渐依赖于购买批量生产的家用产品，逐渐对与保留旧有手工艺技能不兼容的购物上瘾。以椅子制作为例，1859年当德国—奥地利木质家具生产商米切尔·托勒（Michael Thonet）发明了他那著名的"第十四号椅"之后，就彻底地改变了椅子的生产模式。他使用一种独特的蒸汽法和批量生产技术，在1860年至1930年间售出了超过5 000万把这样的椅子。到20世纪初期，如果你需要一把餐椅，你会去店里买一把"第十四号椅"或是类似的工厂模型，而根本不会想要自己做一把。随后，当椅子有一条腿不太稳时，你会再买一把全新的椅子而不是想要修好它。我只需要在我居住的街上走一走，就能随处看到这种浪费的抛弃文化，到处是被丢弃的椅子、书架和其他家什。大多数椅子都可以很容易地被修好，但是大部分人不知道怎么修。我和其他人一样也是同犯：我穿的一只袜子上出现了一个小洞，因为我不会织补，所以我的袜子的归宿就会是垃圾桶。而威廉·莫里斯——毫无疑问他的妻子也能行——可以将那个洞缝补得非常美丽。

作为制作者的人衰退的最后阶段是计算机时代，这一时代始于20世纪末期，我们现在仍沉浸其中。在这个时代，我们不仅失去了制作和修补的艺术，而且还包括切实理解的艺术。科技变得如此复杂，以致我们不再了解很多东西的运行原理。50年前你可能还可以理解你的打字机是如何工作的，在紧急时刻还能修好它。但现在我们大部分人完全不知道电脑是如何运作的，在那个嗡嗡作响的箱子里硬盘在哪儿？今天的汽车也有许多电脑化的组件，甚至于专业的机械技师也不一定能修好它们。我们因为现代科技的发展逐渐丧失了专业技能。建筑师在设计时使用专业的软件使得他们不再需要手工绘图，面包师在做面包时只用按一个按钮而不再是揉捏面团。其结果是我们对身边几乎所有的物体都完全陌生，这更侵蚀了手工文化的可行性。手工制作不再是一个可行的选项。

威廉·莫里斯以及与他同时代的约翰·拉斯金（John Ruskin，1819—1900年，英国作家、艺术家）都梦想有一天能回到中世纪手工匠人那神话般的黄金时期。但是如果我们想要把手工变成生活中一种复兴创造力的源泉，我们就必须要超越这一种怀旧的视野。当代经济为我们提供了很窘迫的生存持续可能——若以制陶、吹玻璃或手工织布为生的话。几年前，我在英国最后仅存的制椅大师那里学习，他教我做一种原木椅子，纯手工，采用新鲜的木材，使用一个脚踏车床，不用一颗钉子、一滴胶水或是电动工具。这种体验完全就是莫里斯所描述的那样：身心合一，创造一种淳朴的物件，既美观又实用；学习和完成后的自豪感，自给自足的感觉且与自然密切联系。但当我回到家在我自己的工作室做这种椅子时，我很快清楚这绝不可能在经济上支撑我的日常生活。每一把椅子从开始制作到完成需要至少30个小时，按市价出售的话，即使做好立刻就能卖出去，我也几乎不可能付得起房租。

我随后意识到应该更加实际，可能更能实现这一理想的是在现在正在做的工作中引入"手工艺的心态"，而不是追求一种田园牧歌式的梦想，以做椅子工匠来维持生计。我可以试着在写我的文章和书时，为了自己保持头脑中好好完成一项工作的理想，花费精力去精练和雕琢诗篇，尽管很可能会变成更为浮夸的思想表达。同样地，当我在公众面前演讲时，我可以确保图片既实用又美观，展示的幻灯片以最大的清晰度表达了观点，同时也有一种整洁的极简主义美学。可能有些工作比另一些更容易引入手工艺的方式，但我们仍能在我们的工作生活中努力发掘手工艺的潜在可能性。

如果你更想要满足在工作以外的时间成为一名"制作的人"的冲动，真的希望手工制作能滋养你的灵魂，你最好加入西方文化中最大的一场社会运动，这场运动有一个无伤大雅的名字叫DIY（自己动手做）。其成员定期在超级市场聚集，购买钉子、建排水系统的材料和钻头，准备在一个精力充沛的周末大干一场。在家具改善计划的伪装下，DIY教育了数以百万计的人学习已经消失了几十年的手工技巧，帮助一整代男人和女人接触到他们使用工具的内在。

如果这一运动有其个人的教派，那一定是以美国自然作家亨利·戴维·梭罗为中心的，他不仅是简单生活的大师，同时也是现代第一位DIY哲人。1845年，当他决定独自住在新英格兰的树林中时，他就借了一把斧头，砍了一些松树劈成木材建了一座小木屋。梭罗一丝不苟的账目显示他花了30美元建造自己的家，包括用3.9美元买钉子，14美分买了门折页和螺栓。当他写下"一个人建造他自己的房屋，跟一只飞鸟筑巢是一样的合情合理"时，梭罗已经确定了DIY的本质。创造自己居住的地方有一种基本的满足感，赋予你想要的特点，同时获得一种用自己的双手自给自足的愉悦。

梭罗有意识地反抗身边机器时代的出现，寻求一种简单生活的方式。我在危地马拉发现了一种不同但却同样有启发的DIY

模型，那里的手工传统仍强大地存在于原始玛雅族群中。在西部高地的村庄，你会看到妇女们身着一种自头部套穿的连衣裙，精致的手工纺织的袍子为游客们所觊觎；男人们在后街编织包和毯子。然而让我更为震惊的是在危地马拉城邻近棚屋区的DIY文化。山坡上的小巷子里满是这个城市最贫困的居民才华横溢的简易建筑。房子由任何可利用的材料建成，从起皱的铁皮到石块、木板、塑料薄膜和茅草。在可能的地方，居民们还用自己的水管设施装配基本的水槽和炉子，同时创造性地接入任何途经此处的电线。我并不想像威廉·莫里斯使中世纪手工艺人生活浪漫化一样，使贫民窟的生活浪漫化。但是在危地马拉城，这种自己建造的房子和在发展中国家的其他棚屋区所展现的手工技能会使西方社会任何一个想要踏上DIY旅程的人羡慕不已。

我曾花了4个月时间在自己家建了一个新厨房，我这么做一部分原因是为了省钱。一个非专门设计的厨房，包括橱柜、电器和完整的安装，差不多要花掉1万美元。而我自己建成的还不到这个数目的1/4。由于我通常花大部分时间阅读和写作，我也感到需要接触一下我所忽视的作为"制作者的人"那个部分。当我完全颠倒地拧上折页，犯下这个愚蠢的错误时，我想象着梭罗在角落的横梁上轻声笑我；当我从垃圾车旁取回一些符合我设计感的旧橱柜材料时，我感到我就像危地马拉城棚屋区的居民一样资源丰富；当我使用刨子的技艺逐渐变得娴熟，巧妙地加上了一个山毛榉梳理台转角时，我就像中世纪的学徒一样提升了自己的技能；当我成功将家里旧的儿童玩具橱和早餐吧台组装在一起时，我知道我又做出了一个既美观又实用的东西。

DIY之旅并不是毫无隐忧。我们很容易就会在其过程中被它的商业化因素吸引而走向偏途，你需要考虑，是否该花掉一笔钱在设计师建议的油漆上，或是很少会需要的花哨的钻头上。我想梭罗应该会避免今天这种连锁大超市，而会去那种独立的五金供应商处采购，只购买最基本的用具。我们还应该小心不要过度强调DIY的个人主义方面。因为这种自给自足原本就充满了合作精神，例如，当你向邻居借工具或是寻求建议或帮助时。这样也反映了中世纪手工制作文化中的互相学习和互助精神。DIY应该叫作DIWO（do-it-with-others），即和他人一起做。抛开以上警告不说，加入DIY运动在现代生活中保留了实践威廉·莫里斯手工制作有益身心的信仰的巨大机遇。

遵循上文我们讨论的两种通往创造力的方式——即每天坚持一种自我表达和培养你作为制作者的人的潜力——既要求在传统的高雅艺术和科学之外扩张创造力的范畴，也包括更普通的追求，如烹饪和组装书架。此外，还有第三种更为彻底的方式，那就是放弃创造力包括任何确定行为的想法，取而代之的是一种依靠自己的生活哲学。

打破陈规：歌颂裸体主义者、共产主义者和素食者

所有艺术流派都有自己的规定，"游戏规则"塑造了主旨、风格和技术。传统的中国绘画没有阴影部分，比西方艺术更突出自然景色。古埃及人的壁画则真实地展现了3 000年来他们的视觉表达没有什么创新：头和腿在侧面是一成不变的，眼睛和胸膛总是在正面。古希腊的系列雕塑重点在刻画男性形象上，缺乏对女性形象的展示。

艺术的独创性可以打破根深蒂固的陈规。我们尊崇那些抛弃旧规则、建立新的相关标准的艺术家，正是他们富有想象力的自由冲破了一致性的藩篱。从一个方面来说，独创性包括转变目标或主题，就如文艺复兴时期新奇的非宗教主题的绘画作品或是19

世纪发展起来的绘制城市日常生活场景的画作。但打破常规同时也是发展出新视角，这是革新认知的本质。在西方艺术史中有两个关于独创性的重要时期，这两个时期改变了我们看待世界的方式，也能帮助我们思考应该如何生活。

第一个时期发生在1425年，当时，佛罗伦萨的建筑师菲利波·布鲁内莱斯基（Filippo Brunelleschi，1377—1446年，意大利文艺复兴早期颇负盛名的建筑师和工程师）发现了——或者说重新发现了——"线性透视法"。古希腊人已经知道了前缩透视法，那能使物体看上去距离更远。但是作为文化历史中最神秘的消失事件之一，这一技巧消失了数个世纪。在中世纪绘画中，远处的物体通常在观察者的视角中不成比例，经常会显得太大。布鲁内莱斯基的创新在于"消失点"（美术用语，指透视画中平行线条的汇集点）。他以一种数学式的精确描述了物体在画面中是如何根据观察者的距离而成比例地变小的，在二维平面上创造出一种3D空间的幻觉。文艺复兴时期的画家，如乌切罗（Uccello，1397—1475年）对布鲁内莱斯基的这一技巧非常着迷。后来，直到19世纪末期，线性透视法都被认定为是一种艺术标准。

第二个关键时期发生在大约400年之后。这一次是立体主义的诞生，通常可以追溯到毕加索（Picasso）和布拉克（Braque，1882—1963年，法国画家，立体主义代表）约从1907年起所创作的令人惊讶的系列作品。这一运动的独创性在于反对在传统的线性透视中逐渐占统治地位的单角度。相反地，立体派艺术家同时从不同视角画同一个物体。产生了最大影响的是塞尚（Cézanne，1839—1906年，法国著名画家，被誉为"现代绘画之父"），他在单一的画布上绘制出微妙地改变视角时被观察物体的不同变化。在评价其画作《水边的树》（*Trees by the Water*，1900—1904年）时，艺术评论家约翰·伯格（John Berger）写道，一棵树变成了好几棵树：

> 他注意到如果他的头向右稍稍偏一点儿，会看到一
> 个与从正面看不一样、从稍稍左偏一点看也不同的面。
> 每个孩子躺在床上交替闭上左眼和右眼就能发现这一
> 点。而正是这一点差别，塞尚认为很重要。

毕加索未完成的《弹曼陀铃的少女》（*Girl with a Mandolin*，1910年）。这是一种多视角的立体主义新视觉的表达。

西方绘画史中的透视非常重要，因为这揭示了生活的艺术。正如大多数艺术家都会遵从自己所处时代的体裁风格一样，我们同样也会遵从我们所处社会的陈规。这些并未书写下来的规则通常包括结婚生子、拥有自己的房子和房贷、在超级市场买东西、有辆车、一份平常的工作有规律地上下班、飞往国外度假等。对一些人来说，这些都是现实；而对另一些人来说，他们还有其他

抱负。通常遵守社会陈规就会感到社会压力。西方历史的这一点上，在占统治地位的社会陈规中，我们大部分人都选择毫不质疑地接受，就像维米尔（Vermeer，1632—1675年，荷兰著名画家）和其他17世纪荷兰巴洛克风格的画家毫不犹豫地接受线性透视法一样。要超越塑造了你认识世界和我们自身的文化限制很难。我们被困在自己所处时代的视野之中。

像布鲁内莱斯基、塞尚和毕加索这样的艺术家都是打破规则的实验者。如果我们希望实践真正的富有创造力和冒险性的生活，我们能从他们身上获得灵感，成为反对束缚我们的社会常规、发现能自由发展我们自己生活艺术视角的实验者。这并不是说常规就应该因其存在而必须予以打破——其实没有理由非得强行避免只是因为别人有小孩我就也要生小孩的选择——只是我们应该注意到社会常规无形的存在，更多地考虑挑战那些可能限制我们过自己想要的更为充实的生活的可能性。

玛丽·渥斯顿克雷福特（Mary Wollstonecraft，1759—1797年，英国著名女权主义者、作家）短暂的一生就展示了这种独创性。她的生活方式就如同早期的立体主义绘画一样多面且令人震撼。她是第一位现代女性，一名在18世纪就重视自己的个性高过社会陈规的激进分子。她写道："我们从同胞那里接受的每一个恩惠都是新的枷锁，夺走我们天赋的自由，贬损我们的思想。"渥斯顿克雷福特执意反抗成为她那个时代妇女的固定社会角色，持续为自己的独立而斗争。她从事了在其所处时代几乎没有女性做过的职业——作家。于1792年写出了著名的女权主义小册子《女权的辩护》（*A Vindication of the Rights of Woman*），这使她被标记为一个革命性的思想家。她与已婚的艺术家亨利·富塞利（Henry Fuseli）有过一段暧昧的感情；爱上过一个女人；法国大革命期间未婚生子。在另一段不愉快的恋情中，数次自杀未遂后，她嫁给了无政府主义哲学家威廉·戈德温（William Godwin，1756—1836年）。但为了忠于他们各自的理想，两个人在两栋临近的房子中生活以保持自己的独立。渥斯顿克雷福特在38岁时因产后并发症去世。在随后的一个世纪，她因其缺乏道德和非正统的生活方式而被男人和女人们口诛笔伐以示众。她的名声在20世纪复兴，并最终成为女权主义的偶像。但是她同时也应被尊崇为生活艺术的偶像。弗吉里亚·伍尔芙总结道："玛丽的生活从一开始就是一种实验，是一种使人类规则更接近于人类需要的尝试。"她的生活是一出悲剧，但同时也是自由的生活。

玛丽·渥斯顿克雷福特让我想到了我的祖母娜奥米（Naomi），她的波西米亚激进主义使20世纪30年的悉尼为之震惊。作为出生在比萨拉比亚——现在的摩尔多瓦——的一名犹太教拉比的女儿，她在年轻时逃到了满洲里，沿路乞讨到了上海。在那里她搭上一艘到澳大利亚的慢船。娜奥米不仅是共产党的狂热成员，同时还是一名裸体主义者和素食主义者。她住在废弃的电车中，和一个比她小10岁的男人结婚，当时她还因另一段恋情怀有身孕。周末时，她在街角招引来人群做政治演讲，之后成为了国家电台稀少的女性声音之一，畅怀讨论她最喜欢的作家如列夫·托尔斯泰和阿纳托尔·法朗士（Anatole France，1844—1924年，法国作家）。我不知道她是否读过玛丽·渥斯顿克雷福特的书，但她们有着相似的精神。当我发现自己面对一个困难的选择时，或者被社会陈规和个人自由拉扯时，我会看看走廊里娜奥米的相片，问问她如果她在相同的情况下会怎么做。她是我更有创造性的生活方式的指引，无声地建议我离开体面的工作开始流浪式的旅行，或是跟随自己心中的热情去行动，即便只能获得较少的经济回报。

毕加索曾说："要想向外绽放，艺术作品必须要忽视甚至忘掉所有的条条框框。"如果我们希望自己的生活绽放，我们应该做同样的事，将创造力转化为一种个人独立的哲学，这将塑造我们的工作方式、人际关系、信仰和其他抱负。

创造力仍然是人类努力想要获得的最为神秘的能力的一个方面。大部分人仍然相信创造力是生来就具有特别天赋的少数人的专利——那些才华横溢的画家、富有想象力的诗人、具有创造力的物理学家等。然而历史告诉我们，创造力可以成为一种更具有包容性的追求，无论是通过在厨房进行的自我表达、体验作为制作者的人，还是打破社会常规。当然，我们仍然面临着强大的障碍。很多人困在人专业化和令人心烦意乱而无法提供更具有创造性思考视野的工作中。我们都很容易被负面的娱乐形式（如电视）所吸引——它会每天从我们的个人时间中偷走三到四个小时——否则我们就可以用我们的手或想象力来做点什么将其弥补上。但是至少我们再不需要担心我们不是米开朗琪罗，不必向我们的神灵祈求天生的才华。创造力并不要求天才的赠与或继承。总的来说，它只要求我们有自信，始终相信我们能够找到表达自己独一无二的那些方式。

死亡方式

　　死亡在今天西方人的思想中比历史上任何时候都要离得更加遥远。这一部分是由于所有的工业化国家在过去的一个世纪中长寿人数令人吃惊地增长。如果你出生在19世纪30年代的英国，平均来说你只能活到38岁左右。而在仅仅150年后，平均寿命已经翻倍。在美国，20世纪50年代的一名中年妇女有10%的机会变成一个90岁的老太太，而现在这一数字已经上升为接近30%。在长寿方面的这一巨大飞跃可能是人类历史中最伟大的一次社会变革。在日常生活的变化方面，没有什么能够与我们比之前要多活数十年相媲美——不会是印刷机的发明或是生活标准的提高，也不是选举权利的扩大或是网络的诞生。感谢医药知识和公共健康体系的发展，使我们可以反抗千万年以来的进化过程，并给我们自己一剂额外的对人类来说令人陶醉的灵药，那就是生存本身。

　　寿命的飙升在大多数发展中国家仍未出现，随之而来的却是死亡在公众面前出现频率的急剧下降。在医院用医学方法处理的死亡数量的增加，传统葬礼和悼念仪式的消逝，使死亡在现代社会很大程度上是无形的。我们现在除了在残忍的小说以及恐怖电影和战争电影中，几乎看不到尸体，死亡变成了言语交流的终极禁忌话题，是在晚宴餐桌上创造尴尬的安静的完美方式。像奥斯卡·王尔德（Oscar Wilde，1854—1900年，英国剧作家、诗人、散文学家）笔下的道林·格雷（Dorian Gray），他的梦想就是永葆青春。我们希望尽可能地让死亡远离我们，想将死亡推入未来的一个几乎不真实的地方。

有一些改变正号召我们重新思考自己对死亡的态度。当报纸副刊鼓励我们执着于生活方式时——我们是否应该开始做阿斯汤加瑜伽（八支分瑜伽）或是奖励自己一次地中海游轮之旅——我认为我们应该投入更多的经历在体会死亡方式这一命题上。这里所说的死亡方式指的是慢慢变老的艺术，即面对自己的死亡并体面地死去。我们只有在一种开放且直率地谈论死亡的文化中才可能掌握这一门艺术。我希望通过探索三种历史上的死亡视角对这一问题有所贡献。中世纪时期对死亡的困扰如何创造了一种更强烈的对生活价值的欣赏？在过去的一个世纪，死亡这一社会事件的逐渐丧失造成了怎样的影响？不同文化是如何照顾家庭成员中的老人的？这些历史邂逅能帮助我们奠定自己死亡方式哲学的基础。

与死亡共舞

对我们来说，要想象中世纪和文艺复兴时期的欧洲与死亡相关的视觉、听觉和思想是多么深刻地渗透进当时人们的生活的已经几乎不可能了。这不仅仅是因为高死亡率意味着当时你的兄弟姐妹很有可能早夭，或是周期性的瘟疫爆发造成尸横遍野，抑或是牧师们惊惧叫嚷着的地狱烈火，还因为死亡本身即是公共文化中一个不可分割的部分。

想想墓地的社会角色吧。今天的墓地通常在郊外肃穆空旷的地方。一些墓地还保留着一点儿荒凉的味道，大部分都有着修剪整齐的草坪和光滑的墓碑。但是600年前——部分原因是其所需空间大且要临近教堂——墓地相当于现在的城市购物中心。中世纪时，巴黎、伦敦和罗马的墓地是普遍流行的会面场所。在那里你可以找到售卖红酒、啤酒和亚麻制品的小贩，尤其是在有游行队伍经过的吉利日子。人们会在坟墓之间闲逛、社交，尽情欢乐。孩子们会玩教堂藏骸所里的人骨——为了给新进"居民"腾地方而挖出来的旧骨骸就在藏骸所里堆着。古时在墓地跳舞以与逝者交流的传统极其普遍，法国教堂多次试图禁止，不过收效甚微。在描述中世纪时，一名丧葬方面的历史学家写道，墓地成了"城市和乡村社区中最嘈杂、最繁忙、最喧闹，而且是最商业化的地方"。

死亡的肖像和今天的广告板一样寻常和不可避免。1424年，第一幅广为世人所知的死神之舞——也叫作骷髅之舞——的图像被绘制在巴黎圣婴公墓的墙上（这个公墓在18世纪因卫生原因被关闭，那里的骸骨被迁至城市的地下墓穴安葬。现在是一处著名的旅游景点）。这些绘画和壁画在整个欧洲变得流行，上面描绘了每个社会阶层的个体，从教皇到农夫，每个人都和来带他们离开尘世生活的赤裸腐烂的骷髅共舞；人们站在他们那陶醉、活泼的骷髅同伴身旁显得目瞪口呆，他们一同完成这令人毛骨悚然的死亡华尔兹。这一讽喻的目的在于提醒观者：死亡通常离我们很近，随时都可能发生，而且每个人在死亡面前都是平等的。这样的观点通常由狰狞的持镰收割者来象征——也就是死神——他是一个拿着长柄大镰刀、穿着带风帽袍子的骷髅，自15世纪起就伴随着死亡之舞一同出现。这种以死亡为主题的迷思的传播可以在展示死亡警告的艺术作品中看到，半腐烂状态的尸体通常内脏都露出来了，这在中世纪后期的北欧成为了一种死亡的普遍象征。

15世纪法国一个泥金手抄本上的"死亡之舞"，一名不幸的皇后和正引领她走向死亡的微笑的死神共舞。

　　这些阴森的创作是被称为"死亡象征"（memento mori，拉丁语意为记得你一定会死去）的艺术流派的一部分，后来发展成为小饰品、胸针或戒指等流行形式上展示骷髅或其他死亡象征的构成元素，就像我们今天戴项链或手表一样被随意佩戴。小汉斯·荷尔拜因（Hans Holbein the Younger，1497—1543年，文艺复兴时期德国著名画家）就在绘制死亡意象上树立起自己的声誉。1538年，他的死亡之舞系列版画最为畅销。他所绘制的肖像画《两个使节》（*The Ambassadors*）——在伦敦国家美术馆展出——展现了让·德·丁特维尔（Jean de Dinteville，1504—1555年，法国驻英大使）在他的帽子上戴着"死亡警告"的情景。画面前景中漂浮着变形的骷髅，这个骷髅是倾斜的，因此只有从锐角视角看才能看到。

这种对骷髅和死尸病态的迷恋占据了中世纪人们的思想。这不只是一种对历史的好奇心，还包含了给今天的我们的一个重要信息。中世纪时，死亡是如此触手可及，人们对生命的珍贵和脆弱高度欣赏，知道生命随时会从自己身边溜走，人们就有一种我们今天不再具备的对生活强烈而热情的紧迫感。这就是为什么历史学家菲利普·阿雷兹（Philippe Ariès）在他对过去的千年里人们对死亡的态度的研究中这样总结道："事实是，可能没有哪个时代能像中世纪末期的人们那样如此热爱生活。"当你总是被提醒死亡瞬间就可能到来；当你玩着人类的腿骨，看着墙上的骷髅之舞长大，你更可能意识到生命应该要过得充实，每一刻都是值得珍惜的礼物，你应该尽力过好上天赋予自己的为时不长的生命。死亡的普遍存在促使整个时代走向一个异常充满活力的状态。

现在，死亡不再像中世纪时那么迫在眉睫。我们很少看到死亡或谈论它，我们想象着自己能活到八九十岁。其结果是，我们对生存的珍贵价值的意识逐渐消失，随之消失的是活在当下以及从生活中汲取所有精髓的能力。我们的大脑忙着计划未来，忙着焦虑，回过神来却发现自己仍苦守着乏味的工作或是呆看数小时的电视。就好像我们还在等待着真正的生活开始的那一刻。死亡的前景不再能有力地驱使我们体验生命中的冒险。

不过，有两类人是例外，这两类人都有着中世纪那种死神在身后目不转睛地看着自己的那种感觉。第一类是那些自己曾非常接近过死亡的人。其中一个人叫简·怀廷（Jane Whiting），她是我在主持一个搜集人们生命中的转折点故事的项目时认识的顾问和社区艺术家。在她30多岁去澳大利亚丛林远足的旅途中，在穿过一条涨水的湍急河流时，简不小心滑倒了。她试图攀上一块岩石，但水流太汹涌了，将她整个人裹挟着浸入了水下以致她不能呼吸。她不能就这么松手，因为下游有一个两百英尺高的瀑布。呼吸困难让她陷入绝望，简知道自己快要死了。但在最后关头，她的一个同伴将她从岩石下拉了起来。

这一差点儿酿成的悲剧是一个转折点，完全改变了她的世界观和雄心壮志。她说："那次经历后，我的整个生活都改变了，搬到一个新城镇甚至是一个新的国家对我来说都不再是什么大问题——我差点儿就死了！正是这个生活教训的出现教会了我一些事。"回到英国后，她决定放弃自己在伦敦当顾问的干劲十足的职业，搬到了一个小镇。她将自己的工作时间减为每周三天。她之前被工作耗费了大部分精力并充满压力，现在她开始用剩下的两天参加艺术课程。"我有更多的时间和空间去做自己想要做的事情，这太棒了！"她说："我有更多的时间和我妹妹待在一起，我们一直就很亲近，还有我的父母，他们已经70多岁了。现在对我来说，生活的平衡更重要，我已不再是那种想当一个雄心勃勃、生活在大城市的每天猛灌咖啡的人。"

另一类人和简不同，他们有意选择与死神共舞。我能想到的有消防员、人道主义救援人员、癌症病房的护士和心脏手术外科医生。他们的一线工作性质通常使他们与死亡有联系或者自己就在出生入死。他们中的许多人在与死亡发生近距离接触时，提供了一种增强生命力的体验并成为他们所做工作的主要动力。可能没有比法国高空钢索艺术家菲利普·帕特（Philippe Petit）更合适的例子了。

生于1949年的帕特在其幼年时就比较叛逆，曾被五所学校开除，15岁就离家出走。他一开始是对魔术感兴趣，后来训练自己成为了一名走钢丝的人。因为不喜欢马戏团的工作和刻板的表演，他创造了自己走钢丝的方式。他在20世纪70年代早期第一次展现了其惊人的特技——没有携带任何安全设施，他跨越了巴黎

图为菲利普·帕特在世贸双塔之间的精湛表演。有一个令人吃惊的纪录片主题——《站在钢索上的人》（*Man on Wire*）——广为人所知。

圣母院的双塔。其后他又跨越了悉尼海港大桥的塔桥。

帕特还策划了一次世纪艺术犯罪，那就是闯入纽约世贸中心的双塔，在超过100层楼高的两个大楼楼顶之间的43米距离上走钢丝，下边正是曼哈顿的人行道。周密计划了数年后，在一个顶尖团队的协助下，他成功避开世贸大楼的保安，在弓箭的帮助下安装好他那重达450磅的钢索，在1974年8月7日早上7点刚过就正式开始了他的空中穿越。

帕特生来就是位表演者。因此这不是单次穿越，他来来回回走了8次，一共持续了45分钟。期间，他还坐在钢索上、躺在上面，和在他头顶上盘旋的海鸥说话。一名被派到现场拘捕帕特的警官在报告上写下了他所看见的情景：

> 我看到了那位在钢索上的"舞者"——因为你很难称他为走钢索的人——在两个塔楼约莫中间的地方。当他看到我们时，他先是微笑随后又大笑，开始他的高空钢丝舞蹈……当他快到达一边的大楼时，我们让他走下

钢索。但出人意料地，他又掉头跑回钢索中间……他一
上一下地跳着，脚甚至离开了钢索，随后又能重新站在
钢索上……真的是太不可思议了……每个人都像被咒语
定住一样地看着他。

那些站在下面看的人，停下了他们匆匆忙忙赶去上班的脚
步，被这空中的舞蹈家的无畏所震惊，同时也为他的行为之美而
着迷。这是一种源自于艺术家与死亡共舞的生命之美。只要一阵
狂风，随时都可能以悲剧告终。"如果我死了，这是多么美的一
种死亡啊！"帕特在提到自己的表演时说。对很多人来说，帕特
站在云端的形象会永远留在他们一生的记忆中。那一瞬间整个城
市的喧嚣都消失了，万事万物都静止不动，目不转睛地看着生
或者死的所有可能性，那一切都取决于帕特把握手中平衡杆的能
力。借此机会，他们也目睹了中世纪众所周知的人类生命的珍贵
与脆弱。

高空走钢索不仅是一种美学或者是追求名气的企图，它也是
生活哲学的体现。正如帕特后来所解释的：

对我而言，这真的非常容易，生命就应该惊险刺
激。你必须要尝试着反叛。拒绝被条条框框绑住，拒绝
自己已有的成功，拒绝重复自己，将每一天、每一年、
每一个想法都视为一次真正的挑战。然后你就能像走钢
索一样体验你的人生。

我是一个非常不愿意承担风险的人，因此不会有那些存在高
度危险的追求，如走钢索、蹦极或跳伞。同样地，我也尽可能避
免像简·怀廷那样接近死亡的体验，尽管那会开拓我的思想、作
出冒险的选择。我对中世纪当然没有任何怀旧情绪，因为我知道
我的妻子若非在现代就很可能会在生孩子时和我们的双胞胎一起
死去。但是我确实认识到，正像那些例子所揭示的那样，生命和

死亡有着非常紧密的联系。我们不应该只见到其中一个而对另一个视而不见。

我们如何能将这一知识运用到日常生活中呢？可以通过逐渐意识到我们总是同时与生命和死亡相伴，我们生命中的每一刻或每一个时期都需要特别对待，因为我们都将一步一步走向死亡，这是万事万物无常的一个反应。你可以把这个看作为发展一种新的感觉——无常感。一朵花的花瓣绽开，但注定会凋谢，因此当下就闻闻花香吧！你只会过一次20岁生日，因此，在20岁的自己永远消失以前，带着无拘无束的热情度过吧！你的身体不会永远那么健康，不会永远可以保证能和爱人一起骑自行车环游海岸，因此给你的自行车胎打好气，开始蹬脚踏板吧！你的女儿再也不会回到蹒跚学步、牙牙学语、开始第一次探索这个世界的时候，因此，在这些宝贵的时段多陪陪她而不是选择周末加班吧！你的父母已经年老，生命可能已所剩无几，多去看看他们吧！为什么要活在他们生前没有多去看看他们的后悔之中呢？当我走进网球练习场时，我通常会想象这是我最后一次可以打网球，这一想法会激励我自发地享受这项运动的美妙。最后，我们可能在比分为4∶10，甚至是2∶10时也能挺过去。因此，无论你处于什么年龄阶段，现在都是让你的生活之火燃烧得更热烈的时候了。或者就像菲利普·帕特可能会做的那样，深呼吸，然后走上钢索。

你甚至可以更深入一层地采纳无常感这种观点，在你生命中每个重要时期结束时做一个仪式化的标记。当你换工作、结婚或是移民时，为过去的那个自己和过去的生活举行一个想象中的悼念仪式。当你快到40岁时，可以为自己的30岁举行一个葬礼，因为它已经"死了"，再也不会回来。或者你还可以写一本墓志铭手册，为自己人生过去的每一个阶段写下悼文——可能是在每一个季节、每一年或每十年结束的时候。这些都能让你更注意那些组成你整个生命的一个个小小死亡，这些认识能让我们更好地生活在现在。

我们现代的欲望使死亡和我们保持距离，将我们隔离在其朦胧的存在之外，这种集体否认的形式使我们感知作为凡人的脆弱和时间飞逝的能力逐渐消失，伤害了我们的生命力。我们需要呼吸死亡的空气，就好像我们需要生命的微风吹拂我们的身体一样。当我们品尝美食、做爱或是攀登山峰时，我们可以体会到活着的喜悦。但认识生命真正的意义意味着同时要了解生命的易逝。

我最近访问了一个网站，输入我的出生日期、体重、高度和健康状况后，得出结论是我很可能会于2044年10月1日星期六死去。如此清晰精确的答案令人震惊，但同时也是刺激我抓住时间，抓住每一天去拥抱死亡的前景的动力。

死亡社区

我母亲在我10岁时因为癌症去世，但时隔20年后我才第一次去扫墓。当我到达位于悉尼北郊的公墓时，我必须要请求一名接待员帮我寻找她的墓地，因为当时没有为她设立墓碑。她的墓地是一块未经标识的草坪。我坐在埋葬她的地方，沐浴在冬日的暖阳中，既有和母亲联系在一起的感觉，又感到非常惭愧——为什么自己花了这么长时间才安排了这次祭拜之旅。在许多文化中，母亲长眠之地没有任何标识以及我长期未去祭扫不仅会被认为是对我母亲记忆的一种损害，也是家庭责任感和亲情的明显失败。我曾安慰自己，我20年的缺席是因为我大部分时间都住在海外，偶尔回悉尼也常常只待了很短的时间。但逐渐我认识到还有一种深层次的解释，那就是掩盖她的生命和死亡的沉默。我父亲几乎没有提到过她，我的继母也是如此，尽管她知道我母亲。我母亲的兄弟姐妹也很少跟我谈起她，我自己也没有好奇心和勇气问他们我母亲是怎样的一个人。甚至没有人提起过她的葬礼，就好像一切从未发生过一样。我唯一一次亲眼看见父亲哭是当我采访他关于他的生活时，那个时候我们正好触及了母亲的死这个话题。父亲回忆起母亲最后几年生病和在医院治疗失败后的痛苦和创伤。他跟我谈起了他们的婚姻、她的笑容和智慧、她对生活的热爱以及她对自己孩子的爱。所有的感情都在那里，被藏在表面之下。我也哭了。可采访结束后，沉默又回来了。

死亡方式最基本的一个问题是如何扩展我们对生命如此脆弱的认识。第二个需要关心的问题是我们如何回应某人去世这件事。直到20世纪早期，个体的死亡都还是一种主要的社交场合，会改变整个社区的空间和时间。现在已经不是这种情况了。我们失去了帮助我们弄懂死亡并在我们的生活中保留对逝者的记忆的古老仪式和传统。我母亲的去世就是这种新文化的一部分，很容易产生沉默的空虚和遗忘的后果。我们需要理解这是如何发生的，为什么如此重要，以及我们能做点儿什么。

死亡曾是一种日常生活中可接受且熟悉的特征，就像四季更替一样。伊丽莎白·库伯勒-罗斯（Elisabeth Kübler-Ross）是一名心理学家，著有《论死亡和濒临死亡》（*On Death and Dying*），这是一本著名的关于临终病人如何面对自己死亡的著作。书中提到了20世纪30年代她在瑞士的童年生活中见证的一名农夫生命的最后几天：

> 他从树上摔了下来，奄奄一息。当时他只有一个简单的愿望，那就是希望死在家里。这样一个愿望毫无疑问会得到满足。农夫把女儿们叫到他的房间，给每个人单独交代了几分钟的话。虽然当时疼痛难忍，他仍然坚持着镇定自若地安排后事，分配好土地和财产，并且要求

在他妻子去世之前不得分割这些财物……他请朋友们最后看望他一次，同他诀别。尽管当时我还很小，他也并没有让我和我的兄弟姐妹走开。我们被允许和他家人待在一起，为他的死亡作准备；同样，也和他的家人一起经历哀痛，直到他去世。当他真的与世长辞时，他留在了家里，留在了他亲手搭建的心爱的房子里，在他多年居住和热爱的地方，躺在鲜花丛中，被前来看他最后一眼的朋友和邻居们所环绕。

100年前，死亡是一件平常的事，就像这位瑞士农夫一样，在自己家中，在对自己很重要的人面前。死亡是一个充满了肃穆的告别的分享体验，不只面向成年人，也包括孩子。亲眼看见一个人去世曾是一件非常普通的事——今天我们却很少有人会目击到一个人的死亡——特别是在农村地区，葬礼比我们最近几十年开始习惯的要复杂得多，除非你是一个被扔进露天矿坑草草埋葬的乞丐。整个社区都会参加葬礼，长长的教会队伍将棺木从家中抬到埋葬的地方，如同我父亲所回忆的在他小时候的波兰所做的那样。在一些国家，为了保证有一大群人进行悼念甚至会雇一些陌生人扮演职业送葬者。教堂的钟声将悲恸的声音传到很远，让所有人都能听到。逝者的面容可被瞻仰，这在天主教中仍然可见，但不像今天这样会对死者采取清洁措施、化上妆，并摆成一副假装睡着的姿势。公众对死亡的表现为在逝者去世后穿黑衣或是家庭成员戴黑臂纱数月，有时甚至数年。

这些风俗在欧洲和北美逐渐消失，其结果是死亡被赋予了一种神秘的、不道德的色彩。我们极少看见死亡，也很少谈论它。一个原因是新的医学现象的兴起：在医院死亡。尽管70%的人说他们更愿意死在自己的家里，但现在几乎都不是这么回事。我们中半数以上的人会在一个无名的医院病房咽下最后一口气，身上插满了各种导管和感应器，躲着大部分人，除了极少一部分近亲和朋友；另外50%的人会死在疗养院和临终关怀医院。当我们用呼吸机维持呼吸时，某位家庭成员可能会在病房的荧光灯下握紧我们的手，但他们的位置更可能被来巡房和打点滴的医生和护士所取代。我们临终之际，家人会在烛光中守夜，以及举行惯常的告别仪式，但不再是伊丽莎白·库伯勒·罗斯所回忆的那样。孩子们现在通常都远离在医院中去世的亲人，也极少被带去参加葬礼。保护型父母认为亲历死亡对他们的孩子来说"太过了"。

死亡的社会性存在因为社区葬礼的消亡而进一步遭到削弱，它是日益世俗化且支离破碎的城市生活的受害者。上一次你看见街上有葬礼队伍行进，邻居们纷纷在其经过时加入送行是什么时候的事了？丧葬行业同样也应为我们日趋远离死亡负一定的责任，它们为了时间管理和相当的利润鼓励举行简洁高效的葬礼。当我近期在悉尼殡仪馆为我去世的阿姨主持葬礼时，我被管理人员礼貌地告知如果我们超过了规定的40分钟时间，就需要缴纳大量罚金。怎么能期待我们在3/4个小时内送别一个曾经鲜活存在了77年的生命呢？——平均一年还不到一分钟。当我们的仪式一结束（还余下90秒钟），我们所有人马上被迅速地从侧门带离，以便让下一个告别仪式能够按时举行。火葬的普及同样也将死亡推到了文化边缘。1960年至2008年，英国的火葬率成倍增长，从35%增长到72%，这一潮流在许多国家（如澳大利亚和瑞典）也同样存在。火葬引入了新的死亡结局。因为不仅身体会消失在公众的视野中，火化后的骨灰比起埋葬的身体要更难让人前去哀悼或是定期祭扫。

一旦长眠于地下或是装进骨灰盒中，对死亡那闪烁的记忆就会很容易消逝。曾经发生过的在葬礼举行一个月后仍然有人群聚集悼念的传统现在已经极少看到。任何人在亲属去世后在葬礼当天以外还穿着哀悼的服饰都很有可能被认为是反常的。

社区性仪式和传统的衰退剥夺了我们所需要的思考死亡的时间和社会场所，我们原本借助于此谈论死亡并最终学会面对和接受死亡。我们创造了并不需要的沉默。将死亡从日常生活中驱逐，不仅加剧了我们潜在的对死亡的恐惧，同时还破坏了我们表达悲痛的能力。我们现在很少有机会在公共场合表达我们自己失去父母或挚友的感情，我们和自己悲伤的记忆孤独地待在一起。悲痛变成了一种社会尴尬，因此我们努力不在同事面前或是回家的巴士上哭泣。我们被期望迅速从失去某人的伤痛中恢复过来，紧咬着颤抖的嘴唇将一切抛诸脑后。然而面对死亡我们的悲伤可能会持续很久，有时候甚至需要数年。将孩子排除在医院和葬礼之外，告诉他们奶奶现在住在天上或是去了一个很远的地方，在一些微妙的案例中可能是必需的，但是这却没有认识到孩子也需要像成年人一样努力学着克服丧亲之痛。我在母亲死后数年出现了强迫症行为，但是我想，如果是在一个更轻松地面对死亡和濒临死亡的文化中，是否还会发生同样的情况。

死亡并没有完全从公共生活中根除，任何参加过生机勃勃的以社区为中心的爱尔兰葬礼的人都明白这一点。但如果真的想要知道我们到底失去了多少，我们需要转头看看那些死亡仍在文化版图中占有重要部分的社会。美洲的两个地方都值得出现在我们的死亡方式之旅的行程表上。

在《孤独的迷宫》（*The Labyrinth of Solitude*）中，墨西哥诗人、散文家奥克塔维奥·帕斯（Octavio Paz，1914—1998年，1990年诺贝尔文学奖得主）描写了自己国家本质上的民族特点：

> 死这个词在纽约、在巴黎、在伦敦都不会被说出口，好像会灼伤嘴唇一样。而墨西哥人则恰恰相反，他们对死亡非常熟悉，开它的玩笑、拥抱它、和它共眠、

庆祝它。死亡是墨西哥人最喜爱的玩具，最不可动摇的爱。事实上，在墨西哥人的态度中可能也包含着和其他人心中一样的恐惧，但是至少死亡没有被深藏：人们面对面地看着死亡，坦然表露自己的不耐烦、蔑视或是嘲讽。

　　这些诗句写于20世纪50年代，表达了在今天的墨西哥人中仍然普遍的一种观点：人们不仅推崇死亡，而且将它视为一个受欢迎的朋友。尽管这对事实有些夸大——很少有人会乐于面对每年成百上千的与毒品相关的谋杀，人们像所有其他地方的人一样在葬礼上悲泣——然而毫无疑问的是，墨西哥展现出一种接近中世纪时期的特别有活力的死亡文化。没有什么地方比墨西哥人最流行的节日——亡灵节——更能清楚地看到这一点了。亡灵节在每年的11月1日和2日，分为"幼灵节"和"成灵节"。在亡灵节期间，墨西哥的很多地方都会被以死亡为主题的狂欢节气氛所包围。孩子们会玩头骨、骷髅和棺木形状的玩具；商店销售模仿人类骨骼形状的特殊烘焙的面包，称之为亡灵面包，还有将人的名字写在前额上的头骨糖；报纸上准备了将政客们描绘为跳着舞的骷髅的卡通形象；与死亡共舞的各式形象和雕塑在城市公园中随处可见；公墓里满是来祭拜亡故亲友的人，他们打扫和装饰坟墓，为逝去的灵魂通宵守夜。

　　亡灵节起源于一段文化融合的历史。一部分源于托尔特克和阿兹特克文明中对头骨和骷髅的崇拜，这两个文明在公元9世纪至16世纪在中美洲非常兴盛。但是恐怖的幽默和与死亡共舞的形象是西班牙人输入的。16世纪时，西班牙殖民者不仅带来了天主教的万圣节庆典，还带来了充满活力的与死亡共舞。墨西哥早期的殖民教堂、修道院和棺木都覆盖着熟悉的中世纪骷髅——它们轻轻摇摆着它们的骨头、嘲笑着那些被死亡召唤的活人。这些形象帮助墨西哥人形成了今天仍在庆祝的亡灵节的习俗。因此，当游客在11月初从旅游大巴上下来之后，他们不仅会看到墨西哥土著的遗迹，还能看到在其起源地已失传500年的欧洲死亡文化的残留。

如果往更北边旅行，你可能会偶遇传统的新奥尔良爵士乐葬礼正全面展开。与这个城市更有名的马尔迪·格拉斯狂欢节（Mardi Gras carnival）不同，葬礼游行通常由非洲裔美国人社区的工薪阶层举办，离游客的线路很远。它通常在周末举行，那些当地重要的人物会召集3 000～5 000人。其中的许多人都是逝者俱乐部的成员，这些俱乐部是慈善社团，有着诸如"鸽子镇的舞者"和"奥林匹斯山上的年轻人"之类的五花八门的名字。俱乐部会在经济上支持葬礼，这一习俗自18世纪晚期在新奥尔良市就已存在，并形成了社区生活的中心。

街道上的游行队伍分成两个部分。前边的称为"第一线"，由一支铜管乐队和俱乐部其他分会组成。在后边的是"第二线"，由逝者的朋友、亲人和其他俱乐部成员组成。邻居，甚或是路过的陌生人都会加入到庆典中，就像欧洲的葬礼上曾经出现过的那样。开始时，乐队会奏响忧伤的挽歌，但当棺木入土时——这一刻被称为"下葬"，音乐逐渐转为激扬的节奏，奏起如"当圣人行进到达时"这样的音乐。每个人都会进入一种派对的状态：跳舞，穿着他们五颜六色的衣服插科打诨，快速转动着伞，挥舞着手帕。死亡在新奥尔良有一种不太可能的庆祝的气氛。

让我们先离开一会儿。这些历史能告诉我们些什么关于如何走向死亡的事呢？我认为这些历史中有两个经验，一个是关于仪式，另一个是关于交流的艺术。死亡作为一种有活力的社区传统的衰退提供了第一个经验，即我们应该考虑创造自己的关于死亡的仪式。今天的夫妻在摩天轮或是山顶结婚，那么为什么葬礼不能如此有想象力呢？现在已经有朝这个方向发展的趋势，许多人要求个性化服务，指定参加自己葬礼的每一个人都要穿着色彩鲜艳的衣服或是在棺木通过教堂过道时播放粉红豹主题曲。你可能想要一个新奥尔良类型的葬礼，有现场乐队，能在街上跳舞或是展示你宝贵的盆景收藏。可能你甚至想让人们在公墓里围着你的坟墓跳舞，就像中世纪的法国那样。我知道一些人在去世前就已计划好自己的葬礼，这样他就能珍惜自己依然活着这一幸运的事实，花时间和老朋友聚聚，要不等到在追思会上出现时就已经没有办法打招呼了。

我们通常总是有地方可以表达沉痛悼念，特别是当某人的死是出人意料的时候。然而，我们应该找到更多表达哀思的方式，不只是纪念，同时也庆祝逝去的生命。我们可以在纪念的传统上同样如此具有创造力。我能想象的是每年烤一次以死亡为主题的面包，然后在公墓里我母亲的墓前一边吃一边守夜，告诉我的爱人关于我喜爱的母亲的记忆，伴随着烛光到天明。这样的仪式是群体疗法的一种形式，能帮助我们释放自己的情绪，了解我们的感受并走向人生中的一个新的阶段。

第二个经验是我们应该发掘新的交流死亡的方式，这既能帮助振兴其社会存在以使我们更好地面对自己的恐惧和哀伤，又能让我们更亲近所遗失的中世纪的那种对生命的不确定感和珍惜之情。死亡和濒临死亡在现代的交流中是难以启齿的，就像维多利亚时期的性一样。当你下班后去俱乐部喝一杯，没有人会随便地问："那么，你对死亡的前景有什么感受？"但是我们还是要感谢这样的禁忌正慢慢地消除。疾病（如癌症）已不像过去那样是一件令人丢脸的事。现在已经很少会看到像我奶奶那样的例子，她患胃癌的消息整整瞒了我们15年。讣告也不再委婉地将癌症患者之死描述为"死于一种长期疾病"。医生比起上一代更倾向于告诉垂死的病人关于他们疾病的真实情况，当然这方面还可以做更多的事以确保这个问题处理得更感性。临终关怀运动的兴起和"生前遗嘱"（为万一因病重无法作出决定而提前留给医疗保健机构的指示）的发明，促使新一代的关于死亡的交流，如关于安乐死和器官捐献的辩论。

除了这些开场白以外，大部分人发现比起其他任何话题来说，谈论死亡都太难了。当你的邻居告诉你她的妹妹刚去世时，你在呢喃一句"我很抱歉"之外还可以说什么？当你听说一个朋友的癌症已扩散到全身，在你下次和她见面时又该如何提起她的病情呢？没有一套技巧能告诉你如何完美回应这些情况。套用丧亲手册中彩排好的语句通常会导致不自然且虚伪的交谈。然而还是有一些基本的因素能构成关于死亡的健康的交流。总说着"别担心，一切都会好起来的"或是"时间能治愈一切伤痛"这样的句子，装作患者一点儿问题都没有、一切都会好起来的是不明智的。正如弗罗伦斯·南丁格尔在1860年警告我们的那样："在病人必须要忍受的事情中，几乎没有比朋友那无法治愈的希望更让人担心的了……我非常严肃地呼吁病人所有的朋友、探访者和陪护停止通过将他们的病情说得轻一些和夸大康复的可能性以让病人高兴起来的这种尝试。"提供建议去克服病情——除非是病人自己的要求——否则无论是来源于你的宗教或是励志的话（如"想开点儿"），同样没多大用处。当美国社会批评家芭芭拉·埃伦赖希（Barbara Ehrenreich，1941年至今）发现她得了乳腺癌，她曾遇到一个给予她正向思考建议的组织，后者不仅否定了她的恐惧以及对自己疾病生气的欲望，还给了人们错误的希望这一危险的影响。

我们要发展的最重要的交流特性是同理心。尽管你永远不知道如果真的在对方的处境下是什么样子，但敏锐地感知他们可能如何思考或有什么感受是可能的。你可以仔细聆听以获得他们是否愿意谈论自己的病情或是某个最近去世了的亲戚的线索，然后给予他们谈论的机会。你能想象他们可能有的恐惧，例如，如果他们去世，他们的孩子将如何应对，尝试温和地询问他们是否想要谈论这些。如果他们希望保持沉默，那么尊重他们的权利。当我的祖父伊万患白血病时，我们都尽力让他获得最大的交流乐趣，那就是和他一起回忆他儿时在波兰的记忆。

自从19世纪现代护理业成立以来，护士们——当然也有例外——展现出她们对濒死病人或悲恸的亲属在交流中所需的特别敏锐的同理心。南丁格尔在她的护理笔记中写道："一个健康的人又怎么能体会病人的生活呢？！"她指出我们通常无法设身处地地为他人着想。茜茜莉·桑德丝（Cicely Saunders）本是一名护士，后来经培训成为了医生，她在20世纪60年代发起了英国的临终关怀运动。桑德丝曾问过一个知道自己将不久于人世的男人，问他在所有关心他的人中，他最需要什么。他回答说："……一个看起来试图理解我的人。"同理心就是理解的开始。

我们还需要勇气。我们在生命中的大多数时间都试图隐藏我们的情感，戴着面具。谈论死亡需要找到能脱下面具开启别人了解你的想法和恐惧的勇气。你需要勇气和朋友谈论你所担心的最新一次血液检查的结果或是前列腺癌的诊断。勇气会帮助你和你的父母进行那有些尴尬的关于他们身体上或精神上变得失去正常生活能力后的照顾问题。我们也应该在将死亡方式变成一种交流习惯方面发掘一些勇气。比如，下一次当你和朋友一起吃饭时，你可以试着讨论一下：在你的葬礼上想播放什么音乐，或是如果你在一场交通意外中变成了植物人，你是否更希望关掉维持生命的仪器。在所有的这些情况下，如果你透露了自己的想法，可能发生的最糟的事情还能是什么呢？因此，脱下面具，看着别人的眼睛，开始你们的交流吧。

我们还处在学习如何谈论死亡的最早期，并且仍被需要被打破的沉默的文化所包围着。没有多少损失，获得的会很多。拥抱死亡吧，让人听到从你的嘴里说出这些话，即使那可能会留给你一种灼伤感。

如何照顾老人

50年来，我的祖父里奥（Leo）都居住在悉尼南部一处广袤的国家公园旁边。房子只比一个延伸的棚屋好一丁点儿。门不能完全关上，负鼠会在晚上到走廊下挖洞。一天早上，当祖父醒来时，他发现一只袋鼠正站在床尾打算啃咬他的脚趾头。那所房子里满是发霉的旧书，反映出他在电学、社会主义文学、印第安神秘学和土著文化上的兴趣。里奥常常坐在沙发上，在一台破旧的打字机上敲打着，试图完成他已经写了30年的一本书。每年在樱花树开花时，他都会举办一次生日聚会。家人和朋友聚集在杂草丛生的后院，一边听着发出"吱吱"声的爵士乐录音，一边谈论政治。这所房子是他的精神家园，是他不可分割的一部分。我确信如果他被迫要离开这个家，他不会活太长时间。

在里奥90岁生日之后不久，他不再能照顾自己，哪怕是日常起居。家族的决定是将他送到养老院。我记得我第一次到养老院去看他时，差不多已经有一年没见了。那家养老院在悉尼郊区的一个小地方，没什么树，和里奥之前所住的灌木葱郁的野外完全不同。我被带到了公共休息室，那里挤满了在玩牌和围在一台声音嘈杂的电视前看板球比赛的老人。没有任何和他过去的生活有关系的事物：里奥心目中的休息是读诗，而不是盯着电视上的体育节目。最后，我在一个角落的躺椅上发现了搭着毯子的里奥。他看起来瘦弱干瘪，我差点儿认不出他来。他已经不能说话，而且看上去并没有认出来我是谁。一位护理员走过来问："帕特里克，你要一块饼干吗？"帕特里克？然后我注意到他手腕上的铭牌上写着：帕特里克·里奥·克里。他一辈子都被称为里奥。我的祖父失去了一切：老房子、朋友，甚至是自己的名字。6个月后，他在养老院中去世。我现在真希望他能像90岁生日那天坐在樱花树下所说的那样——转身离开去了布法罗（Buffalo）。

寿命延长这一历史性转变的结果是照顾老人成为我们这个时代的难题。1950年，美国65岁以上的老人数量占总人口的比重约为8%，而今天这一数据为12%，但到2030年，这一数据会接近20%。欧洲和日本人口的老龄化现象更为严重。其结果是，各国福利系统正承受着日益增长的压力；在大多数国家，老年人的社会安全保障在未来的几十年很可能会近于虚设。依靠国家的退休金生活将成为20世纪的一个遥远的回忆。当你的母亲、父亲、你所钟爱的无儿无女的姨妈变老时，谁来照顾他们？他们应该获得怎样的照顾呢？

在近代，通常上了年纪的老人会搬去和自己的孩子一起住。20世纪50年代，差不多有2/3超过60岁的英国人会和自己的孩子或其他亲属在一起住。但这一实践落实成功的比例在过去半个世纪的西方迅速降低，特别是因为妇女参加工作的人数不断增长——意味着她们不再局限于扮演传统赋予的照顾老人的角色。这一发展促成了老人院现象的出现。尽管老人院只存在了不到100年时间，但是西方社会20%至30%的人现在都是在安老院去世，且这一数字还在不断增加。

老人院是我们文明的最大污点之一，它变成像16世纪的欧洲所创造的犹太人区一样，成为一个我们集中安置老人使他们远离我们的视野和思想的地方。我知道，这是一个很严重的指控。毫无疑问，有些养老院非常优秀，提供豪华的住宿条件、专业的医疗服务以及一种强烈的社区归属感；很多老年人愿意住在那里，喜欢继续保持独立，而不是依赖于家庭的支持。不幸的是，鲜有养老院能提供他们虚有其表的广告上所说的那种生活品质。据这一方面的一位重要的历史学家所言，在养老院里结束你最后的时日"是一种可怕而绝望的画面"，你很可能会体验"一种不甚体面的死亡方式"。除了那些高端的为非常富有的人所开设的养老院，一般的养老院大多人手不足，缺乏足量的医疗和休闲设施。由忽视引起的普遍问题诸如脱水、营养不良和褥疮催生了一个新词——虐待老人。住在养老院的人们常常抱怨他们倍感孤独、无聊、缺乏隐私，像孩子一样被对待。当他们逐渐依赖护理人员洗澡和如厕后，自尊也逐渐消失。那些思想依然活跃的老人身处周围满是和老年痴呆斗争的人的群体中会感到压抑，而老年痴呆这种流行性疾病影响了差不多一半的养老院住客。"我只有62岁，但却感到好像已经100岁了。"一项关于美国养老院的研究披露了一位老人的想法，"我的孩子将我留在这里，感觉他们并不关心我的死活。我无法忍受星期天，因此星期六晚上我会服用强效镇静剂，这样我星期天整天都会昏昏欲睡。"老人院变成了社会监狱和情感孤岛，个人常常被剥夺了自己的个性，在死前衰弱地生活在"监狱"中。正如佛教导师索甲仁波切（Sogyal Rinpoche，1947年至今）在其所著的《西藏生死书》（*The Tibetan Book of Living and Dying*，2008年出版）中所观察到的：

> 我们的社会只迷恋年轻、性和权力，却逃避老年和病衰。当老年人完成了他们一生的工作而不再有用时，我们就加以遗弃，这不是很可怕的事吗？我们把他们丢进老人院，让他们孤苦无依地死去，这不是很令人困惑

的事吗？

对于所有的这些批评，现代养老院毫无疑问比前现代社会对待老人的方法要更可取。那时，老人们一旦变成群体难以支持的负担就会被"消灭"。在伊朗游牧民族巴赫蒂亚里人进行春季迁徙时，其中一个主要障碍是和他们的羊群一起穿过水流湍急的巴祖夫特河。直到最近他们的习俗都是这样：如果一个老年男子或妇女太虚弱以致无法穿过这条河，巴赫蒂亚里人会将他们留在河的另一边等死。一个更为极端的例子来源于澳大利亚北部巴瑟斯特和梅尔维尔岛的提维人。20世纪20年代，人类学家查尔斯·哈特（Charles Hart）就见过他们的"掩埋"传统：

> 提维人，像很多其他狩猎—采集部族的人们一样，有时候会除掉他们的老人和衰弱的妇女。他们的方法是到一个荒凉的地方在地上挖一个坑，将老妇人放进坑里并填上土，只留下头露在外面。所有的人都离开，一两天后再回到那个地方，发现老妇人"竟然"死了，因为她太过虚弱无法将手臂从土里抬起来。没人"杀"了她，她的死在提维人的眼里属于自然死亡。

如果我们要寻找一种养老院的替代方式，我们应该转头看看中国和日本对待老人的方式，这些方式长久以来都建立在儒家思想的孝道上。这种思想表明儿子和女儿的首要义务是服侍和照顾自己的父母。这一思想在数百年间不断强化，如通过中国传统经典《二十四孝》。《二十四孝》写于14世纪，内容包括孩子为他们的父母所做的非同寻常的壮举，比如博学的皇帝汉文帝的故事——他在三年间持续照顾生病的母亲，目不交睫、衣不解带，在亲自用汤匙喂母亲药前一定会自己尝尝是否太热或太凉。

直到20世纪后期，孝道都帮助解释了为什么在中国和日本的社会规范中，老人通常和自己的一个孩子住在一起。尽管在过去的20年几代同堂的情况渐渐减少，然而孝顺这一责任仍然是一个重要的文化力量。约40%的65岁以上的日本老人和自己的孩子一起居住；在中国的一些农村地区，同住的比率超过60%。而同样的数据调查在美国、德国和英国等国家只有约5%。当人们说远东地区富有异国情调时，他们通常指的是食物或艺术。但其实同样具有异国情调的，还有他们传统的照料父母的方式。

我们大多数人并没有在儒家文化中成长，孝道思想可能仍只是听说而已。但我们都应该想想我们所亏欠自己父母的。当我的双胞胎出生后，我才意识到父母曾为我所作出的牺牲。他们给我换脏尿布，在我夜晚哭泣时摇摇篮哄我入睡；我蹒跚学步时一次几近致命的事故后，他们在医院病床边一直陪了我三个月；他们放弃了自己的休闲时间来照顾我，给我毫无保留的爱和情感支持。持续多年间他们的生活都是围着我转、养育我。

要回报他们为我们所做的一切，我们可以遵循中国和日本的范例，思考一下当我们的父母或继父母老去时，我们如何能孝敬他们。也许你可以采取最根本的孝道方式，邀请年老体衰的父母来与你同住，使他们免于承受养老院中的一些不体面的情况。然而，对大部分人来说，这种方法并不可行。这不仅是因为父母可能更希望在养老院中独立地生活，而且工作责任也可能使我们不能有效地照顾他们。照看年老的父母的个人压力也势必是巨大的，特别是如果他们患有像阿尔兹海默症那样的疾病。但是我们至少能像汉文帝那样注意细致而有感情地照料我们的父母。我们可以努力定期去看望他们——即使对我们来说可能有些不方便——帮助他们克服可能会遇到的孤独无依的感觉，或是简单地在我们每天走路上班的途中给他们打个电话。我们可以将我们的孩子带进他们的生活中，这样他们能从年轻人在场时的活力中获益。我们还可以试验一些更有创意的照料方式，如带他们去一直向往的地方旅行，如重访他们的出生地，或是帮他们报名写生课程。我自己的孝顺方式是，当我父亲退休后，我给他录了一系列关于谈论他自己生活的录音。这不仅使他为自己的家庭留下了关于他经历的纪念品，而且还给他自己一个机会去回想自己生命中的成就和个人历程。对我而言，这也是一种和他联系在一起并从他的人生中获得启发的独特方式。

父母和孩子之间的关系是我们所知的最基本的一种人际关系，需要特殊对待。我们的父母将我们带到这个世界上，而我们能够帮助他们满足而有尊严地离开——即便我们不总是能见面。我们必须要寻找一种最恰当的回报方式，尽最大努力和牺牲去完成。我们能够给予我们父母的老年生活什么礼物呢？

死亡方式的文化

在英格玛·伯格曼（Ingmar Bergman，1918—2007年，瑞典著名的电影、电视剧、戏剧导演及编剧）的电影《第七封印》（*The Seventh Seal*，1957年）中，一名中世纪的瑞典骑士遇到了死神，死神挑战他完成一局棋：如果骑士输了，死神将把他带走；棋局持续的时间越长，他就能活得越长，也就给了他所需要的时间在能给他的生命带来意义的独角戏中演出。这位骑士最后智取了死神，并且通过帮助一对年轻夫妇和他们的孩子逃离正在那片土地上肆虐的瘟疫，从而实现了自己的理想。死神随后找到了骑士，在山顶上跳着可怕的死亡之舞带走了他。

和这位骑士不同，我们不再能感到死神正在偷偷接近我们。刚好相反，在医院中去世的兴起、葬礼仪式的衰微以及我们日益增加的寿命使我们远离死亡，甚至于死亡成为了我们大多数人想象中的事件。我们今天所面临的挑战是在不加深恐惧的情况下以一种深化我们生命意义的方式去接近死亡。我们必须要着手开始——无论是个人还是作为一个群体——一段关于死亡的富有冒险性的交流，以创造一种充满活力的死亡形式的文化。其结果可能是出现一个新的世界，在这个世界中死亡形式变得可以像生活方式一样进行日常讨论，死亡之舞中轻轻摇摆的骷髅也能被绘制在地铁站的墙上。

结　语

　　德国作家和自然科学家约翰·德·沃尔夫冈·歌德发起了对过去3 000年人类历史的探索，鞭策我们从过去的文明中寻找存在的养分，以使我们不致茫然无知地生活。这也正契合了他自己生活中那具有戏剧性的一个章节，能帮助我们做一个结语。

　　那是1786年的夏末，歌德刚庆祝了他37岁的生日，正面临着中年危机。他在20岁出头就已经收获了小说家和剧作家的美誉。但是现在他的文学工作停滞不前，几乎每一个作品开了头都没能完成。他也厌倦了自己的工作，作为魏玛公国的高级文职人员，他已经工作了10年。同时他还饱受对一位大他7岁的已婚妇人单相思的折磨。歌德已处在了崩溃的边缘。

　　因此他决定逃离。生日过后没几天，没有告诉任何人他的计划，他在凌晨三点跳上一辆邮车。没有仆从，随身只带了两个小包，用化名向南逃往意大利。

　　这只是持续几乎两年的旅程的开始。这次旅行不仅使他的精神有所复原，同时也给了他生活新的方向。在罗马，他绘制古代遗迹；在维罗纳，他观察当地的习俗；在西西里，他采集岩石标本，同时还与他的波西米亚旅伴建立了友情。歌德的目标远不只是化名参观名胜。他写道："我开始这一段奇妙的旅程的目的不是想要逃避自我，而是想在我看到的事物中去发现自我。"因为新奇的环境而精神焕发，他自意大利冒险中重新获得了自信，并再次获得了能使他创作出写作生涯中最伟大的作品的想象力。

这个故事对我们今天任何一个思考生活中的改变的人——无论是在工作领域、爱情、金钱观、信仰或任何其他我们探索的领域——都会产生共鸣。无论我们多么清楚地认识我们面临的问题和挑战，或者我们有多少能够转变生活方式的好主意，将理论付诸实践总是很困难的。陷在我们的恐惧和习惯中，犹豫是否要冒险或害怕犯错，我们大多数人都对走进未知的前景表现出迟疑不决，如离开一份没有成就感的工作、许下步入婚姻殿堂的承诺，或是减少我们的消费者型生活方式。世界上没有哪一种药吃下去就能给我们改变的勇气和动力。

我们能从歌德"逃往"意大利的经历获得什么灵感呢？他的突然离开看起来更像是一种鲁莽的，甚至是不负责任的行为。作为一个公国的首席大臣，你实在是不应该不事先通知任何人就离开自己的工作岗位；作为一名文学天才，却跑到意大利闲逛，沉迷于采集矿物标本，而不是静静地坐在家里写高尚的诗歌。但他确实悄悄地离开了，他说，因为他知道如果不悄悄地走，"自己的朋友是不会让他离开的"。歌德的旅行模式展示了一种打破社会常规的意愿。一个有公共形象和经济收入的有头衔的绅士会被理所当然地认为是应当坐着私人马车、带着扈从和介绍信旅行。但相反，歌德却选择了没有雇任何帮手、坐着能找到的任何交通工具自己去意大利。住在当地的小旅馆，穿着休闲的衣服，这样他可以更好地融入其中。他决定要遵从自己的内心，避免那些令人窒息的繁文缛节。

像玛丽·渥斯顿克雷福特、亨利·戴维·梭罗和其他许多生活艺术的先驱者一样，歌德意识到他必须要反社会潮流而行。我们也必须认识到如果我们想要在自己的生活中汲取历史中的经验教训，我们可能必须要对抗文化规范，并冒着鹤立鸡群的危险——如果我们选择辞去报酬丰厚的工作追求更能反映我们自己的价值观的职业，或是我们住在一个没有电视的房子里，又或者在晚宴上谈论死亡时，就很有可能会发生这样的情况。当一名先驱者的代价是我们可能无法再和自己社会地位相同的人保持一致，或是得到他们的点头称赞。然而与此同时，我们将不仅能拓展自己的眼界，而且能为下一代树立新的标准。他们将会回过头来看我们是如何生活的，并以之作为他们个人充满活力追求的灵感源泉。

歌德想要"通过所见所闻探索自己"的愿望对我们来说，应该像他打破常规的能力一样重要。他相信过度的自我反思和鼠目寸光都是有害的，会导致情感上的混乱和疯狂。歌德遵循苏格拉底的格言"认识你自己"的方式不是反复思考自己灵魂的状态，而是促使自己走进生活，培养自己对人、地方、艺术和风景的好奇心。他写道："一个人只有在了解世界的情况下才能了解自己。"但这并不是说我们应该将自己的生活填满连续不停息的活动，将自己从生活的人变成做事的人。他的意思是自我了解不仅来源于哲学内省，同时也来自外部的经验。

然而，歌德旅程最终要传达的信息是，如果我们真的想要改变自己的生活方式，可能会有一个时间点，届时我们会停止惯常的思考和计划，并采取行动。这种观点在几个世纪中以不同的形式传播，从"及时行乐"的真理一跃而成"想做就做"的口号。这其实就是让你的生活不同寻常，这样的生活不会让你在生命的最后时光为自己未曾做的事充满后悔。尽管歌德在很多方面是一个保守的人，寻求一种稳定、安全以及舒适的生活。但他知道留在魏玛公国无法解决自己的问题，他必须要振作起来打破自己现有的生活模式，即使他并不确定这次旅行会带领他走向何方。如果我们曾感到为生活所困，或是犹豫该如何前进，我们就可以问问自己歌德的这一举动是多么大胆，或是乔治·奥威尔，又或者是玛丽·金斯利；想想看，如果是他们处于你现在的境况会怎么做，他们会做什么以利用好每一天？

歌德为全世界所景仰，其艺术天赋和在世界范围内的成功、其文化智慧和科学敏锐通常为世人所羡慕。但是我们不应该被他的全才所吓倒。他的生活和其他人一样充满了痛苦和伤痛。其中一个他挣扎的方面是感情。他的一生都在爱情里来来往往，使自己陷入和仰慕的女性复杂的纠缠之中，这些女性可能已经结婚，或是比他小几十岁，或者完全对他的感情视而不见。他的浪漫的放纵和幻想对维持自己的婚姻收效甚微，在结婚初期就不再有活力——尽管他知道热烈的爱情、友情和其他感情是美好生活的重要成分。从意大利归来几年后，他常常感到极其孤独。他和诗人及哲学家弗里德里希·席勒建立起深厚但又时而紧张的友情。在有着十余年同志般情谊的席勒去世时，歌德悲痛不已，他在哀悼席勒时写道："我现在失去了一名挚友和我的一半生命。"

这一悲伤的哭泣包含了一条编织成穿过如何生活的历史的金线：生存之谜包括了我们和其他人之间的关系。一些人发现了上帝、自然、为某个事业而斗争或是在企业中不断晋升的意义，通过我们与其他人的关系，我们最有可能找到成就感。无论是通过像克莱本·保罗·埃利斯和安·阿特沃特所建立的那出人意料的友情，或是培养各种感情如成熟之爱和享乐之爱，还是通过更开放的交流打破家庭沉默，抑或建立在创造性的纽带上和他人分享我们生活的精神寄托。你可以每晚为自己烹煮精致的美食，但是最终还是需要有人可以和你一起坐在桌前享用，他们可能是爱人、朋友，或是有故事要说的陌生人。

在历史中还有第二条让人终身难忘的线索，那就是付出对我们非常有益。歌德在理论上理解这一点，他曾问道："如果我对他人不再有价值，我的生活会怎么样？"但是在实践中他具有一种强烈的自私倾向。当他发现一个人不再有趣，或是对自己的雄心壮志不再有用，他就会抛弃他。这样做时，他已违背了自己作为人的存在的一个最微妙的乐趣。回想一下约翰·伍尔曼和托马斯·克拉克森致力于反对奴隶制的斗争，或是列夫·托尔斯泰所做的赈济灾民的工作吧。对这些人来说，他们生命的意义可以在将自己从自我中心的关注中解放出来并在代表他人的利益中找到，以此向古希腊的博爱致敬。付出是通往有意义、有目标的人生的一条确定的道路。

　　我们可以有数千种生活方式。过去的文明使我们意识到我们的爱、工作、创造和死亡的习惯方式不是在我们面前仅有的选择。我们只需要打开历史这个百宝箱，在里边寻找关于生活艺术的新的令人惊奇的可能性，让它们激发我们的好奇心和想象力，并启发我们的行动！

参考文献

Abbott, Mary (1993), *Family Ties: English Families 1540–1920* (London: Routledge).

Abrams, Rebecca (1999), *When Parents Die: Learning to Live with the Loss of a Parent* (London: Routledge).

Ackerman, Diane (1996), *A Natural History of the Senses* (London: Phoenix).

——and Jeanne Mackin (eds.) (1998), *The Book of Love* (New York and London: Norton).

Anderson, Benedict (1991), *Imagined Communities: Reflections on the Origin and Spread of Nationalism* (London: Verso).

Ariès, Philippe (2008), *The Hour of Our Death* (New York: Vintage).

Armstrong, John (2003), *Conditions of Love: The Philosophy of Intimacy* (London: Penguin Books).

——(2007), *Love, Life, Goethe: How to be Happy in an Imperfect World* (London: Penguin Books).

Armstrong, Karen (2007), *The Great Transformation: The World in the Time of Buddha, Socrates, Confucius and Jeremiah* (London: Atlantic Books).

Attlee, James (2011), *Nocturne: A Journey in Search of Moonlight* (London: Hamish Hamilton).

Baedeker, Karl (1870), *First Part: Northern Italy and Corsica* (Koblenz: Karl Baedeker).

——(1909), *Baedeker's Central Italy and Rome* (Leipzig: Karl Baedeker).

Ballard, J. G. (2008), *Miracles of Life* (London: Fourth Estate).

Baron-Cohen, Simon (2011), *Zero Degrees of Empathy: A New Theory of Human Cruelty* (London: Allen Lane).

Bashō, Matsuo (1966), *The Narrow Road to the Deep North and Other Travel Sketches* (Harmondsworth: Penguin Books).

Batson, Charles D. (1991), *The Altruism Question: Toward A Social-Psychological Answer* (Hillsdale, N.J.: Lawrence Erlbaum Associates).

Beit-Hallahmi, Benjamin and Michael Argyle (1997), *The Psychology of Religious Behaviour, Belief and Experience* (London: Routledge).

Berg, Leila (1972), *Look at Kids* (Harmondsworth: Penguin Books).

Berger, John (1965), *Success and Failure of Picasso* (Harmondsworth:Penguin Books).

— (1972), *Ways of Seeing* (London: BBC Books; and Harmondsworth:Penguin Books).

Berry, Mary Frances (1993), *The Politics of Parenthood: Child Care,Women's Rights, and the Myth of the Good Mother* (New York:Viking).

Boorstin, Daniel (1985), *The Discoverers: A History of Man's Search to Know His World and Himself* (New York: Vintage).

— (1993), *The Creators: A History of Heroes of the Imagination* (NewYork: Vintage).

Boyle, Mark (2010), *The Moneyless Man: A Year of Freeconomic Living* (Oxford: Oneworld).

Bragg, Elizabeth Ann (1996), 'Towards Ecological Self: Deep Ecology Meets Constructionist Self-Theory', *Journal of Environmental Psychology, Vol. 16: 93–108*.

Brand, Stuart (1999), *The Clock of the Long Now: Time and Responsibility*(London: Phoenix).

Brandes, Stanley (2006), *Skulls to the Living, Bread to the Dead: The Day of the Dead in Mexico and Beyond* (Oxford: Blackwell).

Braudel, Fernand (1981), *Civilization and Capitalism 15th-18th Century, Volume 1: The Structures of Everyday Life* (London: Collins/Fontana).

— (1982), *Civilization and Capitalism 15sth-18th Century, Volume 2: The Wheels of Commerce* (London: Collins/Fontana).

Brendon, Piers (1991), *Thomas Cook: 150 Years of Popular Tourism* (London: Secker & Warburg).

Brillat-Savarin, Jean-Anthelme (1970), *The Philosopher in the Kitchen* (Harmondsworth: Penguin Books).

Broks, Paul (2003), *Into the Silent Land: Travels in Neuropsychology* (London: Atlantic Books).

Bronowski, Jacob (1976), *The Ascent of Man* (London: BBC Books).

Buchan, James (1998), *Frozen Desire: An Inquiry into the Meaning of Money* (London: Picador).

Burckhardt, Jacob (1945), *The Civilization of the Renaissance in Italy* (Oxford and London: Phaidon).

Burgess, Adrienne (1997), *Fatherhood Reclaimed: The Making of the Modern Father* (London: Vermillion).

Burton, Robert (1989), *The Anatomy of Melancholy, Vol. 1* (Oxford:Clarendon).

Buzzard, James (2002), 'The Grand Tour and After (1660–1840)',in Peter Hulrne and Tim Youngs (eds.), *The Cambridge Companion to Travel Writing* (Cambridge: Cambridge University Press).

Cameron, Julia (1995), *The Artist's Way: A Course in Discovering and Recovering Your Creative Self*(London: Pan).

Cannadine, David (1983), 'The Context, Performance and Meaning of Ritual:

The British Monarchy and the "Invention of Tradition", *c.*1820–1977', in Eric
Hobsbawm and Terence Ranger (eds.), *The Invention of Tradition* (Cambridge:
Cambridge University Press).

Carr, Deborah (2007), 'Death and Dying', in George Ritzer (ed.), *The Blackwell
Encyclopedia of Sociology* (Oxford: Blackwell).

Chatwin, Bruce (1988), *The Songlines* (London: Picador).

Clark, Kenneth (1971), *Civilization* (London: BBC Books and John Murray).

Classen, Constance (1993), *Worlds of Sense: Exploring the Senses in History and Across
Cultures* (London: Routledge).

Cobbett, William (1985), *Rural Rides* (Harmondsworth: Penguin Books).

Coleman, Simon and John Eisner (1995), *Pilgrimage Past and Present: Sacred Travel
and Sacred Space in the World's Religions* (London: British Museum Press).

Coltrane, Scott (1996), *Family Man: Fatherhood, Housework, and Gender Equity* (New
York: Oxford University Press).

Comfort, Alex (1996), *The Joy of Sex* (London: Quartet Books).

Corbin, Alain (1986), *The Foul and the Fragrant: Odour and the French Social
Imagination* (Cambridge, Mass.: Harvard University Press).

Cowan, Ruth Schwartrz (1983), *More Work for Mother: The Ironies of Household
Technology from the Open Hearth to the Microwave* (New York: Basic Books).

Crick, Bernard (1980), *George Orwell A Life* (Harmondsworth: Penguin Books).

Darwin, Charles (1959), *The Voyage of the 'Beagle'* (London: Dent).

Davidson, Caroline (1982), *A Woman's Work is Never Done: A History of Housework
in the British Isles 1650–1950* (London: Chatto &Windus).

Davidson, James (2007), *The Greeks and Greek Love: A Radical Reappraisal of Homosexuality
in Ancient Greece* (London: Weidenfeld & Nicolson).

de Beauvoir, Simone (1972), *The Second Sex* (Harmondsworth: Penguin Books).

de Bono, Edward (1977), *Lateral Thinking: A Textbook for Creativity* (Harmondsworth:
Penguin Books).

de Botton, Alain (2004), *Status Anxiety* (New York, Pantheon).

de Rougemont, Denis (1983), *Love in the Western World* (Princeton, N.J.: Princeton
University Press).

de Waal, Frans (2006), *Primates and Philosophers: How Morality Evolved* (Princeton,
N.J.: Princeton University Press).

Diamond, Jared (1998), *Guns, Germs and Steel: A Short History of Everybody for the Last
13,000 Years* (London: Vintage).

Dominguez, Joe and Robin, Vicki (1999), *Your Money or Your Life: Transforming
Your Relationship with Money and Achieving Financial Independence* (New York:

Penguin Books).

Donkin, Richard (2001), *Blood, Sweat and Tears: The Evolution of Work* (New York: Texere).

Dundes, Alan (1980), 'Seeing is Believing', in *Interpreting Folklore* (Bloomington: Indiana University Press).

Edwards, Betty (1994), *Drawing on the Right Side of the Brain* (London: BCA).

Edwards, John (1988), *The Roman Cookery of Apicius* (London: Rider Books).

Ehrenreich, Barbara (2009), *Smile or Die: How Positive Thinking fooled America and the World* (London: Granta).

Elgin, Duane (1993), *Voluntary Simplicity: Toward a Way of Life that is Outwardly Simple, Inwardly Rich* (New York: Quill).

Elias, Norbert (2001), *The Loneliness of the Dying* (New York: Continuum).

Ellis, Richard J. (2005), *To The Flag: The Unlikely History of the Pledge of Allegiance* (Lawrence: University Press of Kansas).

Epstein, Edward Jay (February 1982), 'Have You Ever Tried to Sell a Diamond?', *Atlantic Monthly*.

Fatherworld Magazine (2005), Vol. 3 No. 2. (London: Fathers Direct).

Ferguson, Niall (2009), *The Ascent of Money: A Financial History of the World* (London: Penguin Books).

Fernley-Whittingstall, Jane (2003), *The Garden: An Engllih Love Affair—One Thousand Years of Gardening* (London: Seven Dials).

Fernyhough, Charles (2008), *The Baby in the Mirror: A Child's World from Birth to Three* (London: Granta).

Feuerbach, Anselm von (1832), *Caspar Hauser* (Boston, Mass.: Allen and Ticknor).

Firth,Raymond(1973), *Symbols Public and Private* (London: George Allen & Unwin).

Fisher, M.F.K. (1963), *The Art of Eating* (London: Faber and Faber).

Flacelière,Robert (1962), *Love in Ancient Greece* (London: Frederick Muller).

— (2002), *Daily Life in Greece at the Time of Pericles* (London: Phoenix).

Forbes, Bruce David (2007), *Christmas: A Candid History* (Berkeley: University of California Press).

Frankl, Victor (1987), *Man's Search for Meaning: An Introduction to Logotherapy* (London: Hodder and Stoughton).

Frazer, James George (1978), *The Illustrated Golden Bough*, ed. Mary Douglas (London: Macmillan).

Fromm, Erich (1962), *The Art of Loving* (London: Unwin).

Galbraith, John Kenneth (1977), *The Age of Uncertainty* (London: BBC Books and André Deutsch).

Gandhi, Mahatma (1984), *An Autobiography, or The Story of My Experiments with Truth* (Ahmedabad: Navajivan Publishing House).

Gatenby, Reg (2004) , '*Married Only At Weekends? A Study of the Amount of Time Spent Together by Spouses*' (London: Office for National Statistics).

Geertz, Clifford(1993), 'Person, Time, and Conduct in Bali', in *The Interpretation of Cultures* (London: Fontana).

Giddens, Anthony(1992), *The Transformation of Intimacy: Sexuality, Love and Eroticism in Modern Societies* (Cambridge: Polity Press).

Gladwell, Malcolm (2005), *Blink: The Power of Thinking Without Thinking* (London: Penguin Books).

Goethe, Johann Wolfgang von (1970), *Italian Journey* (Harmondsworth: Penguin Books).

——(1999), *The Flght to Italy: Diary and Selected Letters* (Oxford: Oxford University Press).

Goleman, Daniel (1996), *Emotional Intelligence: Why It Can Matter More Than IQ* (London: Bloomsbury).

——(1999),*Working with Emotional Intelligence* (London: Bloomsbury).

Gombrich, E.H. (1950), *The Story of Art* (London: Phaidon).

Goody, Jack(1993), *The Culture of Flowers* (Cambridge: Cambridge University Press).

——(1999),*Food and Love: Cultural History of East and West* (London: Verso).

Gosch, Stephen and Peter Stearns (eds.) (2008), *Pre-Modern Travel in World History* (New York and London: Routledge).

Gottlieb, Beatrice (1993), *The Family in the Western World from the Black Death to the Industrial Age* (New York: Oxford University Press).

Grayling, A. C. (2002), *The Meaning of Things: Applying Philosophy to Life* (London: Phoenix).

——(2008), *Toward the Light: The Story of the Struggles for Liberty and Rights that Made the Modern West* (London: Bloomsbury).

Greenblatt, Stephen (2007), 'Stroking', *New York Review of Books*, 8 November.

Griffiths, Jay (2006), *Wild: An Elemental Journey* (New York: Jeremy P. Tarcher/Penguin Books).

Grinde, Bjorn and Grete Grindal Patil (2009), 'Biophilia: Does Visual Contact with Nature Impact on Health and Wellbeing?', *International Journal of Environmental Research and Public Health*, Vol.6: 23 32—43.

Halberstam, David (2008), *The Making of a Quagmire: America and Vietnam during the Kennedy Era* (Lanham, Md.: Rowman & Littlefield).

Hamilton, Jill (2005), *Thomas Cook: The Holiday-Maker* (Stroud: Sutton Publishing).

Hanh, Thich Nhat (1989), *Being Peace* (London: Rider).

Hazm, Ibn (1953), *The Ring of the Dove: A Treatise on the Art and Practice of Arab Love*, trans. A.J.Arberry(London:Luzac).

Herrigel, Eugene(1985), *Zen in the Art of Archery*(London:Arkana).

Hewlett, Barry(2000), 'Culture, History and Sex', *Marriage and Family Review*, Vol. 29, No. 2: 59–73.

Hite, Shere (1990), The Hite Report on Male Sexuality (London: Macdonald Optima).

Hobbes, Thomas (1996), *Leviathan,* ed. Richard Tuck (Cambridge:Cambridge University Press).

Hobsbawm, Eric (1983), 'Mass-Producing Traditions: Europe，1870–1914', in Eric Hobsbawm and Terence Ranger (eds.), *The Invention of Tradition* (Cambridge: Cambridge University Press).

Hochschild, Adam (2006), *Bury the Chains: The British Struggle to Abolish Slavery* (London: Pan).

Hodgkinson, Tom (2005), *How to be Idle* (London: Penguin Books).

Hoffman, Martin (2000), *Empathy and Moral Development: Implications for Caring and Justice* (Cambridge: Cambridge University Press).

Honoré, Carl (2004), *In Praise of Slow: How a Worldwide Movement is Challenging the Cult of Speed* (San Francisco: HarperSanFrancisco).

House, Adrian (2000), *Francis of Assisi* (London: Chatto & Windus).

Howes, David (2005), 'Hyperesthesia, or, The Sensual Logic of Late Capitalism', in David Howes (ed), *Empire of the Senses: The Sensual Culture Reader* (Oxford: Berg).

—(ed) (1991), *The Varieties of Sensory Experience: A Sourcebook in the Anthropology of the Senses* (Toronto: University of Toronto Press).

Hoyles, Martin (1991), *The Story of Gardening* (London: Journeyman Press).

Huizinga, Johan (1950), *Homo Ludens: A Study of the Play Element in Culture* (Boston, Mass.: Beacon Press).

—(1965),*The Waning of the Middle Ages*(Harmondsworth:Penguin Books).

Hyde, Lewis (2006), *The Gift: How the Creative Spirit Transforms the World* (Edinburgh: Canongate).

Illich, Ivan(1975), *Medical Nemesis: The Expropriation of Health* (London: Calder & Boyars).

Illouz, Eva(1997), *Consuming the Romantic Utopia: Love and the Cultural Contradictions of Capitalism* (Berkeley: University of California Press).

Inglehart, Ronald(1997), *Modernization and Postmodernization: Cultural，Economic, and*

Political Change in 43 Societies (Princeton, N.J.:Princeton University Press).

Jackson, Phillip, Eric Brunet, Andrew Meltzoff and Jean Decety(2006), 'Empathy Examined through the Neural Mechanisms Involved in Imagining How I Feel Versus How You Feel Pain', *Neuropsychologica*, Vol. 44, No. 5: 752−61.

James, Oliver (2007), *Affluenza: How to be Successful and Stay Sane* (London: Vermillion).

Jansen, William (1997), 'Gender Identity and the Rituals of Food in a Jordanian Community', *Food and Foodways*, Vol. 7, No. 2: 87−117.

Jaucourt, Louis, chevalier de (2005), 'Cuisine', in *The Encyclopedia of Diderot &d' Alembert*, trans. Sean Takats (Michigan: Scholarly Publishing Office of the University of Michigan).

Jenike, Brenda R. and John W.Traphagan(2009), 'Transforming the Cultural Scripts for Ageing and Elder Care in Japan', in Jay Sokolovsky (ed.), *The Cultural Context of Ageing: Worldwide Perspectives* (Westport, Conn.: Praeger): 240−58.

Judt, Tony(2010), 'The Glory of the Rails', *New York Review of Books, 23* December.

Jung, Carl (1978), *Man and His Symbols* (London: Picador).

Kellehear, Allan(2007), *A Social History of Dying* (Cambridge:Cambridge University Press).

Keller, Helen (1958), *The Story of My Life* (London: Hodder and Stoughton).

— (2003), *The World I Live In* (New York: New York Review Books).

Kellert, Stephen R. and Edward O. Wilson (eds.) (1993), *The Biophilia Hypothesis* (Washington, DC: Island Press and Shearwater Books).

Kelley, Jonathan and Nan Dirk de Graaf (1997), 'National Context, Parental Socialization, and Religious Belief: Results from 15 Nations', *American Sociological Review*, Vol. 62: 639−59.

Kemp, Simon and Garth Fletcher (1993), 'The Medieval Theory of the Inner Senses', *American Journal of Psychology*, Vol. 106, No. 4:559−76.

Kerber, Linda K. (1988), 'Separate Spheres, Female Worlds, Woman's Place: The Rhetoric of Women's History', *Journal of American History*, Vol. 75, No. 1: 9−39.

King, Ross (2006), *Michelangelo and the Pope's Ceiling* (London:Pimlico).

Koestler, Arthur (1964), *The Act of Creation* (London: Pan).

Kohn, Alfie (1990), *The Brighter Side of Human Nature: Empathy and Altruism in Everyday Life* (New York: Basic Books).

Koshar, Rudy (2000), *German Travel Cultures* (Oxford: Berg).

Krakauer, Jon (2007), *Into the Wild* (London: Pan).

Kropotkin, Peter (1974), *Fields, Factories and Workshops of Tomorrow*, ed. Colin Ward (London: George Allen & Unwin).

— (1998), *Mutual Aid: A Factor of Evolution* (London: Freedom Press).

Krznaric, Roman (2007), 'For God's Sake Do Something! How Religions Can Find Unexpected Unity Around Climate Change', Human Development Report Office Occasional Paper 2007/29 (New York: United Nations Development Programme).

— (2008), 'You Are Therefore I Am: How Empathy Education Can Create Social Change', Oxfam Research Report (Oxford: Oxfam).

— (2010), 'Five Lessons for the Climate Crisis: What the History of Resource Scarcity in the United States and Japan Can Teach Us', in Mark Levene, Rob Johnson and Penny Roberts (eds.), *History at the End of the World? History, Climate Change and the Possibility of Closure* (Penrith: Humanities Ebooks).

Ktibler-Ross, Elisabeth (1973), *On Death and Dying* (London: Tavistock Publications).

Kumar, Satish (2000), *No Destination: An Autobiography* (Totnes Green Books).

Lader, Deborah, Sandra Short and Jonathan Gershuny (2006), 'The Time Use Survey, 2005: How We Spend Our Time' (London: Office for National Statistics).

Lakoff, George (2005), *Don't Think of an Elephant: Know Your Values and Frame the Debate* (Melbourne: Scribe Short Books).

— and Mark Johnson (1981), *Metaphors We Live By* (Chicago: University of Chicago Press).

Lamb, Michael(2000), 'The History of Research on Father Involvement', *Marriage and Family Review*, Vol.29, No. 2:23—42.

Lancaster, Bill (1995), *The Department Store: A Social History* (London: Leicester University Press).

Lane, Erie (1987), 'Introduction' to *The Sorrows of Young Werther* by Johann Wolfgang von Goethe (London and New York: Dedalus/Hippocrene).

Layard, Richard (2005), *Happiness: Lessons from a New Science* (London: Allen Lane).

— (2007), 'Happiness and the Teaching of Values', *CentrePiece*, Summer: 18—23.

Leach, William (1993), *Land of Desire: Merchants, Power, and the Rise of a New American Culture* (New York: Pantheon Books).

Lee, John Alan (1998), 'Ideologies of Lovestyle and Sexstyle', in Victor C. de Munck (ed.), *Romantic Love and Sexual Behaviour: Perspectives from the Social Sciences* (Westport, Conn.: praeger), 33—76.

Lee, Laurie(1971), *As I Walked Out One Midsummer Morning* (Harrnondsworth: Penguin Books).

Lewis, Clive Staples (1958), *The Allegory of Love: A Study in Medieval Traditions* (Oxford: Oxford University Press).

— (2002), *The Four Loves* (London: HarperCollins).

Lewis, Milton J. (2007), *Medicine and Care of the Dying: A Modern History*(Oxford: Oxford University Press).

Lindqvist, Sven (1997a), '*Exterminate All the Brutes*' (London: Granta).

——(1997b) *The Skull Measurer's Mistake* (New York: New Press).

Louv, Richard（2005）, *Last Child in the Woods: Saving Our Children from Nature-Deficit Disorder*（London: Atlantic Books）.

Lowe, Donald(1982), *History of Bourgeois Perception* (Brighton:Harvester Press).

Mabey, Richard (2006), *NatureCure*(London: Pimlico).

MacClancy, Jereray (1992), *Consuming Culture* (London: Chapmans).

Macfarlane, Robert (2007), *The Wild Places* (London: Granta).

McIntosh, Alex (1999), 'The Family Meal and Its Significance in Global Times', in Raymond Grew (ed.), *Food in Global History* (Boulder, Colo.: Westview Press).

McKibben, Bill (2003), *The End of Nature: Humanity, Climate Change and the Natural World* (London: Bloomsbury).

——(2009), *Deep Economy: Economics as if the World Mattered* (Oxford: Oneworld).

McMahon, Darrin (2006), *Happiness: A History* (New York: Grove Press).

Maitland, Sara (2008), *A Book of Silence* (London: Granta).

Mandela, Nelson (1995), *Long Walk to Freedom* (London: Abacus).

Mander, Jerry (1978), *Four Arguments for the Elimination of Television* (New York: Quill).

Marshall, George (2007), *Carbon Detox: Your Step-By-Step Guide to Getting Real about Climate Change* (London: Gaia).

Marx, Karl (1982), *The Marxist Reader*, ed. Emile Burns (New York:Avenel Books).

Mayhew, Henry (1949), *Mayhew's London: Selections from London Labour and the London Poor*, ed. Peter Quennell (London: Spring Books).

Mendelson, Edward (1985), 'Baedeker's Universe', *Yale Review*, Vol. 74: 386−403.

Miles, Rosalind (1989), *The Women's History of the World* (London:Paladin).

Mill, John Stuart (1989), *Autobiography* (London: Penguin Books).

Miller, Daniel (ed.) (1993), *Unwrapping Christmas* (Oxford: Clarendon Press).

Miller, Michael B. (1981), *The Bon Marché: Bourgeois Culture and the Department Store, 1869-1920* (London: George Allen & Unwin).

Miller, Stephen (2006), *Conversation: A History of a Declining Art* (New Haven, Conn.: Yale University Press).

Mitchell, Lynette G. (1997), *Greeks Bearing Gifts: The Public Use of Private Relationships in the Greek World, 435-323 BC* (Cambridge:Cambridge University Press).

Mitford, Jessica (1998), *The American Way of Death Revisited* (London:Virago).

Morley, David (1986), *Family Television: Cultural Power and Domestic Leisure*

(London: Comedia).

Morris, William (1979), *The Political Writings of William Morris*(London: Lawrence & Wishart).

Mukherjee, Rudranshu (ed.) (1993), *The Penguin Gandhi Reader* (New Delhi: Penguin Books).

Mumford, Lewis (1938), *The Culture of Cities* (New York: Harcourt,Brace and Company).

— (1955), 'The Monastery and the Clock' in *The Human Prospect* (Boston, Mass.: Beacon Press).

Murcott, Anne (1997), 'Family Meals—A Thing of the Past? ', in Pat Caplan (ed.), *Food, Health and Identity* (London: Routledge).

Myers, Scott (1996), 'An Interactive Model of Religiosity Inheritance:The Importance of Family Context', *American Sociological Review*, Vol. 61: 858—66.

Nash, Roderick Frazier (2001), *Wilderness and the American Mind* (New Haven, Conn.: Yale University Press).

New Economics Foundation (2009), *The Great Transition* (London: New Economics Foundation).

Newby, Eric (1986), *A Book of Travellers' Tales* (London: Picador).

Nicholl, Charles (2005), *Leonardo da Vinci: The Flights of the Mind* (London: Penguin Books).

Nicholson, Virginia (2002), *Among the Bohemians: Experiments in Living 1900–1939* (London: Viking).

Nightingale, Florence (2007), *Notes on Nursing* (Stroud: Tempus).

Nussbaum, Martha (2003), *Upheavals of Thought: The Intelligence of Emotions* (New York: Cambridge University Press).

Office for National Statistics (July 2006), *The Time Use Survey, 2005: How We Spend Our Time* (London: Office for National Statistics).

Ong, Walter (1970), *The Presence of the Word: Some Prolegomena for Cultural and Religious History* (New York: Clarion).

Onyx, Jenny and Rosemary Leonard (2005), 'Australian Grey Nomads and American Snowbirds: Similarities and Differences', *Journal of Tourism Studies*, Vol. 16, No. 1.

OPP Unlocking Potential, 'Dream Job or Career Nightmare? ', July 2007,http: / / www. pp.eu.com/uploadedFiles/dream—research. pdf.

Orme, Nicholas (2003), *Medieval Children* (New Haven, Conn., and London: Yale University Press).

Oruch, Jack B. (1981), 'St. Valentine, Chaucer, and Spring in February', *Speculum*, Vol. 56, No. 3: 534—65.

Orwell, George (1962), *The Road to Wigan Pier* (Harmondsworth:Penguin Books).

— (1974), *Down and Out in Paris and London* (Harmondsworth:Penguin Books).

— (2002), 'Pleasure Spots' in *Essays* (London: Everyman).

Paz, Octavio (1967), *The Labyrinth of Solitude: Life and Thought in Mexico* (London: Allen Lane).

— (1996), *The Double Flame: Love and Eroticism* (London: Harvill Press).

Peck, M. Scott (1978), *The Road Less Travelled: A New Psychology of Love, Traditional Values and Spiritual Growth* (London: Rider).

Petit, Philippe (2003), *To Reach the Clouds: My Hire-Wire Walk Between the Twin Towers* (London: Faber and Faber).

Phillips, Adam and Barbara Taylor (2009), *On Kindness* (London:Hamish Hamilton).

Pittenger, David J. (2005), 'Cautionary Comments Regarding the Myers–Briggs Type Indicator', *Consulting Psychology Journal: Practice and Research*, Vol. 57, No. 3: 210–2.

Plato (1991), *Symposium* (London: Folio Society).

Pollock, Linda (1987), *A Lasting Relationship: Parents and Children over Three Centuries* (Hanover, N.H.: University Press of New England).

Pope, Rob (2005), *Creativity: History, Theory, Practice* (London and NewYork: Routledge).

Porter, Roy (1997), *The Greatest Benefit to Mankind: A Medical History of Humanity from Antiquity to the Present* (London: HarperCollins).

Read, Herbert (1934), *Art and Industry* (London: Faber and Faber).

Regis, Helen A. (1999), 'Second Lines, Minstrelsy, and the Contested Landscapes of New Orelans Afro–Creole Festivals', *Cultural Anthropology*, Vol. 14, No. 4:472–504.

Rifkin, Jeremy (2009), *The Empathic Civilization: The Race to Global Consciousness in a World in Crisis* (Cambridge: Polity).

Rinpoche, Sogyal (1998), *The Tibetan Book of Living and Dying* (London:Rider).

Roach, Joseph (1996), *Cities of the Dead: Circum–Atlantic Performance* (New York: Columbia University Press).

Robb, Graham (2008), *The Discovery of France* (London: Picador).

Roberts, David (ed.) (2002), *Signals and Perception: The Fundamentals of Human Sensations* (Basingstoke: Palgrave Macmillan).

Robinson, Jane (1995), *Unsuitable for Ladies An Anthology of Women Travellers* (Oxford: Oxford University Press).

Rogers, Carl and Barry Stevens (1973), *Person to Person: The Problem of Being Human* (London: Souvenir Press).

Roszak, Theodore (1995), 'Where Psyche Meets Gaia', in Theodore Roszak, Mary E. Gomes and Allen D. Kanner (eds.), *Ecopsychology: Restoring the Earth,*

Healing the Mind (San Francisco: Sierra Club Books).

Ruggles, Steven (1987), *Prolonged Connections: The Rise of the Extended Family in Nineteenth-Century England and America* (Madison:University of Wisconsin Press).

Ruskin, John (1907), *The Stones of Venice* (London: New Universal Library).

Russell, Bertrand (1976), 'Romantic Love' in *Marriage and Morals* (London: Unwin).

Sabatos, Terri (2007), 'Father as Mother: The Image of the Widower with Children in Victorian Art', in Trev Lynn Broughton and Helen Rogers (eds.),*Gender and Fatherhood in the Nineteenth Century* (Basingstoke: Palgrave Macmillan).

Sahlins, Marshall (1972), *Stone Age Economics* (New York: Aldine de Gruyter).

Sajavaara, Kari and Jaakko Lehtonen (1997), 'The Silent Finn Revisited', in Adam Jaworski (ed.), *Silence: Interdisciplinary Perspectives* (The Hague: Mouton de Gruyter).

Saul, John Ralston (1992), *Voltaire's Bastards: The Dictatorship of Reason in the West* (London: Sinclair Stevenson).

Schama, Simon (1988), *The Embarrassment of Riches: An Interpretation of Dutch Culture in the Golden Age* (London: Fontana).

—(1996), *Landscape and Memory* (London: Fontana).

Schlosser, Eric (2002), *Fast Food Nation: What the All-American Meal is Doing to the World* (London: Penguin Books).

Schmidt, Leigh Eric (1993), 'The Fashioning of a Modern Holiday: St. Valentine's Day, 1840-1870',*Winterthur Portfolio*, Vol. 28, No. 4: 209-45.

Schweitzer, Albert (1949), *On the Edge of the Primeval Forest* (London: Readers Union).

Seaton, Beverly(1989), 'Towards a Historical Semiotics of Literary Flower Personification', *Poetics Today*, Vol. 10, No. 4: 679-701.

Seligman, Martin (2002), *Authentic Happiness* (London: Nicholas Brealey).

Sennett, Richard (2003),*Respect: The Formation of Character in an Age of Inequality* (London: Alien Lane).

—(2009), *The Craftsman* (London: Penguin Books).

Shi,David E. (1985), *The Simple Life: Plain Living and High Thinking in American Culture* (New York: Oxford University Press).

Singer, Peter(1997), *How Are We to Live? Ethics in an Age of Self-interest* (Oxford: Oxford University Press).

Smith, Adana (1898), *The Wealth of Nations* (London. George Routledge and Son).

—(1976), *The Theory of Moral Sentiments* (Indianapolis, Ind.: Liberty Classics).

Smith, Tom. W. (1988), 'Counting Flocks and Lost Sheep: Trends in Religious

Preference Since World War II', General Social Survey Report No. 26 (revised 1991), National Opinion Research Center, University of Chicago.

Sokolovsky, Jay (ed.) (2009), *The Cultural Context of Ageing: Worldwide Perspectives* (Westport, Conn.: Praeger).

Sontag, Susan (1991), *Illness as Metaphor, AIDS and Its Metaphors* (London: Penguin Books).

Sprawson, Charles (1992), *Haunts of the Black Masseur: The Swimmer as Hero* (London: Vintage).

Sullivan, Sheila (2000), *Falling in Love: A History of Torment and Enchantment* (Basingstoke and London: Papermac).

Süskind, Patrick (2008), *Perfume: The Story of a Murderer* (London: Penguin Books).

Suzuki, Daisetz Teitaro (1986), *Living By Zen* (London: Rider).

Swinglehurst, Edmund (1982), *Cook's Tours: The Story of Popular Travel* (Poole: Blandford Press).

Symons, Michael (2001), *A History of Cooks and Cooking* (Totnes: Prospect Books).

Synnott, Anthony (1991), 'Puzzling over the Senses: From Plato to Marx', in David Howes (ed.), *The Varieties of Sensory Experience: A Sourcebook in the Anthropology of the Senses* (Toronto: University of Toronto Press).

Tabori, Paul (1966), *A Pictorial History of Love* (London: Spring Books).

Tannen, Deborah (1985), 'Silence: Anything But', in Deborah Tannen and Muriel Saville-Troike (eds.), *Perspectives on Silence* (Norwood, N.J.: Ablex).

—(1999), 'Women and Men in Conversation', in Rebecca S.Wheeler(ed.), *The Workings of Language: From Prescriptions to perspectives* (Westport, Conn.: Praeger).

Tatarkiewicz, Wladyslaw (1980), A *History of Six Ideas: An Essay on Aesthetics* (The Hague, Boston, Conn., and London: Martinus Nijhoff; Warsaw: PWN, Polish Scientific Publishers).

Tawney, Richard (1938), *Religion and the Rise of Capitalism*(Harmondsworth: Penguin Books).

Terkel, Studs (1982), *American Dreams: Lost and Found* (London: Paladin Granada).

—(1993), R*ace* (London: Minerva).

—(2002), *Will the Circle Be Unbroken? Reflections on Death and Dignity* (London: Granta).

Thomas, Keith (1985), *Man and the Natural World: Changing Attitudes in England 1500–1800* (London: Penguin Books).

—(ed.) (1999), *The Oxford Book of Work* (Oxford: Oxford University Press).

—(2009), *The Ends of Life: Roads to Fulfilment in Early Modern England* (Oxford: Oxford University Press).

Thompson, Edward P. (1967), 'Time, Work Discipline and Industrial Capitalism', *Past and Present*, Vol. 38.

Thoreau, Henry David (1986), *Walden and Civil Disobedience* (New York: Penguin Books).

Thornton, Bruce S. (1997), *Eros: The Myth of Ancient Greek Sexuality* (Boulder, Colo.: Westview Press).

Thucydides (1989), *The Peloponnesian War*, The Complete Hobbes Translation, with notes and a new introduction by David Grene (Chicago: University of Chicago Press).

Todd, Janet (2001), *Mary Wollstonecraft: A Revolutionary Life* (London: Phoenix).

Tolstoy, Leo (2008), *A Confession* (London: Penguin Books).

Totman, Conrad (1989), *The Green Archipelago: Forestry in Pre-Industrial Japan* (Athens: Ohio University Press).

Towner, John (1985), 'The Grand Tour: A Key Phase in the History of Tourism', *Annals of Tourism Research*, Vol. 12, No. 3: 297–333.

Townsend, Peter (1957), *The Family Life of Old People: An Inquiry in East London* (London: Routledge & Keagan Paul).

Troyat, Henri (1967), *Tolstoy* (Garden City, N.Y.: Doubleday).

Ulrich, Roger S. (1984), 'View Through a Window May Influence Recovery from Surgery', *Science*, New Series, Vol. 224, Issue 4647, 27 April: 420–21.

Vasari, Georgio (2008), *The Lives of the Artists*, trans. Julia Conaway Bondanella and Peter Bondanella (Oxford: Oxford University Press).

Vehling, Joseph Dommers (1977), *Apicius: Cooking and Dining in Imperial Rome* (New York: Dover).

Vernon, Mark (2005), *The Philosophy of Friendship* (Basingstoke: Palgrave Macmillan).

Vernon, p. E. (ed.) (1970), *Creativity: Selected Readings*(Harmondsworth: Penguin Education).

Vinge, Louise (1975) *The Five Senses: Studies in a Literary Tradition* (Lund: Royal Society of Letters).

Visser, Margaret (1993), *The Rituals of Dinner: The Origins, Evolution, Eccentricities, and Meaning of Table Manners* (London: Penguin Books).

Wang, Robin W. (2003), 'The Principled Benevolence: A Synthesis of Kantian and Confucian Moral Judgment', in Bo Mou (ed.), *Comparative Approaches to Chinese Philosophy* (Aldershot: Ashgate), 122–43.

Ward, Colin (1995), *Talking Schools* (London: Freedom Press).

—and Dennis Hardy (1986), *Goodnight Campers! The History of the British Holiday*

Camp (London and New York: Mansell).

Weber, Max (1958), *The Protestant Ethic and the Spirit of Capitalism* (New York: Charles Scribner's Sons).

Westwood, Andy (2002), 'Is New Work Good Work', The Work Foundation, http://www.theworkfoundation.com/Assets/PDFs/newwork-goodwork.pdf

White, Lynn Jr. (1967), 'The Historical Roots of Our Ecological Crisis', *Science*, Vol. 155, No. 3767, 10 March: 1203−7.

Wilson, A. N. (1989), *Tolstoy* (Harmondsworth: Penguin Books).

Wilson, Edward O. (1984), *Biophilia: The Human Bond with Other Species* (Cambridge, Mass · Harvard University Press).

Woodcock, George (1986), 'The Tyranny of the Clock', in George Woodcock (ed.), *The Anarchist Reader* (London: Fontana).

—(2004), *Anarchism: A History of Libertarian Ideas and Movements* (Ontario: Broadview Press).

Woolf, Virginia (1932), *The Common Reader; Second Series* (London: Hogarth Press).

Zeldin, Theodore 1984), *The French* (London: Vintage).

—(1995), *An Intimate History of Humanity* (London: Minerva).

—(1999a), *Conversation* (London: Harvill Press).

—(1999b), *The Future of Work*, http://www.oxfordmuse. com/?q=the−future−of−work.

Zhang, Hong (2009), 'The New Realities of Ageing in Contemporary China: Coping with the Decline of Family Care', in Jay Sokolovsky (ed), *The Cultural Context of Ageing: Worldwide Perspectives* (Westport, Conn.: Praeger), 196−215.

插图鸣谢

p21. *The Grand Duke Ferdinand II of Tuscany and his Wife* (c. 1660) by Justus Sustermans.

P21 *Married Couple in a Garden* (Isaac Massa and Beatrix van der Laen) by Frans Hals (c. 1622)© Corbis.

p28. *The Kiss* by Constantin Brancusi © Getty Images.

p47. *The Family Meal* (oil on canvas) by Le Nain Brothers, (seventeenth century) (after) Musee des Beaux—Arts, Lille, France/Giraudon/The Bridgeman Art Library Nationality/ copyright status: French/out of copyright.

P68. C. P. Ellis and Ann Atwater © Press Association.

p78. Navy press gang at work (c. 1780) © Mary Evans.

p89. £20 note, reproduced with kind permission from the Bank of England.

p92. Albert Schweitzer, one of Europe's greatest organists© Mary Evans/IMAGNO/Photoarchiv Setzer—Tschiedel.

p92. Albert Schweitzer at the hospital he opened in Africa© Mary Evans.

p113. *The United States of North America* (1861) by Yoshikazu© Freer Gallery of Art.

p116. Henry Ford's first moving assembly line, installed in 1913© Getty Images.

p142. The main staircase of Bon Marché (c.1880) © Mary Evans.

P150. *Book Illustration of the Quakers Meeting Engraving After Maarteen Van Heemskerck* © Corbis.

P167. *Margarita philosophica* (1503) © Getty Images.

p176. *Mr. and Mrs. Andrews* by Thomas Gainsborough (1750) © Mary Evans/Interfoto Agentur.

本书出版前已联系了书中所用插图的版权持有人,我们对这些创作者和出版商表示诚挚的感谢。但书中部分插图仍无法追查到相关版权信息,我们会很乐意在后续的修订版本中进行补充。

致　谢

　　Profile Books出版社的丹尼尔·克鲁（Daniel Crewe）是最优秀的编辑，在我创作本书的全过程中提供了具有启发性的想法和明智的建议。与出版社的露丝·基立克（Ruth Killick）、彭妮·丹尼尔（Penny Daniel）和卡洛琳·普雷蒂（Caroline Pretty）共事非常愉快。如果没有我那优秀的经纪人玛格丽特·汉伯里（Margaret Hanbury）的远见，《历史的慰藉：重拾往昔的生活智慧》一书就不会存在。她意识到这本书的潜力，并一直大力支持和鼓励我。也谢谢汉伯里代理处（the Hanbury Agency）的斯图尔特·鲁什沃斯（Stuart Rushworth）和亨利·德·鲁杰蒙（Henry de Rougemont）。

　　我很幸运拥有这么多朋友跟我分享他们对于生活艺术的真知灼见，用了那么多时间和精力对本书的草稿提供意见。他们有安德鲁·雷（Andrew Ray）、安娜丽丝·莫泽（Annalise Moser）、达尔文·弗兰克（Darwin Franks）、艾卡·摩根（Eka Morgan）、艾伦·巴萨尼（Ellen Bassani）、埃里克·罗纳根（Eric Lonergan）、弗洛拉·加斯罗尼·哈迪（Flora Gathorne Hardy）、弗鲁特·卡塔尔（Flutra Qatja）、福瑞斯特·梅兹（Forrest Metz）、乔治·马歇尔（George Marshall）、希拉里·诺瑞斯（Hillary Norris）、休·格里菲斯（Hugh Griffith）、休·沃里克（Hugh Warwick）、伊恩·里昂（Ian Lyon）、简·怀廷（Jane Whiting）、简妮·卡特（Jenny Carter）、简妮·雷沃斯（Jenny Raworth）、乔·罗纳根（Jo Lonergan）、约翰·泰勒（John Taylor）、丽莎·戈姆利（Lisa Gormley）、马塞洛·古拉特（Marcelo Goulart）、昆廷·斯彭德（Quentin Spender）、理查德·吉布斯（Richard Gipps）、理查德·拉沃斯（Richard Raworth）、罗博·阿切尔（Rob Archer）、罗伯特·切尔西（Robert Kelsey）、萨拉·艾丁顿（Sarah Edington）、索菲·豪沃思（Sophie Howarth）、蒂姆·黑宁（Tim Healing）、薇拉·瑞哈杰洛（Vera Ryhajlo）和我的父母安娜（Anna）和皮特·柯兹纳里奇（Peter Krznaric）。特别要感谢人生学校中的每一个人，特别是卡洛琳·布里默（Caroline Brimmer）、哈里特·沃顿（Harriet Warden）、摩根·瑞摩尔（Morgwn Rimel）和安哈雷德·戴维斯（Angharad Davies），以及所有那些参加我的演讲和关于本书研讨会的人们。

三位历史学家对启迪我如何思考过去并帮助我理解其与我们今天如何生活的关系有着重要的影响：西奥多·泽尔丁（Theodore Zeldin）、迈克尔·伍德（Michael Wood）和柯林·沃德（Colin Ward）。他们所具备的创造性的历史思考一直是我灵感的源泉，无论是通过其著作或是借助于交流。

我在写作期间由始至终都有我的爱人凯特·拉沃斯（Kate Raworth）的陪伴。她比任何人都付出得更多，负责照料这本书和书的作者。也谢谢我的孩子们，斯瑞（Siri）和卡斯米尔（Casimir），谢谢他们提醒我生活本身就是一个充满了各种可能性的百宝箱。

关于作者

　　罗曼·柯兹纳里奇是一位文化思想家以及伦敦的人生学校的创始职员之一，这所学校为日常生活中的重要问题提供指导和启发。他建议包括乐施会和联合国在内的机构运用同理心和交流来创造一种社会变革，被《观察家》报称为英国重要的生活方式哲学家之一。

　　在悉尼和香港长大，罗曼先后在牛津大学、伦敦大学和埃塞克斯大学学习，并最终获得了博士学位。他在剑桥大学和伦敦城市大学教授社会学和政治学，曾在中美洲从事难民和当地土著的人权工作。数年来，他都是牛津缪斯组织的项目总监，这一先锋派基金会致力于促进个人生活、职场生活和文化生活中的勇气和创造力。他时常在关于同理心、爱的历史、未来工作以及生活艺术等话题的公共活动中演讲。近期出现在包括爱丁堡国际艺术节、纬度艺术节和伦敦设计节中。

　　罗曼是关于运动教我们如何生活的书《最美丽的运动：沉醉于真正的网球的故事》的作者，并和历史学家西奥多·泽尔丁一起编写了《未知大学指南》。他的下一本书《如何找到满意的工作》是由阿兰·德波顿编写的实用哲学系列之一。他的博客致力于同理心，可参见www.outrospection.org，在全世界媒体中都极富特色。

　　罗曼是一位狂热的真正的网球选手，曾当过园丁，对家具制作也很有热情。欲知详情请访问他的个人网站www.romankrznaric.com。

图书在版编目（CIP）数据

历史的慰藉：重拾往昔的生活智慧 /（英）柯兹纳
里奇（Krznaric, R.）著；代雪曦译. —重庆：重庆大
学出版社，2016.3（2021.12重印）
（哲学与生活丛书）
书名原文：The Wonderbox：Curious Histories of
How to Live
ISBN 978-7-5624-9423-2

Ⅰ.①历… Ⅱ.①柯…②代… Ⅲ.①人生哲学—通
俗读物 Ⅳ.①B821-49
中国版本图书馆CIP数据核字（2015）第199690号

Lishi De Weijie: Chongshi Wangxi De Shenghuo Zhihui
历史的慰藉：重拾往昔的生活智慧

［英］罗曼·柯兹纳里奇（Roman Krznaric） 著
代雪曦 译

策划编辑：张家钧
责任编辑：杨 敬 郝小玮
责任校对：张红梅
责任印制：赵 晟

重庆大学出版社出版发行
出版人：饶帮华
社址:（401331）重庆市沙坪坝区大学城西路21号
网址：http://www.cqup.com.cn
重庆市联谊印务有限公司印刷

开本：890mm×1240mm 1/32 印张：11.375 字数：275千
2016年5月第1版 2021年12月第4次印刷
ISBN 978-7-5624-9423-2 定价：39.00 元

THE WONDERBOX: CURIOUS HISTORIES OF HOW TO LIVE by Roman Kiznaric

This paperback edition published in 2012

First published in Great Britain in 2011 by Profile Books Ltd.

Copyright © Roman Krznaric,2011,2012

ISBN 978–1846683947

本书中文简体字版图书由Profile Books通过Andrew Nurnberg Associates international Ltd.授权重庆大学出版社在中国大陆独家出版发行。

未经出版者预先书面许可，不得以任何方式复制或发行本书的任何部分

版贸核渝字（2013）第191号